煤炭高等教育“十四五”规划教材

现代煤矿地质学

汪北方　主编

中国矿业大学出版社
· 徐州 ·

内 容 提 要

本书共有八章，主要分为两部分：一是与煤矿建设、生产相关的基础地质理论；二是煤矿应用地质工程技术。基础地质理论部分包括地球概况与地质作用、岩石与地层、地质构造和煤地质学基础等内容。煤矿应用地质工程技术部分包括影响煤矿生产的地质条件、影响煤矿安全的地质条件、矿井水文地质与水害防治和矿井原始地质编录及地质图编制等内容。

本书可作为普通高等学校采矿工程、智能采矿工程、测量工程和安全工程等非地质类专业教学用书，也可作为采矿技术人员和矿井地质技术人员工作时的参考用书。

图书在版编目(CIP)数据

现代煤矿地质学 / 汪北方主编. —徐州：中国矿业大学出版社，2024.2

ISBN 978-7-5646-6177-9

Ⅰ.①现… Ⅱ.①汪… Ⅲ.①煤田地质 Ⅳ.①P618.110.2

中国国家版本馆 CIP 数据核字(2024)第 044183 号

书　　名　现代煤矿地质学
主　　编　汪北方
责任编辑　路　露
出版发行　中国矿业大学出版社有限责任公司
（江苏省徐州市解放南路　邮编 221008）
营销热线　(0516)83885370　83884103
出版服务　(0516)83995789　83884920
网　　址　http://www.cumtp.com　**E-mail**:cumtpvip@cumtp.com
印　　刷　江苏淮阴新华印务有限公司
开　　本　787 mm×1092 mm　1/16　**印张** 15.75　**字数** 403 千字
版次印次　2024 年 2 月第 1 版　2024 年 2 月第 1 次印刷
定　　价　36.00 元
（图书出现印装质量问题，本社负责调换）

前　言

煤炭工业稳步向前发展离不开煤炭科学技术的进步，其中包括煤矿地质理论、地质技术的发展和应用。随着科技水平的不断进步，煤矿地质理论与地质技术不断发展，各高校专业构建和人才培养计划不断更新，之前所用的《煤矿地质学》部分内容已不适合煤炭工业发展和煤炭科技进步对煤炭工程技术人员的要求。因此，结合煤炭高等教育"十四五"规划教材编写要求，为采矿工程、智能采矿工程、测量工程和安全工程等非地质类专业编写"现代煤矿地质学"基础课程教科书，已迫在眉睫。

全书共八章，其中课堂理论内容按照 50～70 学时设计，实验实践内容按照 8～16 学时设计，包括了智能开采等新型开采技术对煤矿地质条件的要求以及大数据与人工智能等新兴技术在煤矿地质问题中的应用等内容，体现了煤矿地质学的新进展；在每章章前列出"本章导读"，简明阐释各章的学习目的、要求、重点、难点，以便教师有针对性地讲解，学生有针对性地学习；在每章章后列出"知识拓展"和"知识点拨"，前者点明与本章内容有密切联系的相关知识，有助于读者进一步加深对本章内容的理解，后者总结了本章主要知识点，供读者课后复习巩固。

本书由辽宁工程技术大学汪北方担任主编，在编写过程中得到了辽宁工程技术大学矿业学院何保的指导，同时得到了辽宁工程技术大学和中国矿业大学其他同仁的帮助，在此一并表示衷心的感谢！

由于编者水平所限，书中可能存在遗漏和错误，敬请读者批评指正。

编　者

2023 年 9 月

目　录

绪　论

我国煤炭资源丰富，储量和产量均居世界前列。近年来随着国民经济的发展和综合国力的提升，石油、天然气、水力、核电等其他能源有了较大发展，但是煤炭仍然是我国的主要能源，预计到2050年在我国能源构成中的比重仍占50%以上。在相当长的时期内，煤炭在我国能源消费构成中的主导地位不会发生根本改变。煤炭资源属于不可再生资源，由于我国经济发展对煤炭资源的依赖性较强，一些企业和部门只注重煤炭资源的开采数量，而忽视开采质量，造成煤炭资源的极大浪费。这就要求我国煤炭工业深化改革，尽快摆脱粗放经营的旧模式，步入低投入、高产出、高效益的良性循环轨道。煤矿企业要实现高产、高效，要实现现代化，就要依靠煤炭科学技术的进步，包括煤矿地质理论和煤矿地质技术与工作方法的进步。因此，加强煤矿地质的理论研究、技术和方法创新，对促进煤炭科学技术进步乃至保障能源战略有着十分重要的意义。

一、现代煤矿地质学的研究对象

地质学的研究对象主要是地球。地球包括固态地球及其表层的水圈、生物圈和外部的大气圈。固态地球分为外部的地壳、中间的地幔和内部的地核三个圈层。目前主要研究固态地球外部的地壳和地幔的上部。概括地讲，地质学是研究固态地球外层部分的物质组成、构造形态、发展演化以及矿产资源的形成和分布规律等内容的自然科学。

现代煤矿地质学主要研究煤矿生产建设过程中出现的各种地质问题以及利用新兴科技手段解决地质问题的方法，以保证煤炭资源的正常开采与合理利用。它具体包括煤层赋存、地质构造、水文地质、瓦斯地质、地温、地压、岩溶陷落柱、岩浆岩侵入体、地质灾害勘探方法、煤矿主要地质图件数字化编制等内容。

二、现代煤矿地质学的研究内容

随着工业生产的发展与科学技术的进步，地质学的研究领域日渐扩大，针对不同的研究内容，划分出越来越多的分支学科。当今的地质学实际上已经发展成为一种既互有区别又互有联系的学科体系。

现代煤矿地质学作为地质学的一个分支学科，基本上属于应用矿产地质学范畴。它不仅涉及地质学的基础理论，而且涉及地质学的许多应用分支。其主要研究内容如下：

(1) 静力地质学。研究地壳的物质组成，包括结晶学、矿物学、岩石学等。

(2) 动力地质学。研究改变地壳地貌、地壳组成和构造变动的因素，包括构造地质学、大地构造学、新构造运动学、地貌学和地质力学等。

(3) 煤地质学基础。研究煤的物质组成、性质、分类，以及聚煤环境、成煤作用、含煤地层与煤田的时空分布特征。

(4) 矿井地质学。研究煤矿开采地质条件(煤层厚度变化规律及矿井地质构造、岩浆岩侵入体、陷落柱的探测与处理方法以及智能化开采对地质条件的要求)、煤矿安全地质条件

(煤层瓦斯的形成机理、赋存状态和分布特征,煤层瓦斯含量变化规律及其控制因素以及地质灾害地球物理勘查)、矿井地质编录以及地质图件数字化编制。

(5) 水文地质学。研究地下水的赋存状态和分布规律,重点研究矿井水的来源、特征、涌水量变化规律以及矿井水害探测和防治措施。

三、现代煤矿地质学的特点及研究方法

现代煤矿地质学就是利用地质基础知识,研究煤的生成、煤的赋存状态和煤的用途,分析和解决影响现代煤矿建设与生产的地质问题,指导采掘工程正常进行而发展起来的一门生产实践性较强的学科。

(1) 现代煤矿地质学的特点

现代煤矿地质学是集理论科学性、生产实践性和地质研究开拓性于一体的实用地质学,旨在将现代技术与煤矿地质相结合,运用现代采矿科学与技术、人工智能、计算机科学与技术以及自动化的基本理论、基本知识和基本技能与方法,查明影响煤矿建设、生产的各种地质因素及其规律性,研究矿山智能开采地质问题处理方案和措施,为煤矿设计和生产各阶段服务,从而保证煤炭资源的正常开采与合理利用。

(2) 现代煤矿地质学的研究方法

研究方法遵循"实践—认识—实践"的逻辑过程。首先要进行大量的直接观察和实验,获得详尽的实际资料;其次将获得的大量资料不断加以"归纳、分析、判断、推理",将感性知识上升到理性知识,再用得到的理性知识去指导实践;最后利用现代科学技术手段在实践中加以验证、补充与修改,使之更加符合客观实际。因此,地质工作者需要采取观察、实验、归纳、总结、去粗取精、去伪存真、由表及里的方法,建立一套完整的地质工作方法。

四、现代煤矿地质学的任务

现代煤矿地质学的任务是研究从矿井建设开始到开采结束为止全过程中的所有地质现象,找出其规律,结合现代科学提出解决各种地质问题的方法和措施。

(1) 研究煤矿地质规律

根据地质勘查部门提供的原始地质资料和煤矿建设生产中揭露的地质现象,研究矿区含煤地层、地质构造、煤层和煤质的变化规律,查明影响煤矿建设、生产的各种地质因素。

(2) 开展生产地质工作

进行矿井地质勘查、地质观察、地质编录和综合分析,提交煤矿建设、生产各阶段所需的地质资料,处理采掘工作中遇到的地质问题。

(3) 研究煤矿地质与煤矿建井、地下开采、露天开采的关系

煤矿地质资料是煤矿建井、地下采煤、露天采煤的设计依据。煤矿地质工作不仅是新井建设、矿井持续生产、老矿挖潜过程中解决水、火、瓦斯、冒顶等矿井灾害问题的重要手段,还是指导煤矿安全正常生产不可缺少的重要依据。没有可靠的地质资料,就不能做出正确的矿井设计;没有正确的地质工作,就不能正确地进行建井与回采。由此可见,矿井地质工作在煤矿建井、煤矿生产过程中占有重要位置。

煤矿地质工作是为露采、建井、地采服务的,始终贯穿于露天剥离、建井、开拓、回采直至矿井报废的全过程。掘凿一对竖井,如果地质资料错误,将致使井筒不能按期移交生产或达不到设计目的;对地质资料了解不清,将直接影响采煤方法的选择和采煤机械化的进行;对水文地质条件、瓦斯赋存、围岩压力、地质构造、地热分布等了解不清,将会带来严重的矿井

灾害。

(4) 开展水文地质研究工作

开展矿区水文地质调查,查明矿井水的来源、涌水通道、涌水量及其影响因素与变化规律,研究和制定防治水措施与方案并结合现代科技手段对矿井水害进行预测,同时为煤矿生产、生活寻找和提供优质水源。

(5) 开展地质灾害预测与防治

对危及煤矿建设、生产的各种地质灾害,查明其形成机理,对各类地质灾害的分布范围、突发时间及危害程度进行预测、预报,提出防范措施与治理方案。

五、现代煤矿地质学的发展

为适应国家"新工科"办学方针和国家能源中长期战略发展规划,采矿工程专业逐渐发展了智能开采、非煤矿山及新能源开发 3 大特色方向。智能开采是矿山生产方式的一次新革命,是通过开采环境的智能感知、回采设备的智能调控与自主导航,实现回采作业的少人甚至无人的开采模式。智能采矿工程专业的建立旨在让学生系统地掌握现代采矿科学与技术、人工智能、计算机科学与技术以及自动化的基本理论、基本知识和基本技能与方法,培养能够适应我国乃至世界智慧矿山建设需求的"人工智能+采矿工程"复合型高级创新人才。

"现代煤矿地质学"作为智能采矿工程专业的基础课程,是一门集理论科学、生产实践和地质研究于一体的实用地质学课程。鉴于智能采矿工程专业开设不久,仍处于探索、改进阶段,截止到目前,国内外高校还并未出版"现代煤矿地质学"课程的专用教材。因此,亟须结合智能采矿工程专业培养目标和要求,编写一本涵盖基础地质理论、煤矿应用地质工程技术以及大数据与人工智能在煤矿地质工作中的应用等知识内容的《现代煤矿地质学》教材。本教材具有以下特点。

(1) 对庞杂的煤矿地质学内容进行整合

以往煤矿地质学教材内容多而杂乱,将地质学的所有课程内容进行简单罗列,甚至将地质专业学生所学的"煤田地质学""矿井地质学"课程内容全部搬进教材中。本教材针对非地质专业教学任务,结合现代科学技术在煤炭地质工程应用中的研究进展设计了 8 章内容,通过每章导读指明章节重点、难点以及需要学生掌握的核心内容,使教材重点突出。

(2) 使教材内容适合新时代煤炭工业发展的需求

① 精炼内容、更新概念,引入最新的科学研究成果。煤炭科学技术的进步,标准化、规范化工作的加强,要求对过去教材内容进行精简,突出重点知识,并对其中引用的一些术语、概念进行更新,不仅要使教材内容适应现代煤炭技术的发展,而且要使读者加强标准化、规范化意识。

② 加强安全生产地质条件内容讲述。实现煤矿安全生产是落实科学发展观的必然要求,是构建社会主义和谐社会的重要内容。矿井建设、煤矿开采等非地质专业技术人员必须了解和掌握与生产密切相关的地质知识,特别是安全地质知识。因此,教材加强了煤矿瓦斯、煤尘、煤自燃、热害、顶板压力控制与冲击地压等方面的知识讲述并增加了地球物理方法在地质灾害勘探方面的应用内容。

③ 加强矿井水文地质与水害治理内容讲述。矿井水文地质工作是煤矿地质工作的重要方面,矿井突水是危害煤矿建设生产的主要因素之一。因此,教材按照《煤矿防治水细

则》，加强了矿井水害预防与治理基础知识和技术方法内容的讲述，同时教材新增了利用微震监测、钻孔瞬变电磁等新兴技术手段探测矿井水害等内容。

④ 煤矿地质图件编制内容。煤矿地质图是根据大量原始地质资料，经过分析研究、综合整理、科学推断，按规范要求编制成的综合地质图件。它主要反映井田范围内地形特征，地层、煤层赋存状况以及地质构造形态，是煤矿非常重要的技术资料，是设计、施工和生产的主要技术依据，是煤矿技术管理和指导生产必不可少的基础图件。教材中还新增了煤矿地质图件数字化编制管理等内容。

第一章　地球概况与地质作用

本章导读：矿产是人类赖以生存和发展的重要资源，它赋存于地壳（地球表面的一层薄壳）之中。地壳中各种矿产资源的形成都与地球表面以及地球内部的地质作用有关。因此，在系统地学习现代煤矿地质学的主要内容之前，应了解有关地球的知识。本章主要包括地球的形状、大小和表面特征；地球圈层构造、划分及物质组成；地球物理性质与地质作用等内容。通过本章的学习应基本了解煤矿生产中的地质问题，为后期内容学习奠定基础，在学习过程中应重点掌握地球圈层划分的主要依据及各个圈层特点以及地质作用的分类及依据。

第一节　地球概况

一、地球的形状和大小

（1）地球的形状

在大地测量学中，地球的形状不是指地球自然表面的形状，而是指大地水准面的形状。所谓大地水准面，即全球静止海平面，它是假设占地表3/4的海平面表面完全处于静止平衡状态，并把它延伸至陆地内部所得到的全球性连续的封闭曲面，曲面上处处与铅垂线垂直。研究地球的形状，无论是对人类生产生活实践，还是对科学实践，都有重要意义。

地球的形状看起来像一只梨子：赤道部分鼓起，是它的“梨身”；北极有点放尖，像个“梨蒂”；南极有点凹进去，像个“梨脐”。整个地球像个梨形的旋转体，因此，人们称它为“梨形地球”。经过精确测量，地球大地水准面的形状不是几何上的旋转椭球体，其纬线圈不是正圆，经线圈也不是真正的椭圆，地球的几何中心也不在赤道平面上。因此，它是一个不规则的三轴椭球体（图1-1）。

（2）地球的大小

根据第18届国际大地测量与地球物理学联合会会议，自1984年起采用的地球大小的数据如下：

地球赤道半径（a）：6 378.137 km；

地球极半径（b）：6 356.752 km（平均半径为6 371.012 km，地球极半径比赤道半径短21.385 km）；

地球扁率（f）：$(a-b)/a=1/298.257$；

地球赤道周长：40 075.017 km；

地球子午线周长：40 007.863 km；

地球表面积：5.1×10^{8} km^2；

地球体积：1.083×10^{12} km^3；

地球平均密度：5.52 g/cm^3。

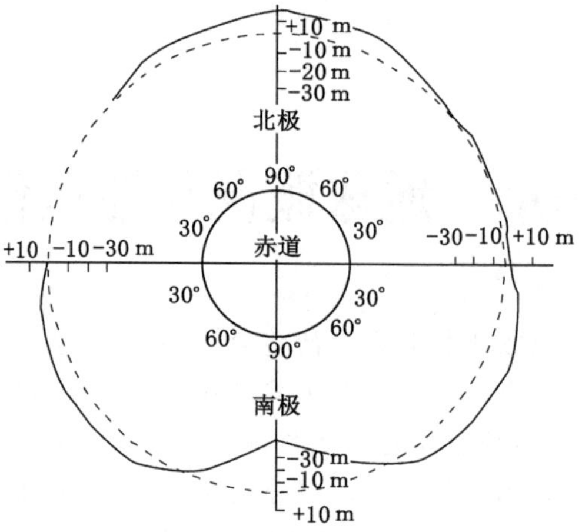

图 1-1　地球形状示意图

二、地球的表面特征

地球表面积大约为 5.1×10^{8} km^{2}，分为陆地和海洋两大部分。陆地面积约占地球表面积的 29%，海洋面积约占 71%。

1. 陆地的表面形态

按照高程起伏特征，陆地表面可分为山地、丘陵、平原、高原、盆地和洼地等地形。

（1）山地

山地是指海拔在 500 m，相对起伏在 200 m 以上的地区。一般山地起伏很大，坡度陡峻，沟谷幽深，多呈脉状分布。山地的表面形态奇特多样，有的彼此平行，绵延数千千米；有的相互重叠，犬牙交错，山里套山，山外有山，连绵不断。

（2）丘陵

丘陵是高低起伏、坡度较缓、连绵不断的低矮隆起高地。其海拔在 500 m 以下，相对起伏在 200 m 以下。中国自北至南主要有辽西丘陵、淮阳丘陵和江南丘陵等。黄土高原上有黄土丘陵。

（3）平原

平原是海拔较低的平坦的广大地区，海拔多在 0～500 m，一般分布在沿海地区。中国有三大平原，分布在中国东部。东北平原是中国最大的平原，海拔为 200 m 左右，广泛分布着肥沃的黑土。华北平原是中国东部大平原的重要组成部分，大部分海拔在 50 m 以下，交通便利，经济较发达。长江中下游平原大部分海拔在 50 m 以下，地势低平，河网纵横，有“鱼米之乡”之称。

（4）高原

高原海拔一般在 1 000 m 以上，面积广大，地形开阔，周边以明显的陡坡为界，比较完整的大面积隆起地区称为高原。高原与平原的主要区别是海拔较高，它以完整的大面积隆起区别于山地。高原是在长期连续的大面积的地壳抬升运动中形成的。有的高原表面宽广平坦，地势起伏不大；有的高原则山峦起伏，地势变化很大。世界最高的高原是中国的青藏高原，平均海拔为 4 500 m，面积为 250 万 km^{2}。高原最本质的特征是地势相对高差小而海拔相当大。

(5) 盆地

盆地是四周高(山地或高原)、中部低(平原或丘陵)的盆状地形。根据盆地的地球海陆环境,从总体上将其分为大陆盆地和海洋盆地两大类型。

中国有四大盆地,分别是塔里木盆地、准噶尔盆地、柴达木盆地和四川盆地。

(6) 洼地

洼地是指近似封闭的比周围地面低洼的地形,包括陆地上的局部低洼部分。洼地因排水不良,中心部分常积水成湖泊、沼泽或盐沼和位于海平面以下的内陆盆地。

例如,我国新疆吐鲁番盆地的最低处在海平面以下 154 m 处,整个盆地有 4 050 km^2 区域低于海平面,是世界上面积极大的内陆洼地之一。

2. 海底的表面形态

海底地形和大陆地形一样复杂。根据海底地形的基本特征,可将其分为大陆边缘、海岭、海沟、大洋盆地等地形单元。

(1) 大陆边缘

从地质学的角度看,海洋边缘的浅海区域是被海水淹没的大陆,称作大陆边缘。大陆边缘占海洋总面积的 15.3%,其主体是大陆架,其次为大陆坡和大陆隆(图 1-2)。

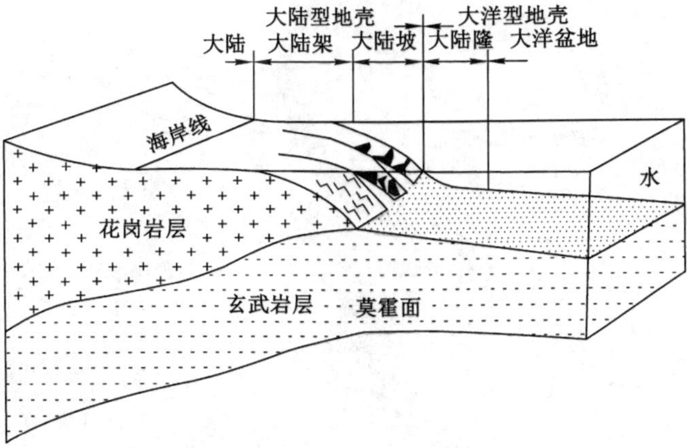

图 1-2　大陆边缘的组成单元

大陆架是围绕大陆分布的浅水台地,是大陆在水下的自然延伸部分。其表面平坦,平均坡度为 0°～0.7°。大陆架内有时分布平缓的小丘和洼地,高差可达 20 m。

大陆坡位于大陆架外侧,其平均坡度为 4.3°,最大可达 20°或以上;平均宽度为 28 m;坡脚深度为 1 400～3 200 m。大陆坡是海底地形最复杂的地段,常常有许多通向海洋反向的海底峡谷。

大陆隆位于大陆坡与大洋盆地之间,主要由陆源粉砂和黏土堆积而成的倾斜平缓的海底扇或沉积裙组成。

(2) 海岭

海岭又称为海脊,有时也称为"海底山脉"(图 1-3)。狭长延绵在大洋底部的海岭一般在海平面以下,可高出两侧海底 3～4 km。位于大洋中央部分的海岭称为中央海岭或大洋中脊。大洋中脊出露海平面的部分形成岛屿，夏威夷群岛中的一些岛屿就是太平洋中脊出露海平面的部分。

（3）海沟

海沟是深度超过 6 km 的狭长海底凹地，两侧坡度陡急，分布于大洋边缘（图 1-3）。地球上最深、也是最知名的海沟是马里亚纳海沟，它位于西太平洋马里亚纳群岛东南侧，深度约为 11.034 km。

（4）大洋盆地

大洋盆地是海洋的主体，约占海洋总面积的 45%，其周边有的与大陆隆相邻，有的直接与海沟相接（图 1-3）。其主要部分是水深为 4～5 km 的开阔水域，称为深海盆地。深海盆地中最平坦的部分称为深海平原，其坡度一般小于 1/1 000，甚至小于 1/10 000，是地表最平坦的地区。

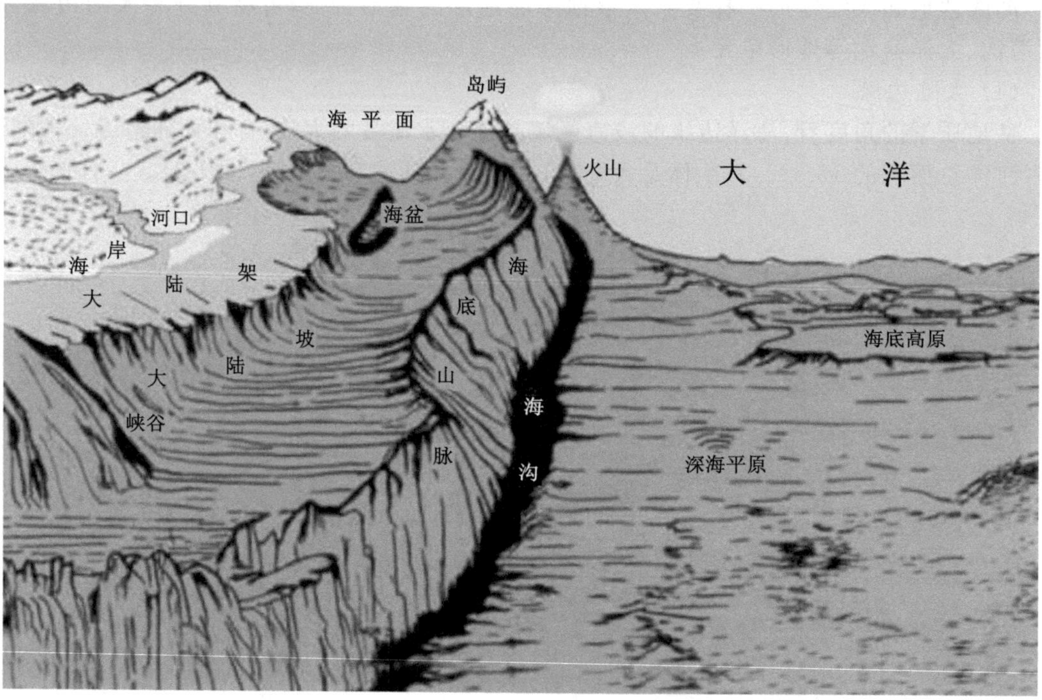

图 1-3　海岭、海沟与深海平原地形

三、地球的物理性质

地球的物理性质能反映其内部物质组成。人类可以根据其性质进行找矿并开发矿产资源。地球的物理性质主要通过密度、地压、地热、地磁、重力和放射性等特征反映出来。

1. 密度

根据物理方法，可以计算出地球的平均密度为 5.52 g/cm^3，而地表岩石的平均密度仅为 2.7～2.9 g/cm^3，覆盖地表的海水密度更小。由此可知，地球内部深处的物质密度一定大于 5.52 g/cm^3。地球物理方法的测定结果表明，地球内部的物质密度是随着深度增加而不均匀增加的。在地幔和地核有几个深度，密度呈跳跃式增加（图 1-4）。此变化也反映出地球内部物质成分和状态的变化，说明地球内部可能由几个密度有显著差异的物质层组成。

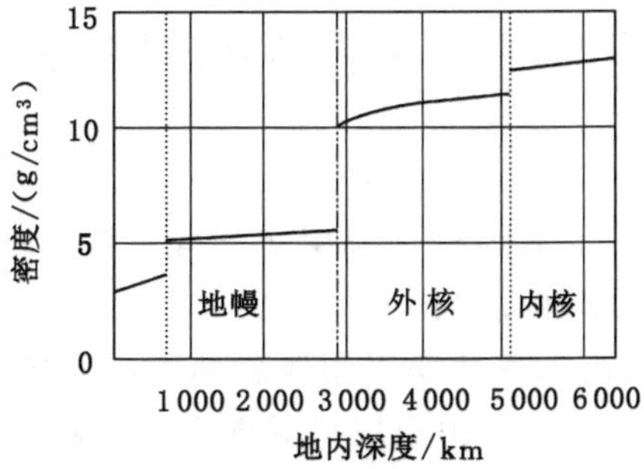

图 1-4　地球内部密度的垂直分布

2. 地压

地压是指地球内部的压力，主要是静压力。地球本身的重力作用，使得上部岩石对下部岩石产生压力，岩石所处位置越深，其所受压力就越大。在矿井中，随着开采深度的增加，地压逐渐增大，会给巷道和工作面的支护带来更大困难。

研究结果表明，在地下 10 km 处的地压一般为 3.03×10^{8} Pa，在 35 km 处地压变为 1.01×10^{9} Pa，在 2 900 km 处地压可达 1.37×10^{11} Pa，推测地心压力高达 3.64×10^{11} Pa(图 1-5)。

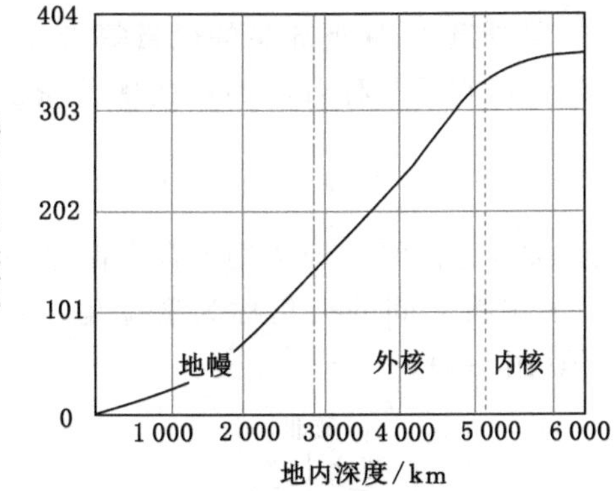

图 1-5　地球内部压力的垂直分布

此外，地压还包括地壳运动产生的应力，该应力以水平力为主，随着深度增加而增加。应力具有方向性，因此可在某些地段集中。在煤矿生产过程中，因为力的平衡遭到破坏而极易产生冲击地压，由此可带来岩爆、煤与瓦斯突出等灾害事故，因此应加强对地压的研究。

3. 地热

火山喷发、地下温泉等现象表明，地球蕴藏着巨大的热能。

根据地表以下地热的来源和温度分布，由地表向地下，可将地壳分为变温层(带)、恒温层(带)和增温层(带)。

(1) 变温层(带)

变温层(带)又称为外热层，是指地下温度明显受到地表大气温度影响的地带。该层主要能量来源为太阳辐射能，温度变化主要受季节和昼夜变化的影响，平均深度为 15 m

左右。

(2) 恒温层(带)

恒温层(带)位于变温层(带)之下,该层温度基本上常年保持不变,温度大致相当于当地年平均气温。

(3) 增温层(带)

增温层(带)又称为内热层,它是位于恒温层之下且温度只受地球内部热能影响的地带。其主要特点是温度随着深度的增加而升高。

增温层(带)的温度随着深度的变化率可用地温梯度或地热增温率来表示。

① 地温梯度:沿地球半径方向,由恒温层底界向下单位距离内增加的温度。通常,深度每增加 100 m 增加的温度称为地温梯度,用℃/(100 m)来表示。

② 地热增温率:又称为地温率,是地温梯度的倒数。它指沿地球半径方向,地温每升高 1 ℃时所增加的深度,用 m/℃来表示。

地热对煤矿生产有很大影响,尤其当采掘工作进入较深水平时,应充分考虑地热问题。其主要原因在于井下温度过高,会直接影响一线工人的身体健康,影响生产效率和安全生产。因此,我国于 2007 年颁布了国家标准《煤矿井下热害防治设计规范》,编号为 GB 50418—2007,自 2007 年 12 月 1 日起实施并于 2017 年 11 月 1 日废止;现行国家标准为 2017 年修订完善版本,编号为 GB 50418—2017,自 2017 年 11 月 1 日起实施。

现在我国一些矿井主要采用冰和水制冷降温系统,采取加大送风量、增大巷道断面、加大通风巷道的修护力度、减少通风阻力、保证充足的风量等措施,以降低工作面的温度。

虽然地热对矿井生产有害,但它是一种可以利用的廉价资源。地热开发和利用越来越受到相关部门的重视。

4. 地磁

地球周围空间存在磁场,称为地磁场。地磁场也存在南极和北极,与地理上的南极和北极不重合。地理子午线与磁子午线之间的夹角称为磁偏角。磁子午线偏向地理子午线东侧,称为东偏;反之,称为西偏(图 1-6)。

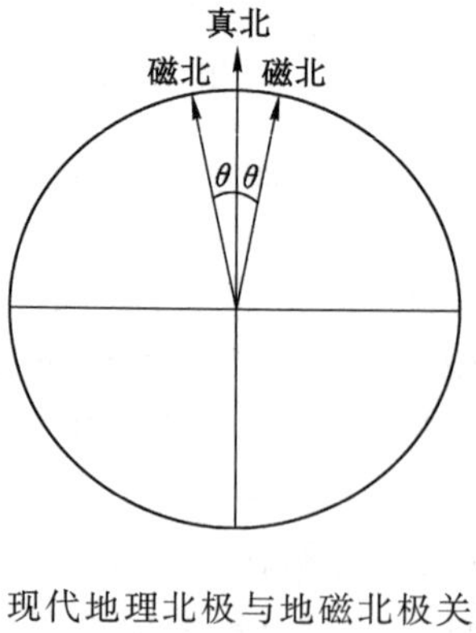

图 1-6 现代地理北极与地磁北极关系示意图

当用地质罗盘测岩层或岩体产状时,若岩层或岩体所在地区磁偏角东偏,则实际产状等于未校正的罗盘读数加上磁偏角;若岩层或岩体所在地区磁偏角西偏,则实际产状等于未校正的罗盘读数减去磁偏角。

5. 重力

地球对物体的引力和物体因地球自转产生的离心力的合力称为重力。地心引力的大小与物体距地心的距离成反比。地球赤道半径大于两极至地心的距离。因此,同质量的物体在两极的重力大于在赤道的重力。

地表实际测得的重力值往往与理论值不符,这种现象称为重力异常。实测值大于理论值的称为正异常,实测值小于理论值的称为负异常。

一般而言,大陆的重力异常大都属于负异常;海洋大部分重力异常属于正异常。

引起重力异常的原因很多,主要是由于地下物质组成不同。在地下由密度较大的物质(金属矿产和基性岩)组成的地区,常显示正异常;而由密度小的物质(非金属矿产)组成的地区,常显示负异常。地球物理勘探中的重力勘探就是利用该原理来找矿和查明地质构造的。

6. 放射性

某些元素的原子通过核衰变自发地放出 α 或 β 射线(有时还放出 γ 射线)的性质,称为放射性。

一般情况下,无论是在各类岩石(天然石材)中,还是在土壤和海水中,普遍存在不同数量的(但都是微量或很微量的)放射性元素。由沉积生成的大理石类和板石类中的放射性元素含量一般低于地壳平均值(其中只有少量的黑色板石可能高于地壳平均值);花岗岩类的放射性元素含量也低于地壳平均值;"浅色系列"中真正的花岗岩类和由火成岩变质形成的片麻状花岗岩及花岗片麻岩等,其放射性元素含量稍高于地壳平均值。

在大剂量放射性元素的照射下,人体和动物会受到某种损害。如在 400 rad 的照射下,受照射的人有 5%死亡;若在 650 rad 的照射下,则人 100%死亡。照射剂量在 150 rad 以下,死亡率为 0,但并非无损害作用,往往需要经过 20 年以后,一些症状才会表现出来。放射性也能损伤生物的遗传物质,主要引起基因突变和染色体畸变,使一代甚至几代受害。

不同放射性物质有相应处理方式:

(1) 放射性废水的处理

放射性废水的处理方法主要有稀释排放法、放置衰变法、混凝沉降法、离子变换法、蒸发法、沥青固化法、水泥固化法、塑料固化法和玻璃固化法等。

(2) 放射性废气的处理

铀矿开采过程中所产生的废气和粉尘,一般可通过改善操作条件和通风系统的方式得到解决;实验室废气,通常先进行预过滤,再通过高效过滤后排出;燃料后处理过程的废气,大部分是放射性碘和一些惰性气体。

(3) 放射性固体废物的处理和处置

放射性固体废物主要是被放射性物质污染而不能再用的各种物体,可以通过焚烧、压缩、去污、包装等方法进行处理和处置。

放射性元素以恒定的速度衰变,不受环境变化的影响。因此,可以利用测定岩石或矿物中放射性元素及其衰变产物数量的方法,测定其形成时代。该方法称为同位素定年法或绝对年龄法。

第二节　地球圈层构造

目前研究结果表明，地球不是均质体。其物质组成的分布呈同心圈层结构，大致以地壳表层为界，分为内圈层和外圈层。内圈层和外圈层又可分为几个不同的圈层。

一、地球内圈层的划分及主要特征

（一）地球内圈层的划分

地球内圈层即地球内部的圈层。目前，对地球内部构造的研究主要是利用地球物理学和天体物理学的资料，得出较为确切的内部圈层构造模式。

根据地震波速度的变化特征，可以将地球内部划分出两个极其明显的界面，即莫霍面和古登堡面。根据这两个界面，将地球内部划分为地壳、地幔和地核三个一级圈层。

地震波在地面以下平均约 33 km 处有一个显著的不连续面，该面称作莫霍面。

莫霍面是地壳和地幔的分界面，是不连续面。在莫霍面上，地震波的传播速度急剧改变，说明地壳和地幔的密度不同。

古登堡发现地下 2 900 km 处地震波的传播速度有明显的变化，后证实这里是地核与地幔的分界层，这个界面称为古登堡面。由此界面向下，纵波速度突然下降，横波速度完全消失（图 1-7）。

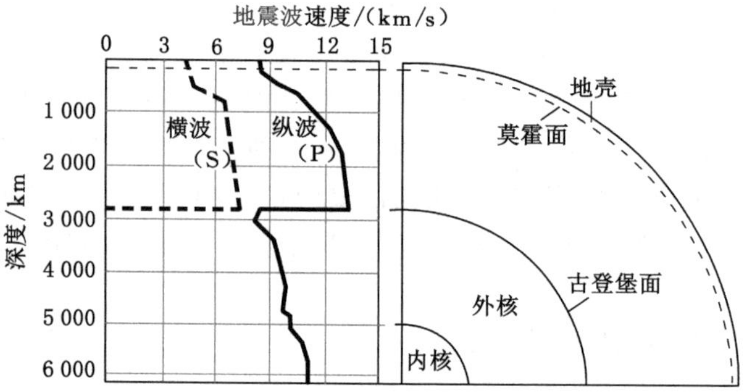

图 1-7　地震波速度与地球内部构造示意图

（二）地球内圈层的主要特征

1. 地壳

地壳是地球固体地表构造的最外圈层，整个地壳平均厚度约为 33 km，其中大陆上的平均厚度为 30～40 km，在褶皱山系区域为 50～75 km，在岛弧地区为 20～30 km，而在大洋地区只有 6～10 km。

根据组成物质的差异，地壳又可分为硅铝层和硅镁层（图 1-8）。

① 硅铝层：是地壳上部不连续分布的圈层。陆地上较厚，海洋底较薄或尖灭，平均厚度约为 10 km。化学成分以硅、铝为主。由于其平均化学组成与花岗岩相似，该层又可称为花岗岩质层。

② 硅镁层：在大陆和海洋均有分布，是连续圈层，以莫霍面为下限。该层富含硅和镁。由于该层平均化学组成与玄武岩相似，又可称为玄武岩质层。该层在大陆较厚，可

达 30 km；海洋区较薄，为 5～8 km。

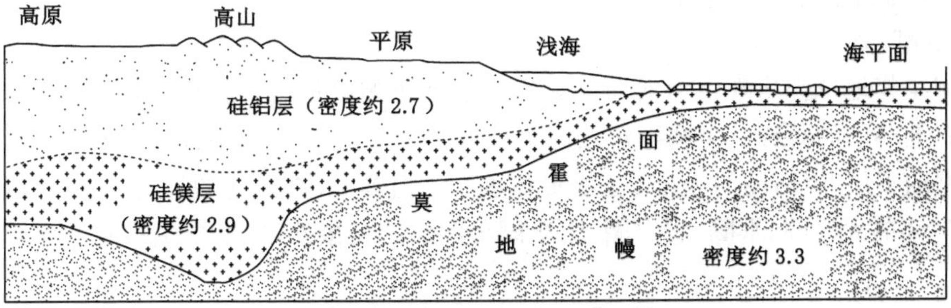

图 1-8　地壳结构示意图（密度单位：g/cm^3）

2. 地幔

地幔是指莫霍面至深 2 900 km 的古登堡面之间的圈层。由于其位于地壳之下、地核之上，因此又称为中间层。它占地球体积的 83%，质量占地球质量的 66%。根据地震波在地幔中的传播速度特征，以 1 000 km 深度为底界，可将其分为上地幔和下地幔两部分。

3. 地核

地核是地球的中心部分，指位于 2 900 km 深处以下直至地心的区域。地核又分为外地核和内地核两部分。地核占地球总体积的 16%，地幔占 83%，而与人们关系最密切的地壳仅占 1%而已。

二、地球外圈层的划分及主要特征

（一）地球外圈层的划分

地球外圈层是指包围地球表面的地球组成部分。根据其物理性质和状态的差异，可分为大气圈、水圈和生物圈。地球外圈层是地球长期演化的结果。大气圈和水圈的形成先于生物圈，而生物圈的形成对大气圈和水圈的演化产生了巨大的影响。

（二）地球外圈层的主要特征

1. 大气圈

大气圈又叫大气层，由包围地球最外部的气体组成。大气层的成分主要有氮气，占 78.1%，氧气占 20.9%，氩气占 0.93%，还有少量的二氧化碳、稀有气体和水蒸气。

大气层的空气密度随着高度增加而减小，越高空气越稀薄。大气层的厚度在 1 000 km 以上，但没有明显的界线。整个大气层随着高度不同表现出不同的特点，分为对流层、平流层、中间层、暖层和散逸层。与人类及地质作用最密切的是对流层，其次是平流层。

2. 水圈

水圈是地球表面和接近地球表面的各种形态水的总称。它包括海洋、河流、湖泊、沼泽、冰川水，土壤和岩石孔隙中的地下水、岩浆水、聚合水，以及生物圈中的体液、细胞内液、生物聚合水化物等。

水圈内全部水体的总储量为 13.86 亿 km^3，其中海洋水为 13.38 亿 km^3，占总储量的 96.5%。分布在大陆上的水包括地表水和地下水，各占余下的一半左右。在全球水的总储量中，淡水仅占 2.53%，其余均为咸水。

地球上的水从地表蒸发、凝结成云、形成降水到径流，积累到土中或水域，再次蒸发，如此进行周而复始的循环过程。因水循环而产生的外力地质作用，对塑造地表形态产生较大影响，也为生物的生存和演化提供了必要条件。

3. 生物圈

生物圈是指地球上出现生命活动并受生命活动影响的地区，是地表有机体（包括微生物）及其自下而上环境的总称。生物圈包括海平面以上约 10 km 至海平面以下约 10 km 的范围，包括大气圈的下层、岩石圈的上层、土壤圈和水圈。但是，大部分生物集中在地表以上 100 m 到水下 100 m 的大气圈、水圈、岩石圈、土壤圈等圈层的交接处，这里是生物圈的核心。

第三节 地质作用

地质作用是指受到某种能量（外力、内力、人为）的作用，地壳组成物质、地壳构造、地表形态等不断变化和形成的作用。有些地质作用进行的速度十分迅速和剧烈，易被人类察觉，甚至还能造成严重灾害，如地震、火山喷发、山洪、泥石流、海啸等。大多数地质作用进行的速度不易被察觉，如喜马拉雅山在 3 000 万年前还是一片汪洋大海，而今却成为世界最高峰；我国兰州市附近厚达 200 m 的黄土，则是 20 万年时间内沉积而成的。

根据地质作用进行的场所和能量来源不同，可将地质作用分为两大类，即内力地质作用和外力地质作用。内力地质作用是在地壳或地幔中进行的，能量主要来自地球内部，如地球重力能、旋转能和放射性物质衰变所产生的热能等；外力地质作用是在地壳表面或接近地表的地方进行的，能量主要来自地球外部，主要是太阳的辐射能。

一、内力地质作用

由地球的旋转能、重力能以及地球内部的热能等引起的促使整个地壳物质成分、地壳内部结构、地表形态发生变化的地质作用称为内力地质作用。它包括构造运动、地震作用、岩浆作用和变质作用。

（一）构造运动

构造运动是由地球内动力引起的机械运动，包括由地球内力引起的地壳乃至岩石圈的变位、变形和洋底的增生、消亡的机械作用，以及相伴随的地震活动、岩浆活动和变质作用。构造运动可产生褶皱、断裂等各种地质构造，引起海、陆轮廓的变化，地壳的隆起、坳陷，以及山脉、海沟的形成等。

1. 构造运动的基本形式

按照构造运动进行的方向，可将其分为水平运动和垂直运动两种基本形式。

① 水平运动：是指在水平方向起主要作用的力，即与地球表面成切线方向的力（包括地壳的压缩和拉张）作用下，地壳岩层所发生的运动。这种运动使相邻块体或者受到挤压，或者被分离拉开，或者剪切错动，甚至旋转。水平运动主要使地壳的岩层弯曲和断裂，形成巨大的褶皱山脉和断裂构造。因此，水平运动又称为造山运动。

② 垂直运动：是指地壳块体沿着地球半径方向发生的上升或下降运动。垂直运动常常表现为规模很大的隆起或坳陷，从而造成海陆变迁和地势高低起伏。由于地壳上升，海水退却，一部分海底可成为陆地；地壳下降，海水侵入，原来的陆地可变为海洋。因此，垂直运动又称为造陆运动。

2. 构造运动的基本特点

构造运动具有如下基本特点：

① 构造运动具有普遍性和永恒性。任何区域和任何时间都在发生运动。构造运动不但过去有、现在有，将来也不会停止。通常，把新近纪以来的地壳运动称为新构造运动。

② 构造运动具有方向性。构造运动的方向最基本的有两种：水平方向和垂直方向。水平运动和垂直运动是构成地壳整个空间变形的两个分量，彼此不能截然分开，但也不能等同看待。它们在具体空间和时间中的表现常有主次之分，在一定的条件下，还可彼此转化。

③ 构造运动具有非均速性。构造运动的速度有快慢，即使缓慢的运动，其速度也不是均等的。总的来说，构造运动的速度在时间和空间上都不均等，有强有弱。

④ 构造运动具有不同的幅度和规模。构造运动的幅度常大小不一，这与运动的方向和速度有关。当运动的方向在长期内保持一致而且速度较快时，其运动的幅度就增大；若运动的方向变化频繁，其幅度就较小。

（二）地震作用

由构造运动、火山喷发等引起的地壳快速颤动称为地震。将孕震、发震和余震的全部作用过程称为地震作用。

1. 基本概念

① 震源：地震的发源地，是地下深处发生地震的地点。

② 震中：是指地震波首先达到地面的地点，即震源在地壳表面的垂直投影点（图 1-9）。

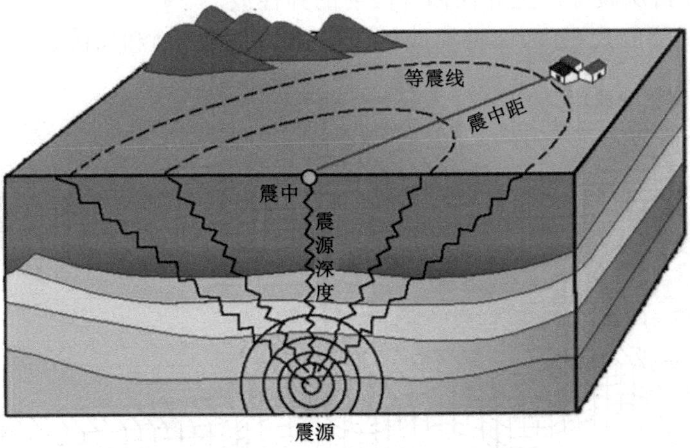

图 1-9　震源、震中和震源深度示意图

③ 震源深度：震中至震源的距离。如 2008 年我国汶川 8.0 级地震的震源深度约为 18 km。

④ 震级：是指地震时释放能量的大小。一次地震只有一个震级，以该次地震中的主震震级为代表。震源释放出的能量越多，震级就越大。地震震级是根据地震仪记录的地震波振幅来测定的，一般采用里氏震级标准。地震震级分为 9 级，一般小于 2.5 级的地震，人无感觉；2.5 级以上人有感觉；5 级以上的地震会造成破坏。

一般将小于1级的地震称为超微震；大于或等于1级，小于3级的称为弱震或微震；大于或等于3级，小于4.5级的称为有感地震；大于或等于4.5级，小于6级的称为中强震；大于或等于6级，小于7级的称为强震；大于或等于7级，小于8级的称为大地震；8级及8级以上的称为巨大地震。

⑤ 地震烈度：是指地震对地表和建筑物的破坏程度。2008年我国汶川发生的8.0级地震，震中烈度最高可达12度。地震烈度往往与地震震级、震中距、震源深度等有关。一次地震的震级只有一个，但是该次地震的烈度可能不止一个。中国地震烈度划分为12度。

Ⅰ度：无感，仅仪器能记录到；

Ⅱ度：个别敏感的人在完全静止中有感；

Ⅲ度：室内少数人在静止中有感，悬挂物轻微摆动；

Ⅳ度：室内大多数人、室外少数人有感，悬挂物摆动，不稳器皿作响；

Ⅴ度：室外大多数人有感，家畜不宁，门窗作响，墙壁表面出现裂纹；

Ⅵ度：人站立不稳，家畜外逃，器皿翻落，简陋棚舍损坏，陡坎出现滑坡；

Ⅶ度：房屋轻微损坏，牌坊和烟囱损坏，地表出现裂缝及喷沙冒水；

Ⅷ度：房屋多有损坏，少数破坏路基塌方，地下管道破裂；

Ⅸ度：房屋大多数破坏，少数倾倒，牌坊和烟囱等崩塌，铁轨弯曲；

Ⅹ度：房屋倾倒，道路毁坏，山石大量崩塌，水面大浪扑岸；

Ⅺ度：房屋大量倒塌，路基堤岸大段崩毁，地表产生很大变化；

Ⅻ度：一切建筑物普遍毁坏，地形剧烈变化，动植物遭毁灭。

⑥ 地震波：是指从震源产生并向四外辐射的弹性波。

地震波按照传播方式，分为3种类型：纵波、横波(图1-10)和面波。

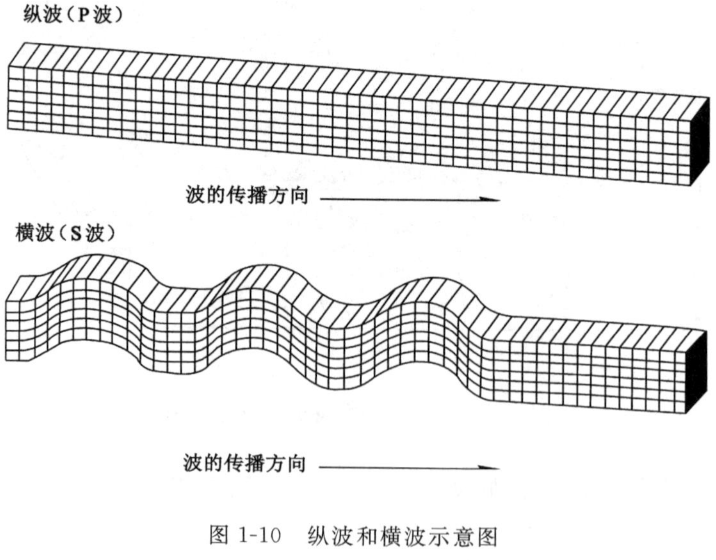

图1-10　纵波和横波示意图

纵波是质点振动方向与波的传播方向相同的地震波，它在地壳中的传播速度为5.5～7.0 km/s，最先到达震中，又称为P波。它能在固、液、气体中传播，使地面发生上下振动，破坏性较弱。

横波是质点振动方向与波的传播方向垂直的地震波，它在地壳中的传播速度为3.2～4.0 km/s，第二个到达震中，又称为S波。它仅能在固体中传播，使地面发生前后、左右抖动，破坏性较强。

面波又称为L波，是由纵波与横波在地表相遇后激发产生的混合波。其波长大、振幅大，只能沿地表面传播，是造成建筑物强烈破坏的主要因素。

2. 地震的成因类型

根据地震的成因，可将地震分为构造地震、火山地震、陷落地震和诱发地震等，具体介绍如下：

① 构造地震：由于地壳构造运动，深部岩石薄弱部位的应变超过容许值，岩层发生断裂、错动而引起的地面震动。破坏性地震主要属于构造地震。据统计，构造地震占世界地震总数的90%以上。

② 火山地震：由于火山作用，如岩浆猛烈冲出地面、气体爆炸等引起的地震称为火山地震。这类地震只占世界地震总数的7%左右，在我国很少见。

③ 陷落地震：由于地表或地下岩层突然大规模陷落或崩塌而造成的地震，如地下溶洞或旧坑崩塌所引起的地震。这类地震的震级很小，造成的破坏很弱，次数也很少，约占世界地震总数的3%。

④ 诱发地震：因人为因素(如水库蓄水或深井注水等)引起的地震。工业爆破、地下核爆炸等造成的震动有时也会诱发地震。

按照震源深度，地震可分为浅源地震、中源地震和深源地震，具体介绍如下：

① 浅源地震：震源深度小于70 km的地震。全世界85%以上的地震都是浅源地震。浅源地震波及范围小，但破坏性强。如2008年我国汶川8.0级地震的震源深度约为18 km，属于浅源地震，该地震对地表建筑物造成极大的破坏。

② 中源地震：震源深度为70～300 km的地震，占12%，破坏性大。

③ 深源地震：震源深度大于300 km，占3%。震源深，波及范围大，破坏性弱。

3. 地震带的分布

中国地震带和世界地震带的分布，具体介绍如下：

① 中国地震带。中国是多地震的国家之一，地震带可划分为：东南沿海及台湾地震带；燕山南麓、华北平原两侧与太行山东麓、山西中部盆地和渭河盆地地震带；贺兰山、六盘山向南横越秦岭，至滇东地区地震带；喜马拉雅—滇西地区是地中海—南亚地震带经过中国的部分；从西昆仑至祁连山和河西走廊地震带；新疆帕米尔至天山南北地震带。

② 世界地震带。世界上主要有三大地震带：环太平洋地震带、欧亚地震带、海岭地震带。

环太平洋地震带分布在太平洋周围，包括南北美洲太平洋沿岸和从阿留申群岛、堪察加半岛、日本列岛南下至我国台湾，再经菲律宾群岛转向东南，直到新西兰。这里是全球分布最广、地震最多的地震带，所释放能量约占全球的3/4。

欧亚地震带从地中海向东，一支经中亚至喜马拉雅山，向南经我国横断山脉过缅甸，呈弧形转向东，至印度尼西亚；另一支从中亚向东北延伸，至堪察加半岛，分布比较零散。

海岭地震带分布在太平洋、大西洋、印度洋中的海岭地区(海底山脉)。

（三）岩浆作用

地下深处岩浆沿构造破裂带侵入地壳或喷出地表，岩浆在上升过程中，与围岩相互作用，不断改变自身的化学成分和物理状态。岩浆的这种侵入、喷出活动至冷凝成岩石的全部过程，称为岩浆作用。

1. 岩浆的概念

岩浆是地壳深处或上地幔天然形成的、富含挥发组分的高温黏稠硅酸盐熔融体，它是形成各种岩浆岩和岩浆矿床的母体。

按照 SiO_2 含量不同，岩浆可以分为超基性岩浆、基性岩浆、中性岩浆和酸性岩浆。基性岩浆所含 SiO_2 的比例小，黏度小、易流动。酸性岩浆则黏度大，不易流动。

岩浆的成分很复杂，大体分为 4 类：硅酸盐类、金属氧化物类、其他少量金属元素和稀有元素、挥发性物质。

根据现代火山喷溢而出的熔岩得知，硅酸盐是岩浆的主要成分，其中 SiO_2 的含量占 30%～80%；金属氧化物，如 Al_2O_3，Fe_2O_3，FeO，MgO，CaO，Na_2O 等共占 20%～60%；其他少量金属元素和稀有元素主要包括重金属、有色金属、稀有金属及放射性元素等，它们的总量不超过 5%；挥发性组分主要是 H_2O，CO_2，H_2S，F_2，Cl_2 等。

2. 岩浆作用的类型

岩浆作用按照发生方式可分为侵入作用和喷出作用。

（1）岩浆侵入体产状

岩浆侵入体的产状指岩浆岩体的大小、形状与周围岩石的关系。

侵入体的整体形态由于在形成后受构造运动和剥蚀的影响，多已不能完整保存，只能根据它在地表的出露情况来判断和恢复。岩浆侵入体的产状分为以下 5 种类型：

① 岩盆：侵入地层间、形似盆状的岩浆岩体。由于重力的作用，中央稍微向下凹陷，下部有岩浆通道。构成岩盆的岩石主要为基性岩。岩盆规模一般较大。

② 岩盖：上凸下平呈穹隆状的整合侵入体，中央较厚，边部较薄，平面上近似圆形。岩盖规模一般不大。

③ 岩床：以厚度较小而面积较大为特征，一般是一种厚薄比较均匀而近似水平产状的整合板状侵入体，与围岩的接触面比较平坦。

④ 岩墙：一般为形态比较规则而又近似直立的岩浆侵入体。岩墙的长宽比一般相差很大，长度一般为宽度的几十倍至几百倍。岩墙除单独出现外，也有成群产出的，形成岩墙群。

⑤ 岩脉：岩脉的宽度一般为几十厘米至数十米，是一种形态呈树枝状的不规则小岩体，常是大岩体的小分支。

（2）火山喷出物

火山活动过程中，除了喷出熔浆外，还可喷出大量的固体物质和挥发性物质，分类叙述如下：

① 气态物质。火山从开始喷发至终止时，都有气体喷发。气体中以水蒸气为主，含量常达 70%以上；此外，有 CO_2，SO_2，N_2，H_2S 和少量的 CO，H_2，HCl，NH_3，Cl_2，HF 等。气体的喷出状况能预示火山活动的进程。若气体喷出量越来越多，硫质成分越来越浓，温度越来越高，这就是大规模火山喷发即将来临的预兆。若气体喷出量逐渐减少，CO_2 成分增多，

硫质成分减少，温度降低，则表明火山活动逐渐减弱。

② 液态喷出物。火山喷出的液态物质称为熔浆。熔浆与岩浆的差别在于熔浆中的挥发分较少。熔浆的流速取决于它的黏度（二氧化硅含量）、温度及地面的坡度。基性熔浆黏度小、温度高，故流速大；酸性熔浆黏度大、温度低，流速小。

③ 固态喷出物。气体的膨胀力及其所派生的冲击作用，使火山喉管及火山口附近的岩石被炸碎并抛射出来，未冷凝的岩浆呈团块、细滴喷射出来并在空中或落地后凝结为固体，它们均属于固态喷出物，统称为火山碎屑物。它可分为火山弹、火山块、火山砾和火山灰 4 种基本类型。

（四）变质作用

已存在的岩石受物理条件和化学条件变化的影响，在保持固体状态下，发生物质成分、结构、构造变化而形成新岩石的作用，称为变质作用。

1. 变质作用的影响因素

影响变质作用的因素主要包括温度、压力和具化学活动性的流体等。

① 温度。温度的改变一般是引起变质作用的主要因素，多数变质作用是在温度升高（一般温度范围为 200～900 ℃）的情况下进行的。热能主要有两种来源：地壳中放射性同位素衰变释放的和深部重力分异产生的。

② 压力。压力分为两种：一种是静压力，具有均向性；另一种是应力，是一种侧向压力，通常和地壳活动带的构造运动有关。应力在地壳浅部较强，深部则减弱，表现为对岩石和矿物的机械改造，岩石变形、板状劈理、碎裂构造都与应力有关。应力还能通过多种途径加速变质反应和重结晶作用。

③ 具化学活动性的流体。在变质作用中，岩石中常存在少量流体相，且随着变质程度的加强而减少。流体相的成分以水和二氧化碳为主，可含有其他易挥发组分。随着温度和压力的增大，其活动性也随之增强。流体相一般可以起到溶剂作用，促进组分溶解，并加强其扩散速度，从而促进重结晶和变质反应，还可以直接参与水化和脱水等变质反应。

2. 变质作用的方式

根据变质作用发生的地质背景和变质作用因素，变质作用可分为以下 5 种主要类型。

(1) 接触变质作用

这一般是在侵入体与围岩的接触带，由岩浆活动引起的一种变质作用。通常发生在侵入体周围几米至几千米的范围内，常形成接触变质晕圈。一般形成于地壳浅部的低压、高温条件下，压力为 $1\times10^{7}\sim3\times10^{8}$ Pa。靠近接触带的温度较高，从接触带向外，温度逐渐降低。接触变质作用又可分为两个亚类：

① 接触热变质作用。它以温度为主导因素，可使不同的围岩发生不同的重结晶现象。在变质过程中，具有化学活性的流体只起催化作用，围岩的化学成分一般没有变化，只是重新结晶。但若岩石中有杂质，则会形成新矿物（元素组成不变，但结合形式有变化）。

② 接触交代变质作用。这是岩浆结晶晚期析出的大量挥发分和热液，通过交代作用，使接触带附近的侵入岩和围岩在岩性及化学成分上均发生变化的一种变质作用。这种变质作用可形成各种接触交代变质岩石，如矽卡岩等。从岩浆中析出的气水热液往往携带某些金属和非金属元素，通过接触交代作用，可形成接触交代矿床，如碳酸盐与中、酸性岩浆交代

形成的矽卡岩型矿床。

（2）动力变质作用

动力变质作用又称为碎裂变质作用或错动变质作用，是在构造运动所产生的定向压力作用下，岩石所发生的变质作用。其变质因素以机械能及其转变的热能为主，常沿断裂带呈条带状分布，形成断层角砾岩、碎裂岩、糜棱岩等，而这些岩石又是判断断裂带的重要标志。

（3）气液变质作用

气液变质作用是指具有一定化学活动性的气体和热液与固体岩石进行交代反应，使岩石的矿物和化学成分发生改变的变质作用。气水热液可以是侵入体带来的挥发分，或者是受热流影响而变热的地下循环水以及二者的混合物。在一定的条件下，它们可改造岩石中的矿物，形成各种蚀变岩石，并使某些有用元素迁移、沉淀和富集。在气液变质强烈地段，往往出现蚀变分带，这有利于成矿，故可作为一种普查找矿标志。

（4）区域变质作用

区域变质作用是在大面积范围内发生变质作用的统称。它是由区域性构造运动和岩浆活动引起的一种大面积的区域变质作用造成的。根据地质环境和物理化学条件，可分为不同的类型，如区域动力热流变质作用、区域低温动力变质作用、埋藏变质作用、洋底变质作用等。

图 1-11　区域低温变质形成的板岩

区域变质岩由于受温度影响，重结晶作用显著；又因受到强大定向压力作用，具有明显的片理构造；受岩浆活动影响，岩石的化学成分和矿物成分会有很大变化。所以说，区域变质岩是在各种变质因素综合作用下产生的。代表性岩石有板岩(图 1-11)、片岩、片麻岩。

（5）混合岩化变质作用

混合岩化变质作用是一种介于变质作用和典型的岩浆作用之间，有不同性质流体参加的造岩作用和成矿作用的总称，简称混合岩化。在这种作用中，以长英质或花岗质为代表的新生组分与原岩组分相互作用和混合，生成不同组成和不同形态的混合岩。混合岩化的最终产物可能是混合花岗岩，因此，从混合岩化的全过程来说，它几乎是花岗岩化作用的同义语。

二、外力地质作用

外力地质作用是指在地壳表面，主要受太阳辐射的热能影响而使大自然发生物理和化学变化的各种作用。这些作用是通过日光、大气、风、霜、雨、雪、河流、海浪、冰川和生物活动等因素进行的。

在这些自然营力的作用下，一方面不断对暴露在地表的岩石进行破坏，使岩石变得松散，粉碎成泥沙和可溶物质；另一方面又将这些泥沙和可溶物质搬运到海洋和低洼的盆地中，逐渐进行沉淀和堆积。一般外力地质作用的结果是，高山不断遭受风化、剥蚀，被夷为平地，形成大量的沉积矿产。

外力地质作用包括风化作用、剥蚀作用、搬运作用、沉积作用和固结成岩作用。

（一）风化作用

风化作用是指地表或接近地表的坚硬岩石、矿物在与大气、水及生物接触的过程中，产生物理、化学变化而在原地形成松散堆积物的全过程。根据风化作用的因素和性质，可将其分为 3 种类型：物理风化作用、化学风化作用、生物风化作用，下面重点介绍前两者。

（1）物理风化作用

物理风化作用又称为机械风化作用，是指处于地表的岩石主要随着温度变化，在原地产生机械破碎而不改变其化学成分，不形成新矿物的作用。其结果是使岩石整体逐渐崩解破碎，形成岩屑、砂粒等碎屑物，除一部分受重力作用沿陡坡滚落并堆积于山坡脚下外，大部分残留于原地而覆盖在基岩之上。其主要影响因素是温度变化、冰劈作用和生物物理风化作用：

① 温度变化。地表岩石由于受温差较大的阳光照射，产生表里胀缩差异而崩解破碎的作用称为温差风化。温差风化的强弱主要决定于温度变化的速度和幅度，特别是昼夜温差越大，风化越强烈。在沙漠地区，盛夏的昼夜温差可达 50～60 ℃。因此，在干旱气候区，温差风化最强烈。风化的结果使岩石发生由表及里的崩解破碎(图 1-12)。

图 1-12　温差引起的球状风化

② 冰劈作用。在气温日变化和年变化都较突出的地区，岩石中的水分不断冻融交替，冰冻时体积膨胀，好像一把把楔子插入岩石体内，直到把岩石劈开、崩碎，这种作用叫作冰劈作用，又称为冻融风化(图 1-13)。

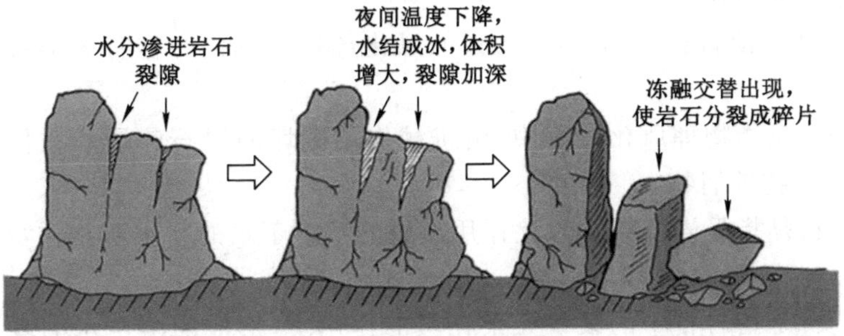

图 1-13　冰劈作用过程

③ 生物物理风化作用。生物物理风化作用是指生物活动对岩石的破坏作用。最显著的破坏作用是根劈作用(图 1-14)；此外，还包括蹄类动物的践踏、穴居动物的挖洞掘穴和人类的生产破坏等。

图 1-14　根劈作用

（2）化学风化作用

岩石在大气中氧和水的作用下发生化学分解，使化学成分和矿物成分发生改变的作用与过程，称为化学风化作用，包括水化作用、水解作用、氧化作用、碳酸化作用和生物化学风化作用等。化学风化作用的主要因素是氧和水溶液,其进行的方式主要有氧化作用和水溶液的作用。自然界的水都是水溶液,它溶解有多种气体和化合物,除具有溶解、水化和水解性能外,还具有碳酸化作用的能力。

① 水化作用:在化学风化中,有些矿物与水作用时能够吸取水分作为自己的组成部分(为结晶水或结构水),形成含水的新矿物,称为水化作用。例如,硬石膏($CaSO_4$)经水化作用可形成石膏($CaSO_4 \cdot 2H_2O$)。

② 水解作用:矿物溶于水的过程是溶解作用。在水与岩石相接触时,水与岩石发生化合反应,又称为水解作用。经过水解作用,岩石中的易溶物质随水流失,难溶物质残留于原地。

③ 氧化作用:矿物中低价元素与大气中游离氧化合,变为高价元素的作用,称为氧化作用。氧化作用可使一些金属硫化物矿床的露头发生氧化,形成由褐铁矿组成的红褐色或黑褐色的产物,叫作铁帽。它指示其下埋藏有原生的金属硫化物,是一种良好的找矿标志。

④ 碳酸化作用:是指当 CO_2 溶解于水中时,形成 CO_3^{2-} 和 HCO_3^-,它们与矿物中的阳离子(K^+,Na^+,Ca^{2+})结合形成易溶于水的碳酸盐或碳酸氢盐的过程。

⑤ 生物化学风化作用:主要指生物新陈代谢过程中排出大量的酸类,以及生物死亡后遗体腐烂而产生的腐殖酸,对周围岩石的腐蚀和破坏作用。

上述物理、化学风化作用并不是孤立进行的,它们总是同时发生并相互影响。物理风化作用使岩石产生裂隙,加速化学风化作用的进行;而化学风化作用又降低了岩石的强度,有利于物理风化作用的进行。

(3) 风化作用的产物

风化作用的结果使岩石破坏,形成大量的风化产物。风化产物有 3 类:碎屑物质、残余物质和溶解物质。

① 碎屑物质:是指物理风化过程中,由机械作用破坏的岩石碎屑及在化学风化过程中没有反应的稳定矿物碎屑物。

② 残余物质:是指母岩经化学风化作用形成的不溶于水的新生矿物质,如高岭石、铝土矿、褐铁矿等。

③ 溶解物质:是指岩石中的某些元素在酸的作用下,形成的溶于水的真溶液物质和胶体物质。

(二) 剥蚀作用

在风化、水流、冰川、风、波浪和海流等外营力作用下,松散的岩石碎屑从原地剥离开来的作用,称为剥蚀作用。

剥蚀作用按照地质营力的不同,可分为:风的剥蚀作用,称为风蚀作用;流水的剥蚀作用,称为侵蚀作用;地下水的剥蚀作用,称为潜蚀作用;湖泊的剥蚀作用,称为湖蚀作用;海洋的剥蚀作用,称为海蚀作用;冰川的剥蚀作用,称为冰蚀作用;等等。

根据作用方式不同,剥蚀作用又分为机械剥蚀作用和化学溶蚀作用。

1. 机械剥蚀作用

(1) 地面流水的侵蚀作用

① 坡流的洗刷作用:坡流是地面斜坡面积最大的暂时性流水,由于其水流分散,流量小,动能不大,故只能对斜坡面上的松散物质及风化表面进行破坏。它一般较均匀地破坏整

个山坡，将山坡剥离一层表皮，故称为洗刷作用。

② 洪流的冲刷作用：当坡流向水沟和山涧汇集时，形成快速奔腾的暂时性流水，称为洪流或山洪。在雨季和冰融化期，特别是暴雨之后，山洪对流经地区的岩石进行强烈的冲刷作用，将坡面刻凿成沟谷，最终形成冲沟系统。

③ 河流的侵蚀作用：当冲沟被洪流冲刷加深到地下水面时，便得到地下水的补给，这时冲沟经常保持水流而形成河流。河流对地表岩石的破坏称为侵蚀作用。

河流的机械侵蚀作用主要有两种形式：磨蚀和冲蚀。磨蚀是河水携带的泥沙、石块等碎屑物对河床岩石的碰撞和碎屑物之间的磨损；冲蚀是河水本身的动能对河床岩石的冲刷作用。

按照河流的侵蚀方向，河流的侵蚀分下蚀作用和侧蚀作用。

下蚀作用主要发生在河流的上游，由于顺坡而下的流水具有垂直向下的运动分量，因此，坡度越陡，下蚀能力越强。同时，在河底滚动和跳跃的砾、砂不断撞击河底，尤其是山区河流因巨砾不断撞击，河底加深很快，在洪水期尤其明显。下蚀作用的结果是在上游形成“V”字形河谷（图 1-15）。

侧蚀作用是指流水拓宽河床的作用，其主要发生在中下游。侧蚀作用主要发生在河床弯曲处，横向环流作用使凹岸受流水冲蚀，这种作用的结果是河床不断加宽，河道更弯曲，形成曲流，导致牛轭湖现象的发生。河流中下游的河谷一般呈“U”字形（图 1-16）。

图 1-15　上游呈“V”字形河谷

图 1-16　河流中下游“U”字形河谷及牛轭湖

河流的溯源侵蚀、下切作用和侧蚀作用经常是同时进行的。一般情况下，河流的上游以下切和溯源侵蚀作用为主，中下游以侧蚀作用为主。

（2）冰蚀作用

冰川在运动过程中对地面岩石的破坏作用称为冰蚀作用，包括挖掘作用和磨蚀作用。

① 挖掘作用：冰川使冰床底部及两侧基岩破碎（压力、冻胀力），并将碎屑物挖起带走（图 1-17）。

② 磨蚀作用：冰川像锉刀一样不断研磨和刮削谷底及两侧基岩的过程（图 1-18）。

（3）风蚀作用

风的剥蚀作用称为风蚀作用。风蚀作用包括吹蚀作用（又叫吹扬作用）和磨蚀作用两种方式。

由于岩性、地形和构造等方面的差异，在风蚀作用下，可形成一些特有的岩貌和地貌，如

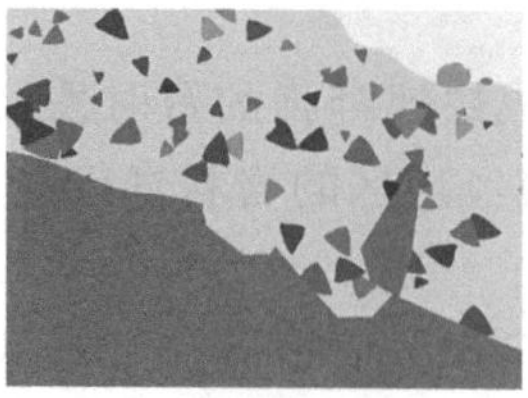

图 1-17　冰川的挖掘作用

图 1-18　冰川的磨蚀作用

风棱石、风蚀蘑菇石(图 1-19)、风蚀柱、风蚀谷和风蚀盆地等。

风蚀作用不断破坏地壳表面而使其高程降低,其剥蚀极限是地下水面,此为风蚀基准面。在沙漠地区,风蚀作用可使地下水面露出地表,出现水草丰富的绿洲。

(4) 海蚀作用

由于波浪对岩岸岸坡进行机械性的撞击和冲刷,岩缝中的空气被海浪压缩而对岩石产生巨大的压力,波浪挟带的碎屑物质对岩岸进行研磨,以及海水对岩石的溶蚀作用等,统称为海蚀作用。海蚀多发生在基岩海岸。海蚀的程度与当地波浪的强度、海岸原始地形有关,组成海岸的岩性及地质构造特征也有重要影响。所形成的海蚀地貌有海蚀崖、海蚀台、海蚀穴、海蚀拱桥、海蚀柱等(图 1-20)。

图 1-19　风蚀蘑菇石

图 1-20　海蚀崖和海蚀柱

(5) 地下水的潜蚀作用

地下水的潜蚀作用是指地下水在流动过程中,对胶结松散岩石或堆积物的机械性破坏作用。地下水的潜蚀作用与重力作用配合,常可产生滑坡、泥石流和山崩等灾害。

2. 化学溶蚀作用

地表水和地下水对可溶性岩石的溶解破坏作用,称为化学溶蚀作用。

化学溶蚀作用在石灰岩地区,由于地下水的长期溶蚀作用而形成特殊的地质现象,称为岩溶或喀斯特。若石灰岩分布在煤层下部,所形成的岩溶陷落柱对煤层有破坏作用。

(三) 搬运作用

搬运作用是指地表和近地表的岩屑与溶解质等风化物被外营力搬往他处的过程,是自然界塑造地球表面的重要作用之一。搬运风化产物的自然营力称为搬运营力。营力包括水流、波浪、潮汐流和海流、冰川、地下水、风和生物作用等。搬运作用的自然营力主要有风、水流、冰川 3 种。

根据不同搬运方式,搬运作用可分为机械搬运作用和化学搬运作用。

1. 机械搬运作用

风化、剥蚀产物在机械搬运过程中,主要有磨圆作用和分选作用。

（1）磨圆作用

磨圆作用是指岩石或矿物颗粒在搬运过程中经冲刷、滚动、撞击，棱角被磨圆的作用。棱角被磨圆的程度称磨圆度，磨圆度可分为圆形、次圆形、次棱角、棱角（图 1-21）。一般情况下，河流、海洋和风搬运的碎屑物磨圆度较好。碎屑物被搬运的距离越长、时间越久，其磨圆程度越好；反之则差。

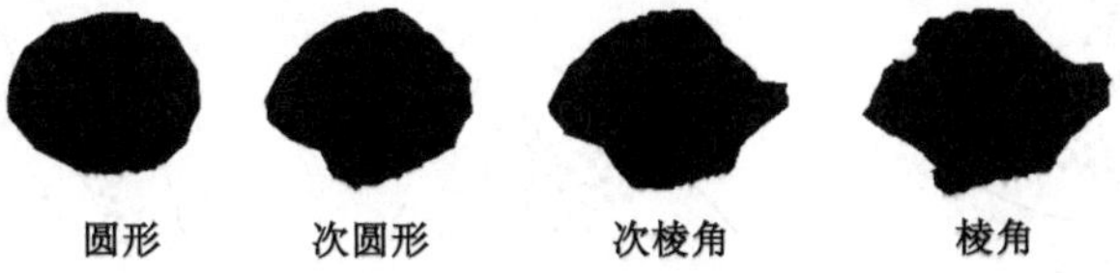

图 1-21　磨圆度分类示意图

（2）分选作用

风、水的搬运能力按照一定的规律逐渐减弱，从而使碎屑颗粒按照不同大小和密度而分别集中的现象，称为分选作用。一般来说，在河床沉积物中，上游沉积颗粒较粗，下游沉积颗粒较细。

沉积物分选性与搬运距离成正比，搬运距离越远，分选性越好；反之，越差。按照颗粒分选性好坏，可分为分选性好、分选性较好、分选性差、分选性很差。

2. 化学搬运作用

地下水或地表径流，将风化、剥蚀下来较易溶解的产物，以真溶液或胶体的方式带到河流或湖泊中，最后流入海洋。这种化学搬运作用又称为溶运。

（四）沉积作用

被搬运的碎屑物或溶解物质，在自然营力减弱或消失及其他因素的影响下，在新环境中沉积下来形成沉积物的作用，称为沉积作用。

地壳表面上低洼地区均可发生沉积作用，但主要沉积场所是海洋和陆地上的河流、湖泊、沼泽及盆地等。根据不同沉积环境，可将沉积物分为大陆沉积、海陆过渡沉积和海洋沉积 3 种类型。

1. 大陆沉积

大陆沉积有山麓沉积、河流沉积、河漫滩沉积、湖泊沉积、沼泽沉积等类型。

（1）山麓沉积

山区暴雨过后，山洪夹带大量的碎石、泥沙，由山坡流向山脚低洼地区，由于坡度变缓，流速减慢，碎屑物依次沉积下来，从而形成扇形的山麓沉积物。山麓沉积物以冲积物、洪积物为主，并有坡积物、重力堆积物或泥石流沉积物等多种成因类型。在高寒山区的山麓，沉积物中还有冰碛物和冰水沉积物。

山麓沉积物的特征是以粗碎屑沉积为主，碎屑的分选性和磨圆度较差，相变快，厚度大。有些强烈上升山地的山麓地带或强烈坳陷的山麓地带，第四纪沉积物的厚度可达 1 km。祁连山北麓的玉门砾石层、酒泉砾石层、喜马拉雅山南麓的上西瓦里克砾石层，都是典型的山麓沉积物。

（2）河流沉积

河流沉积作用的原因：一是流速降低发生的沉积；二是流量减小引起的沉积；三是搬运

物增加超过河流搬运能力而产生的沉积。

河流发生沉积作用的主要场所有：河道由狭窄变为开阔地段，支流与主干河流交汇处，河流凸岸及河口处等(图 1-22)。

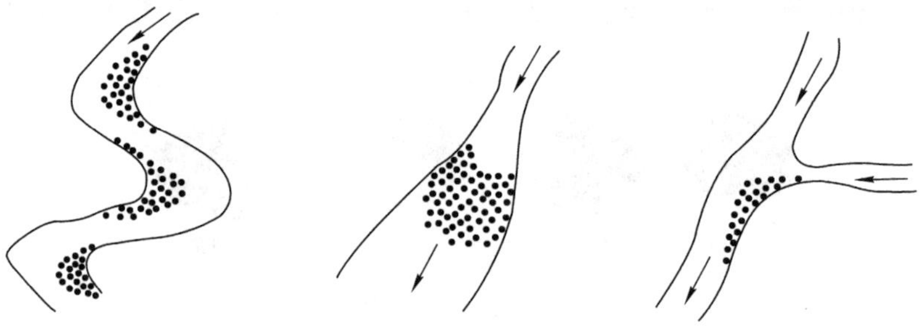

(a) 河曲凸岸　(b) 由窄变宽处　(c) 支流入口处

图 1-22　河床易沉积的地区

河流沉积物是在流动的水体中以机械方式沉积的碎屑物，其特点是：沉积物颗粒上游相对较粗，下游颗粒较细；分选性较好，磨圆度较好；从平面上看，河流沉积物多呈弯曲的条带状分布。

(3) 河漫滩沉积

河漫滩沉积又称为洪泛平原沉积。河漫滩指的是河流泛滥期，由于洪水漫岸而被洪水所覆盖的一片平的或近于平坦的地带。在河漫滩上，可沉积大量的碎屑沉积物。

河漫滩沉积的特点是：沉积有季节性；沉积物颗粒细，分选性较好，多为砂粒沉积；沉积构造多为水平层理、爬升沙纹层理；沉积物分布稳定，在河流相剖面上位于顶层沉积中。

(4) 湖泊沉积

湖泊是陆地上洼地积水形成的水域宽阔、水量交换相对缓慢的水体。湖泊沉积是指湖水中的物质由于物理、化学和生物作用，在湖内下沉和堆积。

湖泊沉积的特点是：沉积物自湖滨至湖心，颗粒由粗变细呈环状排列；具有水平层理和波状层理构造。

沉积物类型主要有以下 3 种。

① 碎屑沉积：主要是黏土、淤泥和砂。

② 化学沉积：指的是干旱气候条件下以化学盐岩为主的沉积。

③ 生物沉积：湖沼中有机体死亡沉于底部，形成生物沉积物。

在潮湿气候条件下，随着沉积作用的持续进行，湖泊面积逐渐缩小，由湖泊环境逐渐转换成有利成煤的自然环境——沼泽环境。

(5) 沼泽沉积

沼泽是指地表过湿或有薄层常年或季节性积水，土壤水分几乎达到饱和，生长喜湿性和喜水性沼生植物的地段。沼泽水多，致使沼泽地土壤缺氧，在厌氧条件下，有机物分解缓慢，只呈半分解状态，故多有泥炭的形成和积累。在泥炭沼泽环境中形成的沉积，称为泥炭沼泽沉积。一般沼泽中沉积物多为泥岩或页岩，具有明显的水平层理，含有丰富的植物化石。

2. 海陆过渡沉积

在海洋与大陆之间的过渡环境中所形成的沉积称为海陆过渡沉积。它包括三角洲沉积、潟湖沉积等。

(1) 三角洲沉积

在河流入海或湖泊口，由于水速减慢及沉积环境中介质的物化性质的改变，河流携带的泥沙等沉积物和溶解物沉积下来，形成三角形沉积体，称三角洲沉积。

三角洲分为海洋三角洲和湖泊三角洲，前者是河流流水与海洋波浪和潮汐共同作用的产物，后者是河流流水与湖泊波浪共同作用的产物。

(2) 潟湖沉积

波浪向岸运动，泥沙平行于海岸堆积，形成高出海水面的离岸坝。坝体将海水分割，内侧便形成半封闭或封闭式的潟湖。

在干燥气候条件下，潟湖是化学沉积的良好场所。在温暖潮湿的气候条件下，潟湖中生长的菌藻类死亡后，形成了富含有机质的腐泥。在地质历史时期，当地壳缓慢上升时，潟湖环境逐渐演化成沼泽环境，成为聚煤的有利场所。

3. 海洋沉积

海洋是地球上最大的沉积场所。海洋沉积是各种海洋沉积作用所形成的海底沉积物的总称。根据沉积环境和沉积物差异，海洋沉积可分为滨海沉积、浅海沉积、半深海沉积、深海沉积等类型。

(1) 滨海沉积

滨海沉积又称为近岸沉积、滨岸带沉积。它是在河流、波浪、潮汐、海流的作用下，于近海岸水深 0～20 m 范围内的沉积。

滨海沉积主要以机械沉积为主，沉积物主要由砾、砂、粉砂及泥组成。滨海沉积一般速率大，沉积物粒度比河流的细、比浅海的粗，具有良好的分选性与磨圆度，粒度通常自岸向海方向变细，沉积物构造多样。

(2) 浅海沉积

浅海沉积是水深大致为 20～200 m 范围内的海底沉积，主要分布在大陆架区，又称为陆架沉积。浅海沉积物主要来自大陆，但在一些低纬度海区和外陆架，也可见到自生的碳酸盐岩沉积和生物沉积。浅海指正常浪基面以下至水深 200 m 间的较平坦的广阔浅水海域，平均坡度一般只有几分，不超过 4°。浅海的水动力包括波浪、洋流、潮汐流及密度流等。

浅海带占海洋面积的 25%，但这一海域的沉积物却占海洋全部沉积物的 90%。浅海沉积物有以下 3 类。

① 碎屑沉积物：主要是沙质级的，由于波浪强度随着海深的增加而减弱，所以碎屑沉积物的粒径一般从浅水区往深水区变小。

② 生物沉积物：主要是生物遗体形成的沙和泥，其成分主要为碳酸钙质。在热带、亚热带的温暖海洋中，还有以珊瑚骨骼为主、其他生物骨骼和壳体为辅所构成的生物礁堆积，叫作珊瑚礁。

③ 化学沉积物：主要是来自大陆的铁、锰、铝、硅的氧化物和氢氧化物的胶体，与海水电解质相遇时，絮凝成鲕状或豆状的沉积物。

(3) 半深海沉积

半深海是指水深大致在200～2 000 m范围的海域。半深海沉积带是大陆和洋盆之间的过渡地带。陆坡沉积物也具有明显的过渡性质，它既不同于浅海沉积，又有别于深海沉积。滑坡所造成的影响是它的显著特点。其物质来源以陆源碎屑为主，生物与化学作用形成的沉积多于浅海区、少于深海区。在有些地区，碳酸盐岩沉积的密度明显增加。

（4）深海沉积

深海是指水深大于2 km的海域。深海沉积物主要是生物作用和化学作用的产物，还包括陆源的、火山的与来自宇宙的物质。其中，浊流、冰载、风成和火山物质在某些洋底也可以成为主要沉积途径或物质来源。由于海底自生矿产资源主要产于深海，而且古海洋学、古气候学的发展也有赖于深海沉积物的研究，因此，深海沉积的研究日益受到重视。

（五）固结成岩作用

沉积物在压力增大、温度升高或溶液变化等条件下，发生压缩、胶结、交代及再结晶等作用，从而形成坚硬的沉积岩。这种促使松散的沉积物固结成岩石的作用称为固结成岩作用。它包括压实作用、胶结作用和重结晶作用。

1. 压实作用

压实作用是指沉积物沉积后，由于上覆沉积物不断加厚，在重荷压力下所发生的作用，是沉积物极其重要的成岩作用之一。通过压实作用，沉积物发生脱水，孔隙度降低，体积缩小，密度增大，松软的沉积物变成固结的岩石。例如，泥炭经过压实和泥炭化作用，体积缩小（缩为原来的1/30～1/20）后，在一定条件下可转变为坚硬的褐煤。研究资料表明，碎屑沉积物在300 m深处，受压实作用的影响，其所含75％以上的水已被排出，石英砂岩由40％左右的原始孔隙度降低至10％～30％。

2. 胶结作用

胶结作用是指从沉积物孔隙溶液中沉淀出的矿物质，将松散的沉积物固结起来的作用。常见的胶结物有泥质的、铁质的、硅质的、钙质的等。岩石的强度取决于胶结物的含量和成分，硅质胶结和铁质胶结的岩石强度高，而泥质胶结的岩石强度低。

胶结物的来源有两种：一种是在成岩过程中，从水溶液和胶体溶液中沉淀下来的化学沉积物充填到碎屑颗粒中，称为原生胶结物；另一种是后来的混杂物，称为后生胶结物。

3. 重结晶作用

在岩石学中，岩石基本上处于固体状态，其中有矿物新晶粒形成的作用，称为重结晶作用或再结晶作用。新形成晶粒的化学成分和矿物成分既可以与原岩的相同，也可以不同；原来的矿物既可以是结晶质的，也可以是非晶质的。

三、内外力地质作用的关系

根据上述内外力地质作用的相关内容可知，内外力地质作用相互联系，但发展趋势相反。内力地质作用在地质作用过程中起主导作用，它使地球内部和地壳的组成与结构复杂化，造成地表高低起伏不平，形成高山和盆地，产生海陆变迁，影响气候的变化和生物的演化与发展，其形成的岩石产物包括岩浆岩、变质岩；外力地质作用在地质作用过程中起次要作用，它使地壳原有的组成和构造发生改变，对地表形态起着夷高补平的作用，其形成的岩石产物只有沉积岩。一般来说，内力地质作用控制着外力地质作用的过程和发展。

【知识拓展】

从天文学角度看，地球是宇宙中的一个特殊天体，是目前所知宇宙中唯一有人类居住、有高度文明发展的星球。来自地球外部的太阳能和宇宙能对地球内部地质作用也存在一定影响，因此，可从天文学角度进一步加深对地球相关知识的了解，以及对宇宙中的天体、银河系和太阳系中的各类行星的了解。

【知识点拨】

本章主要知识点包括：

① 地球的表面特征；

② 地球的物理性质；

③ 地球圈层划分的依据及特征；

④ 内力地质作用方式、包含内容、能量来源及特点；

⑤ 外力地质作用方式、包含内容、能量来源及特点。

第二章　岩石与地层

本章导读：固态地球的最外圈是地壳，地壳由岩石组成，岩石是矿物的集合体，矿物由化学元素结合而成，矿物与岩石是地质作用的产物，而地层是地壳发展过程中所形成的层状岩石的总称。在有煤矿开发生产的煤田或矿区，含煤地层是煤矿地质工作的对象，为了能够读懂地质资料和有关图件，了解矿区的构造和煤层分布规律，正确进行开拓开采，必须从元素、矿物及岩石入手，学习矿区地层层序、地质时代、标志层（含煤层）及常用的术语等基础知识。通过本章节的学习应该了解组成地球的主要元素；矿物与岩石的区别；三大岩类的相互转化关系；三大岩类的形成环境与条件；地质年代确定的原理、方法及相关基本概念；岩石地层单位的概念等内容。本章重点是掌握元素丰度、矿物等相关基本概念；肉眼鉴定矿物的主要依据；地质年代确定的方法、原理及相关基本概念，岩石地层单位的概念。难点是解理与断口的区别；三大岩类的结构、构造、与形成环境的关系以及识别标志；地质年代确定的方法、原理。

第一节　矿　　物

一、地壳中的元素

元素是由同种原子组成的物质。目前已知的元素有 118 种，在地壳中存在的有 94 种。各种元素在地壳中的平均含量差别极大，元素在地壳中的平均含量称为该元素的丰度。美国化学家克拉克等在长达 40 余年中，从世界各地采集了 5 159 块有代表性的岩石样品进行化学分析，于 1924 年公布了地壳中 50 余种化学元素的平均质量百分数的研究成果。为了纪念克拉克的功绩，人们把地壳中化学元素平均质量百分数称为“克拉克值”，后来许多学者对该值做了进一步研究、修正和补充，形成现在地壳中主要元素的克拉克值列表，结果如表 2-1 所示。

从表 2-1 中可以看出，地壳中的氧元素含量最高，其次是硅元素。

表 2-1　地壳中主要元素的丰度

元素		克拉克值/%	元素		克拉克值/%
氧	O	46.60	钠	Na	2.83
硅	Si	27.72	钾	K	2.59
铝	Al	8.13	镁	Mg	2.09
铁	Fe	5.00	钛	Ti	0.44
钙	Ca	3.63	氢	H	0.14

二、矿物

（一）矿物的概念

关于矿物的定义，有的学者认为：矿物是由一种或多种化学元素在各种地质作用下形成的具有一定化学成分、物理性质和形态特征的天然单质或化合物。有的学者认为：矿物是天然产出，具有一定的化学成分和有序的原子排列，通常由无机作用所形成的均匀固体。

关于矿物的概念，虽然定义不同，但是基本已形成统一的共识。首先，矿物是天然产出的，从而与人工制造的产物，如人造金刚石、人造玻璃区别开来；其次，矿物必须是均匀的固体，所以，水银、天然气等非固体物质不属于矿物；最后，矿物必须具有特定的化学成分，并具有特定的结晶构造。

（二）矿物的肉眼鉴定方法

在野外常常采用肉眼鉴定矿物的方法，它是依据矿物的性质来识别矿物的。对矿物肉眼鉴定的主要依据是矿物的形态、物理性质和化学性质等。

1. 矿物的形态

矿物的形态，是指矿物的单体及集合体的形态。

（1）矿物单体形态

按照晶体在三维空间发育的程度，单体形态可分为以下 3 种。

① 一向伸长：晶体沿一个方向特别发育，其形态呈柱状、针状、纤维状。如柱状石英、纤维状石膏等(图 2-1)。

② 二向延展：晶体沿两个方向特别发育，其形态呈板状、片状、鳞片状，如云母等(图 2-2)。

图 2-1　柱状石英晶簇

图 2-2　片状黑云母

③ 三向等长：晶体沿 3 个方向发育程度大致相等，其形态呈粒状。如食盐、黄铁矿等(图 2-3)。

（2）矿物集合体形态

矿物集合体形态主要取决于单体形态、大小及集合方式。常见的集合体形态有以下 5 种：

① 柱状、针状、纤维状、放射状：由一向伸长的单体集合而成。柱状、针状、纤维状集合体中的单体排列不规则，这 3 种形态的区别在于单体的直径大小不同。由一向伸长的单体围绕中心呈放射状排列称为放射状集合体(图 2-4)。

② 板状、片状、鳞片状：由沿两个方向特别发育的单体集合而成。

③ 粒状集合体：由 3 个方向发育程度大致相等的单体任意集合而成。

④ 晶簇：是指由生长在岩石裂隙或空洞中的许多矿物单晶体所组成的簇状集合体，它们一端固定于共同的基地岩石上，另一端自由发育而具有良好的晶行。晶簇既可以由单一的同种矿物晶体组成，也可以由几种不同矿物晶体组成(图 2-1)。

图 2-3　立方体黄铁矿

图 2-4　放射状阳起石

⑤ 其他形态：集合体除上述形态外，还有一些其他形态，常见的有如下几种。

a. 鲕状、豆状：由胶体溶液围绕某一核心逐渐沉淀形成的规则球体，具有明显的同心层状构造。其中，直径小于 2 mm、形状如鱼卵者，称为鲕状集合体（图 2-5）；直径大于 2 mm、形状如豆粒者，称为豆状集合体。

b. 结核：不规则的球形、椭球形或瘤形的集合体（图 2-6）。

c. 钟乳状：外形呈柱状或圆锥状，由真溶液或胶体溶液凝聚逐层堆积而成，内部具有同心层状、放射状等构造。

d. 分泌体：真溶液或胶体溶液从岩石空洞壁开始向中心逐层渗透沉淀，逐层形成球状或不规则状集合体。内部常有环状构造，有的中心留有空腔，有的空腔长有晶簇（图 2-7）。

图 2-5　鲕状赤铁矿集合体

图 2-6　黄铁矿结核

图 2-7　玛瑙内部环状构造

2. 矿物的物理性质

矿物的物理性质包括光学性质和力学性质。

（1）矿物的光学性质

矿物对可见光的反射、折射、吸收等所表现出来的各种性质，称矿物的光学性质，其中包括颜色、条痕、光泽和透明度等。

① 颜色：矿物吸收入射的白色可见光（波长为 390～770 nm）中不同波长的光波后，透射和反射的各种波长可见光的混合色，称矿物的颜色。

根据产生的原因，矿物的颜色通常分为自色、他色和假色。

a. 自色：由矿物本身固有的化学成分和内部结构所决定的颜色，是组成矿物的原子或离子在可见光的激发下，发生电子跃迁或转移所造成的。如赤铁矿、孔雀石和斑铜矿。

b. 他色：矿物混入了某些带色杂质所引起的颜色。如烟晶。

c. 假色：因矿物内部存在裂隙或表面氧化膜对光的反射、折射而引起的颜色，如方解石表面的彩虹。裂隙引起的假色称为晕色。

② 条痕：是指矿物在无釉素瓷板上刻划所留下的粉末颜色。

矿物的条痕能消除假色,减弱他色,突出自色。它比矿物颗粒的颜色更为稳定,更有鉴定意义。

③ 光泽:是指矿物表面反射光线的能力。

反射力强,光泽就强;反之,则弱。根据矿物新鲜平滑的晶面、解理面或磨光面上反光的强弱,配合矿物的条痕和透明度,矿物的光泽分为 4 个等级:金属光泽、半金属光泽、金刚光泽和玻璃光泽。

a. 金属光泽:反光很强,似平滑金属磨光面的反光。矿物具金属色,条痕呈黑色或金属色,不透明。为绝大部分不透明矿物所具有,如黄铁矿。

b. 半金属光泽:反光较强,似未经磨光的金属表面的反光。矿物常呈金属色,条痕为棕色、褐色等深彩色,不透明到半透明。为大部分半透明矿物所具有,如赤铁矿等。

c. 金刚光泽:反光较强,有似金刚石明亮耀眼般的反光。颜色和条痕均呈浅色(如浅黄、橘红、浅绿等)、白色或无色,半透明到透明,如金刚石、闪锌矿。

d. 玻璃光泽:反光较弱,呈普通平板玻璃表面的反光。矿物为无色、白色或浅色,条痕呈无色或白色,透明。为无色和浅色透明矿物所具有,如石英、方解石。

矿物不平坦的表面或矿物集合体的表面的特殊变异光泽主要有如下 7 种:

a. 油脂光泽。某些解理不发育的浅色透明矿物,不平坦断口上呈现似油脂般的光泽。如玉髓、玛瑙。

b. 树脂光泽。某些具金刚光泽的黄、褐或棕色透明矿物,不平坦断口上的似松香般的光泽。如浅色闪锌矿。

c. 沥青光泽。解理不发育的半透明或不透明黑色矿物,不平坦断口上乌亮沥青状光泽。如沥青铀矿。

d. 珍珠光泽。浅色透明矿物的极完全解理面上,呈珍珠表面或蚌壳内壁柔和而多彩的光泽。如云母解理面上所呈现的光泽。

e. 丝绢光泽。具玻璃光泽的无色或浅色透明矿物,纤维状集合体表面常呈蚕丝或丝织品状的光亮。如纤维石膏。

f. 蜡状光泽。某些透明矿物的隐晶质或非晶质致密块体上,呈蜡烛表面的光泽。如燧石断面上呈现的光泽。

g. 土状光泽。呈土状、粉末状或疏松多孔状集合体的矿物,表面如土块般暗淡无光。如铝土矿、高岭石。

④ 透明度:是指矿物容许可见光透过的程度。一般以 0.03 mm 厚的矿物薄片透光性为标准,将矿物透明度分为 3 级。

a. 透明矿物:矿物能够透过绝大部分光,透明性强。如石英、冰洲石。

b. 半透明矿物:矿物能透过部分光,透明性弱。如闪锌矿。

c. 不透明矿物:矿物基本不能透光。如黄铜矿、黄铁矿。

(2) 矿物的力学性质

矿物的力学性质是指矿物在外力(如敲打、挤压、拉引或刻划等)作用下所表现出来的性质,主要包括硬度、解理、断口等。

① 矿物的硬度:是指矿物抵抗外来机械作用(如刻划、压入或研磨等)的能力。通常把矿物的硬度划分为 10 级。

在测定矿物硬度时，用已知的矿物刻划未知矿物来测定未知矿物的硬度。如某种矿物能刻划石膏，但不能刻划萤石，则其硬度为3。此外，可用指甲、铜片、铁钉、小钢刀和玻璃等来测定未知矿物的硬度(表2-2)。

表2-2 莫氏硬度

硬度等级	代表矿物	硬度	工具名称
1	滑石		
2	石膏	2.0～2.5	指甲
3	方解石	2.5～3.0	铜片
4	萤石	3.0～3.5	铁钉
5	磷灰石	5.0～5.5	小钢刀
6	长石	6.0～6.5	玻璃
7	石英		
8	黄玉		
9	刚玉		
10	金刚石		

② 矿物的解理：是指矿物晶体受应力作用而超过弹性限度时，沿一定结晶学方向破裂成一系列光滑平面的性质。这些形成的光滑平面称为解理面(图2-8)。

图2-8 冰洲石的三组解理面

不同矿物解理的方向、数目和解理的完全程度不同，因此，解理是鉴定矿物的重要依据。

按照发生解理的难易程度、解理面的大小和平整程度，将解理分为以下5级：极完全解理、完全解理、中等解理、不完全解理和极不完全解理。

a. 极完全解理：矿物受力后，极易沿一定方向裂成薄片，解理面平整而光滑。如云母(图2-2)。

b. 完全解理：矿物受力后，易裂成光滑的平面或规则的解理块，解理面显著而平滑，常见有平行解理面的阶梯。如方解石。

c. 中等解理：矿物受力后，常破裂成较小的不平滑的平面，解理面不太连续，常呈阶梯状且闪闪发亮，清晰可见。如长石、辉石的解理。

d. 不完全解理：矿物受力后，不易裂出解理面，仅断续可见小而不平滑的解理面。如磷灰石。

e. 极不完全解理：矿物受力后，很难出现解理面，仅在显微镜下偶尔可见零星的解理缝，断口发育。

③ 矿物的断口：是指矿物受外力后，将沿任意方向破裂成不平整的断面。如石英在外力作用下，可以产生贝壳状断口。

常见的有贝壳状断口、参差状断口、锯齿状断口和阶梯状断口。

应该注意，解理完全程度与断口发育程度互为消长，矿物的解理越完全，断口越不发育。

(3) 矿物的其他性质

① 密度：矿物的密度是指纯净单矿物与 4 ℃时同体积水的质量之比。按照密度大小，可将矿物分为下列 3 类。

a. 轻矿物：密度小于 2.5 g/cm^3，如盐岩、石膏、石墨等。

b. 中等矿物：密度介于 2.5～4 g/cm^3 之间，如方解石、石英、长石等。

c. 重矿物：密度大于 4 g/cm^3，如黄铜矿、磁铁矿、重晶石等。

② 磁性：矿物的磁性是指矿物颗粒或粉末能被磁铁吸引的性质。如磁铁矿、磁黄铁矿。

此外，还有导电性、弹性、发光性、放射性、延展性、脆性、带电性等。

3. 矿物的化学性质

一些矿物与化学试剂反应后，可发生一些特殊的现象，并可用来作为鉴别矿物的标志。如方解石遇到冷的稀盐酸就立即剧烈起泡，而白云石遇到冷的稀盐酸后却缓慢起泡，由此可区分二者。

(三) 常见造岩矿物

自然界中矿物种类繁多，但常见的造岩矿物仅有 20 余种，其构成成分、性质如下所述。

(1) 石英【SiO_2】

自然界中的石英石的主要成分为石英，常含有少量杂质成分，如 Al_2O_3，CaO，MgO 等。日用陶瓷原料所用的有脉石英、石英砂、石英岩、砂岩、硅石、蛋白石、硅藻土等。石英外观常呈无色、白色、乳白色、灰白色半透明状态，莫氏硬度为 7，断面具玻璃光泽或脂肪光泽。

石英的用途极为广泛，是国防工业、电子工业的重要原料，又可作玻璃原料及磨料。

(2) 斜长石【$NaAlSi_3O_8$-$CaAl_2Si_2O_8$】

斜长石颜色多呈灰白色，有时微带浅棕、浅蓝及浅红色，半透明，玻璃光泽，莫氏硬度为 6，相对密度为 2.61～2.76，两组解理（一组完全，一组中等）相交成 86°24′，故得名斜长石。

斜长石是陶瓷业和玻璃业的主要原料。

(3) 正长石【$KAlSi_3O_8$】

正长石常为肉红色或浅黄色，半透明，玻璃光泽，莫氏硬度为 6，相对密度为 2.61～2.76，两组完全解理，解理面相交成 90°，故名正长石（图 2-9）。

图 2-9　正长石

(4) 白云母【$KAl_3(AlSi_3O)(OH)_2$】

白云母为白色、浅灰色、浅黄色、绿色、棕色等，透明，玻璃光泽，解理面显珍珠光泽，条痕为无色，一组极完全解理。常可以将云母一片片撕下来。

白云母具有绝缘性、耐高温性、隔热性、弹性和韧性。若加工成云母粉，可有较好的滑动性和较强的附着力。

(5) 黑云母【$K(Mg,Fe)_3(AlSi_3O_{10})(OH)_2$】

黑云母因含铁量高，故颜色较深，呈红棕色、深褐色乃至黑色，透明至半透明，玻璃光泽，解理面显珍珠光泽，条痕为白色略带浅绿色，一组极完全解理(图 2-2)。

黑云母被广泛地应用于化工工业、建材行业和消防行业，如灭火剂、电焊条、塑料、电绝缘、造纸、橡胶、珠光颜料等。

(6) 方解石【$CaCO_3$】

方解石一般为白色或无色，因含有其他金属致色元素而呈现出淡红、淡黄、淡茶、玫红、紫等多种颜色，完全透明至半透明，有三组完全解理，玻璃光泽，条痕呈白色，莫氏硬度为2.7～3.0，相对密度为2.6～2.8，遇稀盐酸剧烈起泡。非常纯净完全透明的方解石晶体俗称冰洲石(图 2-8)。具有强烈的双折射功能和最大的偏振光功能，是人工不能制造也不能替代的自然晶体。

(7) 石膏【$CaSO_4 \cdot 2H_2O$】

石膏为无色或白色，含有杂质，可呈灰、浅黄、淡红等颜色，透明至半透明，晶体的晶面为玻璃光泽，纤维状石膏为丝绢光泽，莫氏硬度为 2。集合体呈块状、纤维状等。

石膏主要用于水泥、造纸、医疗、塑像等方面。

图 2-10　肾状赤铁矿

(8) 赤铁矿【Fe_2O_3】

赤铁矿常呈红褐、钢灰至铁黑等颜色，金属至半金属光泽，条痕为樱红色，莫氏硬度为 5.5～6.5，相对密度为 4.9～5.3，条痕均为樱红色。集合体通常呈片状、鳞片状、肾状(图 2-10)、鲕状、块状或土状等。

(9) 磁铁矿【Fe_3O_4】

磁铁矿多为铁黑色，半金属光泽，条痕为黑色，莫氏硬度为 5.5～6.5，相对密度为 4.9～5.2，具有强磁性。集合体常呈致密块状或粒状。

(10) 黄铁矿【FeS_2】

黄铁矿常呈浅黄(铜黄)色，强金属光泽，条痕呈绿黑色，不透明，无解理，有参差状断口，莫氏硬度为 6.0～6.5，小刀刻不动；相对密度为 4.9～5.2，晶形完好，晶面有条纹，致密块状者与黄铜矿相似，但根据其浅黄(铜黄)色、硬度大的特征可区别二者；性脆，受敲打时很容易破碎，破碎面参差不齐。

在沉积岩、煤系及沉积矿床中，黄铁矿呈团块、结核(图 2-6)或透镜体产出。

(11) 角闪石【$(Ca_2Na)(Mg,Fe)_4(Al,Fe)[(Si,Al)_4,O_{11}]_2(OH)_2$】

角闪石一般为深色，从绿色、棕色、褐色到黑色均有分布；玻璃光泽，条痕为浅灰绿色，玻璃光泽，两组柱面解理完全，交角为 124°和 56°，莫氏硬度为 5～6，晶体常呈长柱状。

(12) 辉石【$Ca(Mg,Fe)[(Si,Al)_2,O_6]$】

辉石呈绿黑色或黑色，玻璃光泽，完全解理，条痕为灰绿色，莫氏硬度为 5～6；有平行柱状的两组解理，交角为 56°；相对密度为 3.02～3.45，随着含铁量增高而加大；晶体常呈短柱状。

(13) 橄榄石【$(Mg,Fe)_2SiO_4$】

橄榄石常呈橄榄绿色，故名橄榄石。呈玻璃光泽，断口呈油脂光泽，莫氏硬度为6～7，密度随着铁含量的增加而增大，相对密度为3.3～4.4。

第二节　岩　　石

自然界的矿物很少单独存在，而是彼此结合或共生的复杂集合体。一种或一种以上矿物的集合体称为岩石，如石灰岩是由方解石一种矿物组成的；花岗岩是由正长石、石英、黑云母等组成的。

岩石按照成因，主要分为岩浆岩（火成岩）、沉积岩和变质岩三大类。沉积岩占陆壳面积的75%以上，地壳深处和上地幔主要是岩浆岩与变质岩。煤矿中常见的岩石主要为沉积岩。尽管三大类岩石在成因和特征上有严格的区分界限，但相互间在一定条件下可以相互转化（图2-11）。

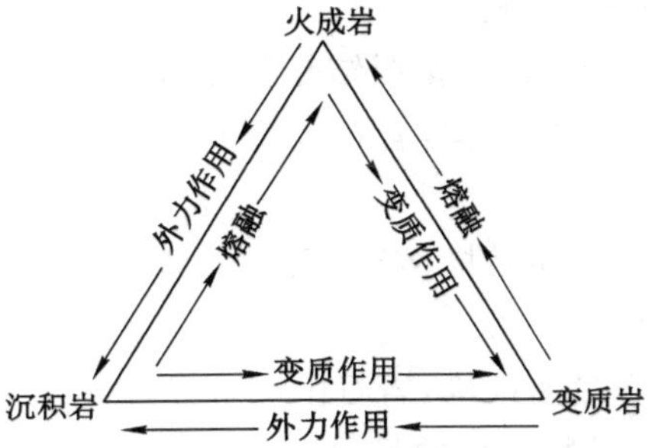

图2-11　岩石的转化

一、岩浆岩

岩浆岩又称为火成岩，是由熔融状态下的岩浆侵入地壳不同深度或喷出地表逐渐冷凝形成的岩石。

岩浆岩的一般识别特征和分类是应该重点掌握的内容，同时应了解和掌握常见的岩浆岩。

（一）岩浆岩的一般特征

岩浆岩的识别主要通过岩浆岩的一般特征来判断。其矿物组合、颜色、结构和构造等特征，完全反映了岩浆岩的化学成分和形成的地质条件。岩浆岩的一般特征主要包括以下4个方面。

1. 岩浆岩的化学成分

化学元素以O，Si，Al，Fe，Mg，Ca，K，Na，Ti等为主，占岩浆岩组分总量的98%。

氧化物以SiO_2，$A1_2O_3$，Fe_2O_3，FeO，MgO，CaO，K_2O，Na_2O，TiO_2，H_2O等为主。其中，SiO_2平均含量最高，占60%左右。

2. 岩浆岩的矿物成分

组成岩浆岩常见的矿物有20余种，它们占岩浆岩总量的90%～99%，又称为造岩矿物。

造岩矿物根据化学成分，可分为暗色矿物和浅色矿物。暗色矿物是富含镁、铁的矿物，又称为铁镁矿物，包括橄榄石、辉石、角闪石、黑云母等。浅色矿物是富含SiO_2和Al_2O_3的矿物，又称为硅铝矿物，包括石英、钾长石、斜长石、白云母等。

根据造岩矿物在岩浆岩中的相对含量及在分类命名中的作用，可以将其划分为以下3种矿物。

① 主要矿物：在岩浆岩中含量较多且大于10%的矿物，是划分火成岩大类的依据，是命名不可缺少的。如花岗岩主要矿物是石英和正（钾）长石；若二者含量少，则不属于花岗岩类。

② 次要矿物：在岩浆岩中含量较少且小于10%的矿物。对划分大类不起作用，但可作为划分种属的依据。如角闪花岗岩、黑云母花岗岩中的角闪石、黑云母等。

③ 副矿物：火成岩中含量最少且不到1%～5%的矿物。在研究火成岩生成条件、形成年代等方面有一定意义。常见副矿物有铬铁矿、磁铁矿、钛铁矿、磷灰石等。

3. 岩浆岩的结构

岩石结构是矿物颗粒的组合特征。它是指组成岩石的矿物的结晶程度、颗粒大小、形态及相互关系等特征。

岩浆岩的结构按照结晶程度可划分以下3种。

① 全晶质结构：岩石全部由结晶的矿物组成。多见于深成侵入岩中，结晶条件好，是缓慢结晶的产物。

② 玻璃质结构：岩石几乎全部由未结晶的火山玻璃组成。多见于火山岩中，是快速冷凝的产物。

③ 半晶质结构：岩石由部分晶体和部分玻璃质组成。多见于浅成岩和火山岩中。

根据矿物颗粒的相对大小，又可划分为以下3种结构类型。

① 等粒结构：岩石中不同种主要矿物颗粒大小大致相等。

② 不等粒结构：岩石中不同种主要矿物颗粒大小不等。

③ 斑状及似斑状结构：岩石中矿物颗粒可分为大小截然不同的两群，大的称为斑晶，小的称为基质，其中没有中等大小的颗粒。若基质为隐晶质或玻璃质，则称为斑状结构；若基质为显晶质，则称为似斑状结构。

4. 岩浆岩的构造

岩石的构造是指岩石中不同矿物集合体之间或矿物集合体与其他部分之间的排列、充填或组合方式，主要是指矿物集合体的组合特征。

① 块状构造：是指岩石中矿物颗粒的排列不显示方向性，呈均一状分布，故又称为均一构造，是侵入岩最常见的一种构造。

② 流纹构造：火山喷发出的岩浆，在部分矿物已结晶的条件下继续流动，形成不同颜色和结构的条带，称为流纹构造(图2-12)。常由不同颜色和拉长的气孔的条带表现出来，常见于酸性的喷出岩中。

③ 气孔构造：含有挥发分的岩浆在喷溢到地表后，因压力降低，气体膨胀、溢出，形成气孔，岩浆冷凝后，在岩石内保留下来，称为气孔构造(图2-13)。常见于基性或酸性喷出岩中。

④ 杏仁状构造。喷出岩中的气孔被后期热水溶液中其他矿物(如方解石、石英、玉燧、蛇纹石等)所充填，形如杏仁，称为杏仁状构造(图2-14)。常见于基性或中性喷出岩中。

图2-12 流纹构造

图2-13 气孔构造

图2-14 杏仁状构造

⑤ 枕状构造。这是岩浆由水下喷发的典型构造。枕状体常具玻璃质冷凝边，有的气孔

呈同心层状或放射状分布，中部有空腔。

（二）岩浆岩的分类

岩浆岩的分类主要依据其化学成分、矿物成分、产状和结构。

1. 按照化学成分分类（SiO_2 含量）

根据岩浆岩中 SiO_2 含量的多少，将岩浆岩分为超基性岩、基性岩、中性岩和酸性岩 4 种类型（表 2-3）。

表 2-3　岩浆岩按照 SiO_2 含量分类

岩石类型	SiO_2 含量/%
超基性岩	<45
基性岩	45～52
中性岩	52～66
酸性岩	>66

2. 按照矿物成分分类

岩浆岩的矿物是有规律的共生组合。共生组合规律首先取决于其化学成分，其次还与岩浆岩形成的温度、压力等因素有关。

岩浆中 SiO_2 含量对其矿物共生组合影响最大。当 SiO_2 含量很高时，SiO_2 除了与各种金属氧化物结合形成硅酸盐矿物外，多余的 SiO_2 游离出来，结晶成石英，所以，石英是岩石 SiO_2 过饱和的指示矿物，说明含有石英的岩浆岩就是 SiO_2 过饱和的岩石。当石英含量不足时，将出现镁橄榄石、霞石等，所以有它们的存在，岩浆岩中就不会有 SiO_2。当 SiO_2 含量充足时，岩浆岩中将出现辉石、角闪石等，它们是岩石 SiO_2 饱和的指示矿物。

根据矿物成分，可将岩浆岩划分为橄榄岩—苦橄岩类、辉长岩—玄武岩类、闪长岩—安山岩类、正长岩—粗面岩类、花岗岩—流纹岩类。

3. 按照产状和结构分类

根据岩浆冷凝时的位置不同，岩浆岩可分为侵入岩和喷出岩两大类。侵入岩又分为深成岩和浅成岩。

根据上述分类特点，为便于肉眼鉴定，列出岩浆岩分类简表（表 2-4）。

表 2-4　岩浆岩分类简表

岩类	超基性岩	基性岩	中性岩		酸性岩
	橄榄岩—苦橄岩	辉长岩—玄武岩	闪长岩—安山岩	正长岩—粗面岩	花岗岩—流纹岩
SiO_2 含量/%	<45	45～52	52～66		>66
浅色矿物含量/%	无石英，无长石或含少量斜长石	以斜长石为主，无石英	以斜长石为主，一般不含石英	以正长石为主，无石英或含少量石英	以正长石为主，石英次之
暗色矿物种属及含量/%	以橄榄石、辉石、角闪石为主，含量大于 95	以辉石为主，可有橄榄石、角闪石、黑云母等，含量约占 50	以角闪石为主，辉石、黑云母次之，含量约占 30		以黑云母为主，角闪石次之，含量约占 10

表 2-4(续)

岩类		超基性岩	基性岩	中性岩		酸性岩
		橄榄岩—苦橄岩	辉长岩—玄武岩	闪长岩—安山岩	正长岩—粗面岩	花岗岩—流纹岩
深成岩	全晶质、粗粒或似斑状结构	橄榄岩，辉岩	辉长岩	闪长岩	正长岩	花岗岩
浅成岩	斑状、细粒或隐晶质结构	苦橄玢岩，金伯利岩	辉绿岩	闪长玢岩	正长斑岩	花岗斑岩
喷出岩	隐晶质、斑状或玻璃质结构	苦橄岩	玄武岩	安山岩	粗面岩	流纹岩

（三）常见的岩浆岩

1. 超基性岩

代表性岩石有橄榄岩、金伯利岩等。

① 橄榄岩：是由橄榄石和辉石组成的超基性深成岩，主要由橄榄石和辉石构成，含少量角闪石、黑云母或斜长石。颜色一般为深绿、黄绿、暗绿色，具细粒—粗粒结构，常呈块状构造。

② 金伯利岩(角砾云母橄榄岩)：金伯利岩属于浅成岩或喷出岩，主要由橄榄石、金云母组成。颜色多呈黑、暗绿、绿、灰等，而以绿色常见，隐晶质或斑状结构，一般为块状构造。

2. 基性岩

① 辉长岩：属于深成岩，主要由辉石和斜长石并有少量角闪石、橄榄石组成。颜色一般呈暗灰、灰黑色，具中、粗粒等粒结构，块状构造。

② 辉绿岩：属于浅成岩，主要由辉石和斜长石并有少量角闪石、橄榄石组成。颜色一般呈暗绿、黑灰色，斑状结构，块状构造。

③ 玄武岩：属于喷出岩，主要由斜长石和辉石及少量橄榄石组成。颜色常呈棕黑、褐灰等，隐晶质或斑状结构，多具气孔或杏仁状构造。

3. 中性岩

① 闪长岩：属于深成岩，主要由斜长石和角闪石及少量黑云母与辉石组成。颜色一般呈灰绿、灰色，结构为全晶质等粒结构，块状构造。

② 闪长玢岩：属于浅成岩，主要由斜长石和角闪石组成。颜色为灰绿、灰黑、灰色，全晶质斑状结构，斑晶常为斜长石，有时为角闪石，块状构造。

③ 安山岩：属于喷出岩，主要由斜长石、角闪石组成。颜色为灰、褐、棕绿、紫红色等，斑状结构最为常见，斑晶为斜长石、角闪石、黑云母、辉石，基质为隐晶质或玻璃质，气孔或杏仁状构造，有时也可见块状构造。

4. 酸性岩

① 花岗岩:为深成岩,主要为石英、正长石,其次为黑云母,有时含角闪石和斜长石。颜色常为肉红、浅灰红、灰白色等,中、粗等粒结构,块状构造。

② 花岗斑岩:为浅成岩,主要组成矿物为正长石、石英、黑云母,有时含少量斜长石和角闪石。颜色多为砖红、肉红色等,具斑状结构,斑晶主要为正长石、石英,基质为细粒或隐晶质,块状构造。

③ 流纹岩:为喷出岩,主要组成矿物为正长石、石英和黑云母,有时含少量角闪石。颜色多为砖红、粉红、灰色,具斑状结构,斑晶主要为透长石、石英,基质一般为隐晶质或玻璃质,流纹构造。

二、变质岩

地壳内早先形成的岩石,在保持固体状态下,由于高温、高压和外来物质的参与而引起化学成分、矿物成分、结构及构造的改变,形成的新岩石称为变质岩。

(一) 变质岩的特征

1. 变质岩的化学成分

变质岩的化学成分主要由 SiO_2,Al_2O_3,Fe_2O_3,FeO,MnO,CaO,MgO,H_2O,CO_2,TiO_2,P_2O_5 等氧化物组成。与岩浆岩不同的是,SiO_2,Al_2O_3,K_2O,Na_2O,CaO,MgO 的含量变化范围较大。

一般而言,由岩浆岩变质形成的变质岩称为正变质岩,其化学成分变化范围较小;由沉积岩变质形成的变质岩称为副变质岩,其化学成分变化范围较大。

2. 变质岩的矿物成分

变质岩中的矿物可分为两类:一类是在岩浆岩、沉积岩中经常出现的矿物,如石英、长石、云母、普通角闪石、辉石及方解石等;另一类是在变质作用下形成的新矿物,如石榴子石、红柱石、滑石、石墨、蓝晶石、绿帘石、蛇纹石等,它们是变质矿物,是变质岩特有的矿物。因此,变质矿物是识别变质岩的重要标志。

3. 变质岩的结构

变质岩的结构是指变质岩中矿物的粒度、形态及晶体之间的相互关系。变质岩结构按照成因可划分为下列 4 类。

① 变余结构:是由于变质结晶和重结晶作用不彻底而保留下来的原岩结构的残余。用前缀“变余”命名,如变余砂状结构、变余辉绿结构、变余岩屑结构等。根据变余结构,可查明原岩的成因类型。

② 变晶结构:是岩石在变质结晶和重结晶作用过程中形成的结构,常用后缀“变晶”命名,如粒状变晶结构、鳞片变晶结构等。

③ 交代结构:是由交代作用形成的结构,用前缀“交代”命名,对判别交代作用特征具有重要意义。

④ 碎裂结构:是岩石在定向应力作用下,发生碎裂、变形而形成的结构,如碎裂结构、碎斑结构、糜棱结构等。原岩的性质、应力的强度、作用的方式和持续的时间等因素决定着碎裂结构的特点。

4. 变质岩的构造

变质岩的构造是指岩石中矿物的分布、排列特征，是识别变质岩的重要标志。

常见的有板状构造、千枚状构造、片状构造、片麻状构造、条带状构造、块状构造等。

① 板状构造：岩石在构造应力作用下常形成一组密集平行的破劈理，这些破劈理构造成板状的板理。具有板状构造的岩石重结晶作用不明显，板理面上常见较弱的丝绢光泽，系由细小的绢云母和绿泥岩等重结晶所致，岩石主要为变余泥质结构。

② 千枚状构造：岩石中各种组分已基本重结晶并定向排列构成千枚理，但矿物的粒度细小，肉眼不能分辨，仅在片理面上可看到强烈的丝绢光泽，有时可见很细的绢云母碎片。

③ 片状构造：岩石主要由片状、柱状矿物（云母、角闪石等）和部分粒状矿物（石英、长石等）定向排列而成。与千枚状构造不同的是，具有片状构造的岩石重结晶程度高些，肉眼可以辨认。岩石易沿片理面劈裂成表面不平整的薄片。

④ 片麻状构造：岩石主要由粒状矿物和少量的片状、柱状矿物相间排列而成。若片状、柱状矿物含量少，在岩石中断续分布，则可构成深色与浅色相间片麻理。

图 2-15　条带状混合岩

⑤ 条带状构造：岩石中不同矿物组分或不同结构部分呈条带状相间排列。通常其条带界线清楚，并有较好的连续性。如暗色矿物条带与浅色矿物条带相间排列而成的条带状混合岩（图 2-15）。

⑥ 块状构造：在变质程度更深的情况下，岩石中不同的矿物成分和大小不同的颗粒均匀分布，无定向排列，岩石呈均一块状。如大理岩、石英岩等。

（二）常见的变质岩

① 片麻岩：是强烈区域变质作用的产物，主要组成矿物为石英和长石，其次为云母和角闪石。粒状或斑状变晶结构，矿物颗粒较粗，具片麻状构造。如黑云母片麻岩、花岗片麻岩等。

② 片岩：变质程度较片麻岩低，是一种分布较广的变质岩。主要由片状和柱状矿物组成，如云母、绿泥岩、滑石、角闪石等。一般不含或很少含长石，这是与片麻岩的主要区别之一。矿物颗粒稍粗，肉眼可分辨。具典型的片状构造，如云母片岩、石墨片岩等。

③ 千枚岩：变质程度较片岩低，比板岩高。一般呈浅色，如灰褐色、灰色等。主要组成矿物为绢云母。矿物重结晶程度差，颗粒细小，肉眼难辨。呈千枚状构造，具丝绢光泽。

④ 板岩：变质程度最低，常为灰色和黑色。矿物极细小，肉眼不能分辨。具典型的板状构造，能劈裂成薄石板。板岩由泥岩和页岩变质而成，与页岩的区别是坚硬而不吸水。

⑤ 石英岩：是由石英砂岩变质而成的，矿物成分较单纯，几乎全为石英。常呈白色或灰白色，含铁时呈红褐色。具粒状变晶结构，块状构造，致密坚硬。

⑥ 大理岩：是由碳酸盐类岩石（石灰岩、白云岩等）经重结晶作用形成的。常呈纯白、浅灰、浅红等颜色。具等粒变晶结构，块状构造。纯白而致密的大理岩称为汉白玉。

三、沉积岩

沉积岩是指由成层堆积的松散沉积物固结而成的岩石。沉积物指陆地或水盆地中的松散碎屑物，如砾石、砂、黏土、灰泥和生物残骸等；主要是母岩风化的产物，其次是火山喷发物、有机物和宇宙物质等。

沉积岩的物质来源和形成条件，决定了其物质成分、结构、构造、颜色等方面，都有区别于岩浆岩和变质岩的特征。要了解和识别沉积岩，必须掌握沉积岩的基本特征，包括以下3个方面。

（一）沉积岩的一般特征

1. 沉积岩的化学成分

由于组成沉积岩的绝大部分来自火成岩的风化产物，故二者的平均化学成分十分接近，但又有所不同，具体表现为以下4点。

① 铁的含量相近。

② Na_2O 与 K_2O 的总量：沉积岩低于火成岩。

③ Na_2O 与 K_2O 的含量：沉积岩中后者大于前者，火成岩则相反。

④ H_2O，CO_2 和有机物含量：沉积岩多，火成岩中几乎没有。

2. 沉积岩的矿物成分

组成沉积岩的矿物成分有160余种，但常见的仅20余种。主要矿物有石英、黏土矿物、碳酸盐矿物、云母等。在一种沉积岩中，矿物成分一般为1～3种，很少超过5～6种。因此，沉积岩中平均矿物成分与岩浆岩存在明显的差异。

3. 沉积岩的颜色

沉积岩的颜色是沉积岩最醒目的标志，是鉴别岩石、划分和对比地层、分析和判断古地理环境的重要依据之一。

沉积岩的颜色主要取决于组成岩石的矿物成分或化学成分。如石英砂岩一般呈白色或灰白色，由正长石组成的长石砂岩一般呈肉红色。有时岩石的颜色由其中混入的某些微量成分染色而成，微量成分也是岩石形成环境的指示物。如岩石中含有 Fe_2O_3，岩石呈红褐色，是氧化环境的表现；岩石中含有 FeO 或有机碳，则岩石颜色主要为灰色、灰黑色或黑色，是还原环境的表现。

4. 沉积岩的结构

沉积岩的结构是指沉积岩组分的性质、大小、形态及相互关系等特征。它是沉积岩与岩浆岩、变质岩相区别的重要标志，也是沉积岩分类的一个重要依据。沉积岩的结构可分为碎屑结构和非碎屑结构。

（1）碎屑结构

碎屑结构是指碎屑颗粒本身的特征（粒度、圆度、球度、形状及颗粒表面特征），基质和胶结物的特征，碎屑颗粒与基质和胶结物之间的关系（胶结类型）的总和。它是反映碎屑岩形成环境的重要特征之一，是陆源碎屑岩类最主要的结构。

组成碎屑结构的岩石的成分可分为两部分：一部分是碎屑物颗粒；另一部分是胶结物，为泥质的、钙质的、铁质的和硅质的等。泥质胶结的岩石强度最低，硅质胶结的岩石强度最高。

碎屑物颗粒大小的均匀程度称为分选性。粗细均匀者分选性很好；粗细混杂者分选性差；介于二者之间分选性好或中等(图 2-16)。

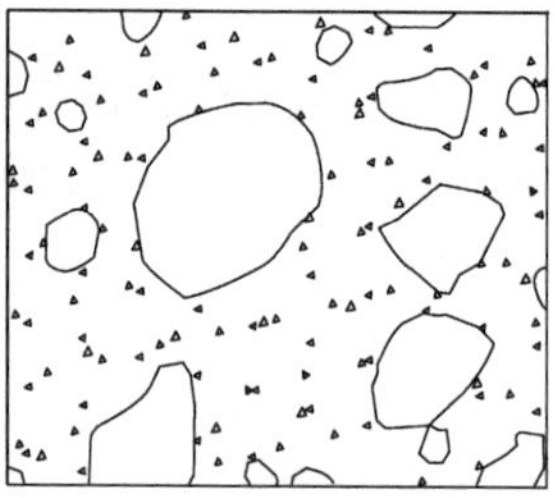
(a) 分选性差

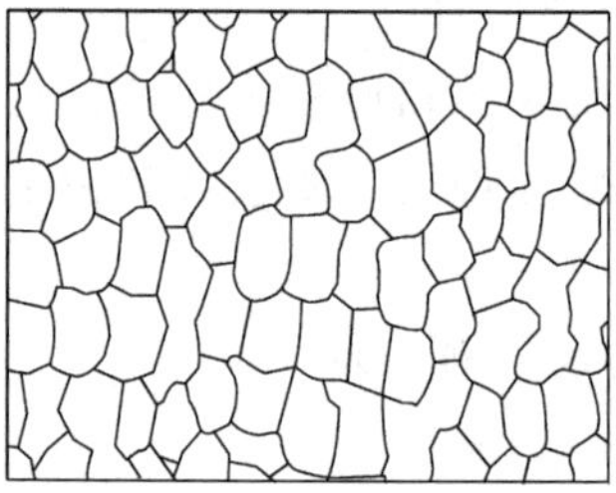
(b) 分选性好

图 2-16 沉积物分选性示意图

碎屑物颗粒棱角被磨蚀而圆化的程度称为磨圆度。按照颗粒磨圆程度，磨圆度可分为圆状、次圆状、次棱角状和棱角状。碎屑物颗粒棱角全部磨蚀消失者称为圆状，碎屑物颗粒大部分棱角磨蚀者称为次圆状，碎屑物颗粒小部分棱角磨蚀者称为次棱角状，棱角尖锐或只稍有磨蚀者称为棱角状。

碎屑结构按照颗粒粒径(d)的大小和 2 的几何级数，分以下 4 级。

① 砾质结构：$d \geqslant 2$ mm。

② 砂质结构：d 为 2～0.062 5 mm。

③ 粉砂质结构：d 为 0.062 5～0.003 9 mm。

④ 泥质结构：$d \leqslant 0.003\ 9$ mm。

(2) 非碎屑结构

它是由化学或生物化学沉积作用形成的沉积岩石结构，其中大部分为晶质或隐晶质。化学结构包括鲕状和豆状结构，前者是由直径小于 2 mm 的圆球状鲕粒经胶结而形成的结构，后者是由颗粒直径大于 2 mm 的颗粒经胶结而形成的结构。

5. 沉积岩的构造

沉积构造是指由成分、结构、颜色的不均一引起沉积岩内部和层面上宏观变化特征的总和。沉积岩区别于岩浆岩的最显著构造是层理构造和层面构造。

(1) 层理构造

沉积岩因为成分、结构、颜色等的变化而在垂直方向显示的一种层状构造，称为层理构造。层理包括水平层理、平行层理、斜层理与交错层理、波状层理、递变层理等。

① 水平层理：由呈直线状互相平行，并且平行于层面的细纹层叠置而成。纹层厚度多在 1 mm 以下，少数可达 1～2 mm。主要出现在粉砂岩、泥质岩或粒度与此相当的其他岩层内。常形成于海和湖深水地带、闭塞海湾、潟湖、沼泽等静水或低流态环境。

② 平行层理：形态上与水平层理相似，多个呈平面状的较厚纹层平行于层面叠置，构成平行层理。纹层厚度多在 2 mm 以上，常见的为 10～20 mm。主要出现于砂岩(细砂岩到

中砂岩）中，常与大型交错层理共生，形成于急流及高能量环境。

③ 斜层理与交错层理：由一系列的倾斜层系重叠组成，层系间界面较平直。层系由同向倾斜的许多细层组成，细层与层系界面斜交。若相邻层系互相平行，各层系中的细层均朝一个方向倾斜，称为斜层理，其细层的倾斜方向指示水流的下游方向；若相邻层系相互交错，各层系中细层的倾斜方向也多变，称为交错层理（图 2-17），常形成于水动力条件较强的沉积环境。

④ 波状层理：是在水动力条件强弱交替的情况下，由泥和砂交互沉积而成。

在强水流活动时期，砂以波痕形式搬运和沉积，而泥保持悬浮状态。在水流减弱或静止时，悬浮的泥沉积下来。它们或者沉积在波痕的波谷，或者在泥较充足时覆盖整个波痕。

⑤ 递变层理：是具有粒度递变的一种特殊的层理，又称为粒序层理（图 2-18）。它有两种类型，即正粒序层理和逆粒序层理。除了粒度变化以外，没有任何内部纹层。

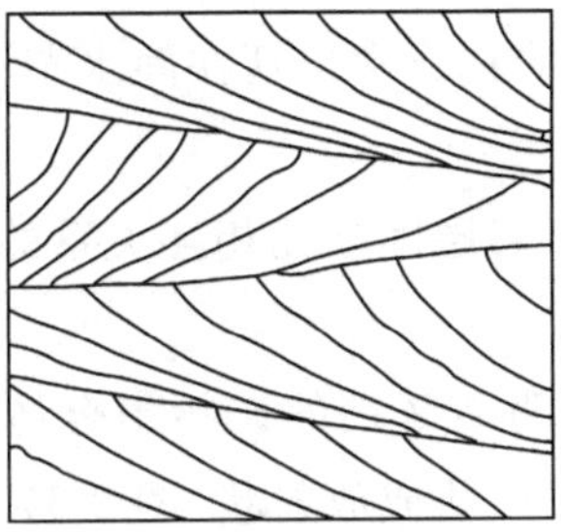

图 2-17　交错层理

图 2-18　递变层理

（2）层面构造

不同性质的沉积岩层的分界面称为层面。在其上经常保留自然作用产生的一些痕迹，常据此分析岩层的形成环境，判断水流方向。常见的层面构造有以下两种。

① 波痕：是层面上有规律的波状起伏的痕迹。它由一系列近平行的呈线性延伸的波峰和波谷组成（图 2-19），波痕有对称和不对称波痕之分。对称波痕表明是由水流来回规则运动产生，不对称波痕是由介质定向运动产生，可判断介质流动方向。

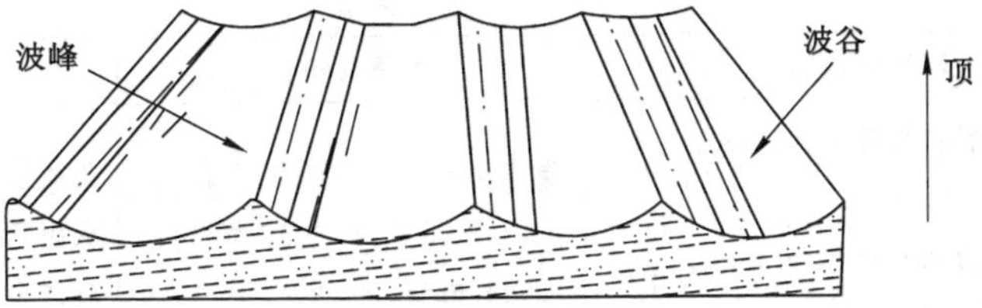

图 2-19　波痕示意图

② 泥裂：是在沉积岩层表面垂直向下的多边形裂缝。裂缝断面呈上宽下窄的“V”字形，裂缝内往往充填与沉积层性质不同的其他物质（图 2-20），可作为鉴定地层顶底面的依据。

6. 化石

化石是指保存在岩层中地质历史时期的古生物遗物和生活遗迹（图 2-21）。它是通过矿化作用和石化作用而保存下来的。

图 2-20　泥裂构造

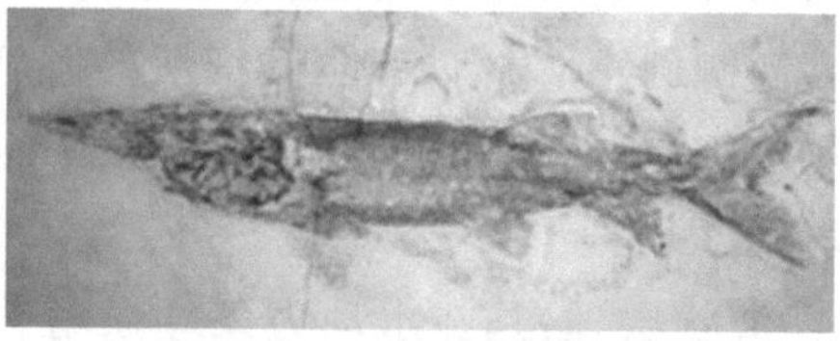

图 2-21　北漂鲟鱼化石

某些化石作为环境的指示物是很有价值的。例如，造礁珊瑚似乎总是生活在与今天相似的条件下。因此，如果地质学家找到了珊瑚礁化石——珊瑚最初被埋藏的地方，就可以有理由认为，这些含有珊瑚的岩石形成于温暖的相当浅的海中。

化石的完整程度可反映出水介质的运动条件。完整的化石常出现在静水湖泊或沼泽环境；破碎化石反映水动力较强的河流等环境。

化石的一个更重要的用途是用来进行对比，确定若干岩层间彼此相互关系的密切程度。

7. 结核

结核是指岩石中在一种成分和结构上与周围岩石有明显区别的矿物集合体，外形常呈球状、椭球状、扁豆状或不规则圆块状，内部结构可呈同心层状或放射状(图 2-6)。

一般在含煤地层中，常见黄铁矿、菱铁矿或钙质结核；在石灰岩中，常见硅质结核，又称为燧石结核。

(二) 沉积岩的分类

目前，国内外流行的沉积岩的分类方案，都十分强调沉积岩的物质来源，本书就是根据沉积岩的物源来分类的。据此，可将沉积岩分为陆源碎屑岩、内源沉积岩、火山碎屑岩 3 类；同时，按照每种基本类型的结构和成分，又可进一步划分(表 2-5)。

表 2-5　沉积岩基本类型划分表

分类依据	基本类型		
	陆源碎屑岩	内源沉积岩	火山碎屑岩
结构及成分	砾岩(碎屑颗粒直径 $d>2$ mm) 砂岩(d 为 0.06～2 mm) 粉砂岩(d 为 0.004～0.06 mm) 泥岩($d<0.004$ mm)	碳酸盐岩、硅质岩、铝质岩、铁质岩、锰质岩、磷质岩、蒸发岩、可燃有机岩(煤、油)	集块岩(块体直径 $D>64$ mm) 火山角砾岩(D 为 2～64 mm) 凝灰岩($D<2$ mm)

(三) 常见沉积岩的主要类型

1. 陆源碎屑岩类

(1) 砾岩

当组成岩石的碎屑颗粒直径大于 2 mm，含量在 50%以上时，称为砾岩。依据颗粒的磨圆程度,分为以下两种。

① 角砾岩:含量超过 50%且具有棱角的砾岩。角砾岩的碎屑未经搬运或搬运距离很短,因此分选性及磨圆度很差。

② 砾岩:圆状和次圆状的砾石含量占大多数。这种砾石经过较长时间的搬运,故磨圆度较高。

(2) 砂岩

当组成岩石的碎屑颗粒直径在 0.06～2 mm 之间,含量在 50%以上时,称为砂岩。依据碎屑颗粒的大小,可细分以下 3 种。

① 粗砂岩:粒径为 0.5～2 mm。

② 中砂岩:粒径为 0.25～0.5 mm。

③ 细砂岩:粒径为 0.1～0.25 mm。

根据矿物成分,砂岩可分为石英砂岩、长石砂岩及岩屑砂岩。

① 石英砂岩:石英碎屑颗粒含量在 90%以上。

② 长石砂岩:碎屑成分主要为石英和长石,且长石大于 25%。

③ 岩屑砂岩:岩屑含量大于 25%,长石含量小于 10%。

(3) 粉砂岩

当组成岩石的碎屑颗粒直径在 0.06～0.1 mm 之间,含量在 50%以上时,称为粉砂岩。其碎屑成分以石英为主,次为长石、白云母和黏土矿物等。粉砂颗粒细小,肉眼难以分辨,但以手捻之有砂粒感。

未经胶结的疏松粉砂,称为黄土。

(4) 黏土岩

黏土岩是指由含量在 50%以上粒径小于 0.004 mm 黏土矿物组成的沉积岩。它在沉积岩中分布最广,一般占沉积岩总量的 50%～60%,具有典型的泥质结构。未固结的称为黏土,固结以后形成泥岩和页岩。

① 泥岩:呈厚层状、层理不明显的黏土岩。

② 页岩:具有明显层理构造的黏土岩。

2. 火山碎屑岩

火山碎屑岩是指火山喷发的固体碎屑物质散落地表,在原地或短距离搬运后堆积、压实、胶结而形成的岩石。其碎屑成分以各种火山碎屑物质为主,占 50%以上。碎屑常呈尖棱状,胶结物主要是火山灰。

(1) 火山集块岩

火山集块岩指具有集块结构,直径大于 64 mm 的火山碎屑物质占 50%以上的砾岩。碎块大小不一,分选极差,多带棱角,多分布于火山口附近或充填于火山口中。

(2) 火山角砾岩

火山角砾岩指具火山角砾结构,直径为 2～64 mm 的火山碎屑物质占 50%以上的砾岩。多数具明显的棱角,分选差,大小不等。填隙物是火山灰、火山尘。常与火山集块岩伴生,位于火山口外侧。

(3) 凝灰岩

凝灰岩具有凝灰结构,直径小于 2 mm 的火山碎屑物质占 50%以上。

3. 内源沉积岩

(1) 碳酸盐岩

① 石灰岩:主要成分为方解石。灰白色,一般呈隐晶质结构,岩石外观致密,遇冷稀盐酸起泡。

具鲕状结构的称为鲕状石灰岩,具豆状结构的称为豆状石灰岩,具生物结构且含生物遗体或化石的称为生物石灰岩。

② 白云岩:主要由白云石组成,含少量方解石及黏土矿物。多呈细粒至中粒结晶结构,通常不含生物碎屑,遇冷稀盐酸不起泡或微弱起泡。

(2) 其他岩类

① 铝质岩:富含氧化铝和铝硅酸盐矿物的化学沉积。Al_2O_3 含量大于 40%,$A1_2O_3/SiO_2$含量比值大于 2.5 的铝质岩称为铝土矿。

② 硅质岩:沉积岩中以二氧化硅为主要成分的岩石,又称为燧石岩。其主要矿物成分是自生石英、玉髓和蛋白石。

③ 铁质岩:含大量铁矿物的沉积岩。若其中铁矿物含量很高,达到工业品位时,则为沉积铁矿。铁质沉积岩中常见的铁矿物包括赤铁矿、针铁矿、褐铁矿、磁铁矿等。

④ 可燃有机岩:燃烧时能产生热量的沉积岩。按照其主要化学成分的构成,可概括为两类,一类是以碳、氢化合物为主体的,如石油、天然气、地蜡或地沥青等;另一类是以碳、氢、氧为主体的,如泥炭、煤和油页岩等。

第三节　地层划分与对比

地层学是研究地壳表层成层岩石的学科。其研究的主要范围是地层层序的建立及其相互间时间关系的确定,即地层系统的建立和地层的划分与对比。

一、地层划分与对比的概念

1. 地层划分

地层划分是指对一个地区的地层剖面中的岩层进行划分,建立地层层序的工作。一般对一个地区的地层剖面,首先根据岩性、岩相特征进行岩石地层划分,其次根据系统采集的化石进行生物地层划分,进而建立年代地层顺序。在划分一个地区的地层时,必须充分参考邻区已经建立的地层划分方案,以便于地层对比。

若地层形成以后一直保持其原始生成顺序,即老地层在下,新地层在上,则称该地层层序为正常层序(图 2-22)。若某一地区地层形成后,遭受褶皱和断裂的影响,使老地层覆盖在新地层之上(图 2-23),这种层序称为反层序(倒转地层)。因此,划分地层首先要建立正常层序。

地层的特征和属性包括岩层的几何形态、接触关系、岩性、岩石组合、化石特征、地球物理和地球化学性质等。其中,任何一种特征都可以作为划分地层的依据。划分地层的依据和标准不同,划分出的地层系统也不同。目前常用的地层系统有岩石地层单位、生物地层单

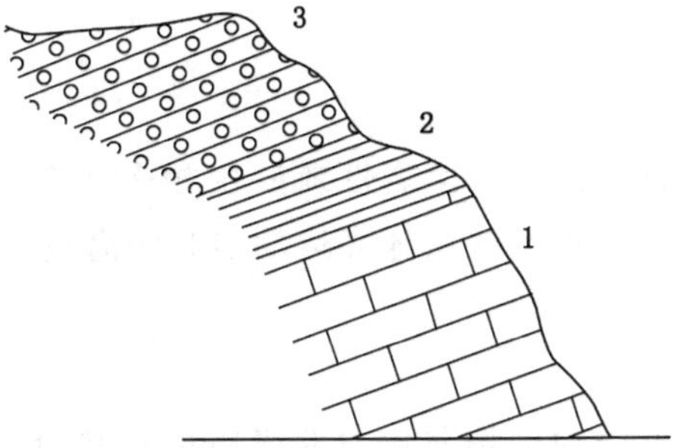

1—石灰岩，时代最老；2—页岩，较石灰岩新，较砂岩老；3—砂岩，时代最新。

图 2-22　正常地层层序的新老关系

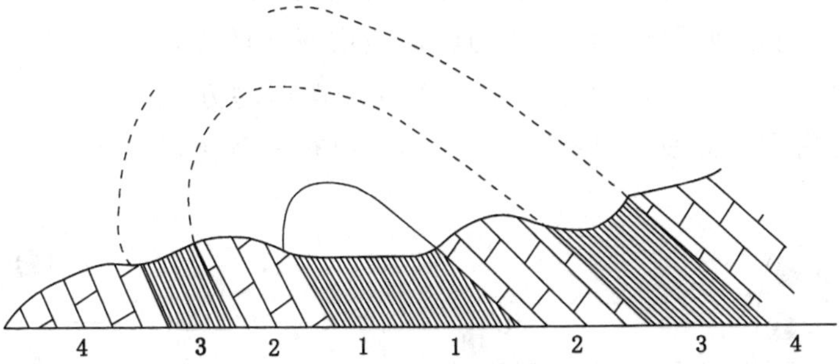

1,2,3,4—地层由老到新的顺序。

图 2-23　褶皱造成的局部地层倒转

位和年代地层单位 3 种。

2. 地层对比

在地层划分的基础上，将不同地区（或剖面）的地层进行比较，论证其地质时代、地质特征和地层层位的对应关系，称为地层对比。比较化石是否相同是地层对比最初利用的也是极其可靠的方法之一。含有相同化石的地层，其时代大致相同。

二、地层划分与对比方法

地层的划分与对比方法很多，主要包括岩石地层学方法、生物地层学方法、地层接触关系分析法、放射性同位素地质年代测定法、古地磁方法等。

（一）*岩石地层学方法*

该方法主要是根据岩石特征来划分和对比地层的各种方法的统称。

（1）岩性法

该方法主要依据岩石的颜色、矿物成分、结构、构造、化石等特点，以及岩石组合特征来划分和对比地层。该方法应用广泛而有效，一般局限于某一个沉积盆地。

（2）标志层法

标志层是地层厚度不大、岩性稳定、特征明显、容易识别的岩层或矿层。在煤矿生产中，常用标志层来对比煤层、指导掘进等。煤矿含煤地层中常见标志层有煤层、灰岩、凝灰岩、薄层砾岩等。

(3) 旋回结构法

旋回结构是指在地层垂直剖面上一套岩性或共生相多次有规律交替出现的结构，含煤地层常见该结构。旋回结构的出现反映出地壳运动引起的海进和海退环境，因此，该方法可作为区域性地层划分对比的依据。

(二) 生物地层学方法

该方法是根据保存在地层中的生物演化与发展历史及其时空分布规律，阐明地层的发育顺序，并研究生物化石在地层划分和对比中的原理与方法。该方法是利用古生物化石划分地层单位、确定地层相对年代和进行远距离对比的理论依据。

(1) 标准化石法

所谓标准化石，是指那些演化迅速、生存时间短、分布广、数量多、易于识别的化石。利用标准化石有效地划分地层并进行广泛的区域地层对比的方法，称为标准化石法。标准化石法的优点是简便、易行、经济，是生物地层划分最常用的方法(图 2-24)；但标准化石并非到处都有，也未必每层都能发现，因此该方法的运用有时会受到限制。

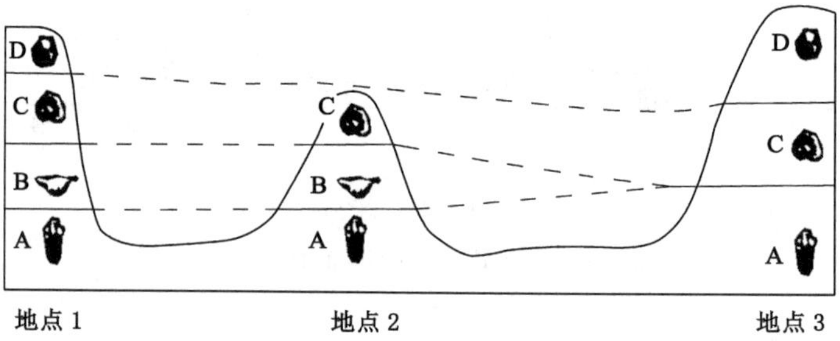

图 2-24 运用标准化石法进行地层对比示意图

(2) 生物组合法

在实际工作中，常采用综合分析地层中所含生物群特征的方法，对地层进行划分对比，称为生物组合法。

(三) 地层接触关系分析法

地层是指新老地层或岩石在空间上的相互叠置状态，它记录了地质历史中地壳运动的表现形式。不同时代形成的地层间接触关系分 3 种：整合接触、平行不整合(假整合)接触和角度不整合(不整合)接触(图 2-25)。

(1) 整合接触

当上下地层之间没有发生过长时期沉积中断(即不出现地层记录的中断)，则认为是连续的，称为整合接触。它反映该区在沉积时期始终处于下降状态[图 2-25(a)]。

(2) 平行不整合(假整合)接触

上下两套地层虽然层面平行一致，但它们之间有过长时期沉积中断或陆上剥蚀(即出现广泛的地层缺失)。它反映该区初期地壳一度下降,中期地壳下降停止或地壳上升,使沉积物沉积间断或剥蚀破坏,晚期地壳再度下降的地壳演化过程[图 2-25(b)]。

(3) 角度不整合(不整合)接触

角度不整合(不整合)接触是指新老两套地层彼此不平行,有一定的交角,其间有明显的剥蚀面。它反映老地层形成后,曾经历较强烈的地壳运动而发生褶皱,并且地壳上升,经受长期剥蚀,后来地壳再度下降,在老地层的剥蚀面上,沉积了新地层[图 2-25(c)]。

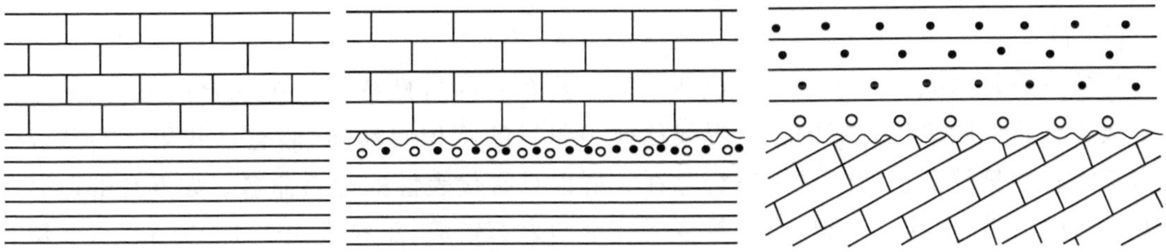

(a) 整合接触　(b) 平行不整合接触　(c) 角度不整合接触

图 2-25　地层接触关系示意图

平行不整合和角度不整合在划分地层方面起着十分重要的作用。它们是地壳发生区域性构造运动的重要标志。

(四) 放射性同位素地质年代测定法

放射性同位素是不稳定的,它会“变”。放射性同位素的原子核很不稳定,会不间断地、自发地放射出射线,直至变成另一种稳定同位素,这就是所谓的“核衰变”。

核衰变的速度不受温度、压力、电磁场等外界条件的影响,也不受元素所处状态的影响,只和时间有关。放射性同位素衰变的快慢通常用“半衰期”来表示。半衰期即一定数量放射性同位素原子数目减少到其初始值一半时所需要的时间。如^{32}P(磷 32 原子)的半衰期是 14.3 天,就是说,假使原来有 100 万个^{32}P,经过 14.3 天后,只剩下 50 万个了。半衰期越长,说明衰变得越慢;半衰期越短,说明衰变得越快。

岩石同位素地质年代的测定,对地质时代的确定,特别是对很少有化石或不含化石的古老变质岩系年代的划分对比,是十分有效的方法。

(五) 古地磁方法

古地磁方法是通过测定岩石和某些古物的天然剩余磁性,分析它们的磁化历史,研究导致它们磁化地磁场特征的一门学科。

实测记录结果表明,地磁极有围绕地理极做周期性运动的趋势,其运动的周期可能为 10^4～10^5 年。上新世以来岩石磁性的测量结果表明,在最近的 500 万年期间,地磁极是均匀分布在地理极四周的,其平均位置与现代地理极重合。

20 世纪 50 年代以来,大量的研究结果表明,由同一大陆、同一地质年代的岩石标本得出的古地磁极位置基本一致;但由不同大陆、同一地质年代的岩石标本得出的古地磁极位置往往不同。

古地磁学的研究给岩石相对年代的确定提供了重要依据。但是，将地磁极相年表推向更早的地质时期会遇到很多困难，因此，古地磁对比方法的应用受到一定的限制。

三、地层单位的分类

地层单位主要分为以下 4 类。

（一）岩石地层单位

岩石地层单位是以地层的岩石特征和类别作为划分依据的地层单位。它仅作为地区性地层单位，包括群、组、段、层 4 个级别。

（1）群

“群”一般是由纵向上相邻两个或两个以上具有共同岩性特征的组联合而成的，是比组高一级的岩石地层单位。群的上下界线往往为明显的沉积间断面（假整合和角度不整合）。群内不能有明显的沉积间断或不整合存在。群以具有代表性的地名命名。如五台群命名于山西五台山一带，包括 4 个组，由中等变质程度的岩石组成，总厚度大于 1.5 万 m，与上覆和下伏地层均呈角度不整合接触。

（2）组

“组”是基本的岩石地层的单位，是区域性岩石地层单位。组在总体岩性上一致并具可填图性（比例尺为 1∶15 万）。组的岩石组合可由一种岩石构成，或者以一种重要的岩石为主并夹有重复出现的夹层，或者由两三种岩石交替出现所构成，还能以很复杂的岩石组分为一个组的特征，而与其他比较单纯的组相区别。组的界线应为清楚、稳定的特殊岩性变化面或特殊结构构造标志层。组内不应存在长期地层间断。组名一律用地名加组命名，如亮甲山组属早奥陶世晚期地层，最初命名地点在中国河北抚宁县亮甲山。

（3）段

“段”是低于组、高于层的岩石地层单位，正式命名的段需要具有与组内相邻岩层明显不同的岩性特征，并分布范围广，代表组内具有明显岩性特征的一段地层。段一般可用地名加段来命名，如阜新组可分为高德段、太平段、中间段、孙家湾段和水泉段。

（4）层

“层”是最小的岩石地层单位，指岩性、成分、生物组合等具有明显特征，显著区别于相邻岩层的单层或复层，如黏土层、燧石层等。层常作为非正式岩石地层单位使用。

一般来说，“组”是一个剖面上必须建立的岩石地层单位，而“群”“段”“层”则是根据需要建立的。

（二）生物地层单位

生物地层单位是根据地层中所含的生物化石内容和特征而划分出来的地层单位。

生物地层单位并不是普遍建立的，它与岩石地层单位完全不同，二者的界线局部上可以一致，或位于不同层面上，或互相交叉。生物化石在地层年代划分和对比方面特别重要，生物地层单位常常接近于年代地层单位，其界线与年代地层单位界线彼此一致。

（三）年代地层单位与地质年代单位

在大范围内，通过矿物组成、岩相、构造特征等要素，特别是同位素、地磁和化石，研究确定地层形成的地质年代，同一年代形成的地层，不论其性质异同，即可归入同一单位中。地质年代单位是以特定的地质时间间隔划分的时间单位，代表地史中一定的时间范围。

划分年代地层单位的意义在于确定各地区地层的时间关系，并建立世界性的标准年代地层表。年代地层单位与地质年代单位具有紧密的对应关系。按照地史中生物演化阶段，可建立 6 个级别的年代地层单位，它们分别是宇、界、系、统、阶、时带。与它们对应的地质年代单位是宙、代、纪、世、期、时(表 2-6)。

表 2-6　年代地层单位与地质年代单位对照表

年代地层单位	地质年代单位
宇	宙
界	代
系	纪
统	世
阶	期
时带	时

(1) 宇(宙)

“宇”是最大的年代地层单位，是宙的时期内形成的地层。宇可划分为太古宇、元古宇、显生宇，对应宙的地质年代单位分别是太古宙、元古宙、显生宙。宇和宙可进一步对应划分为次一级单位界和代。

(2) 界(代)

“界”是大于系、小于宇的年代地层单位，是在一个代的期间内形成的全部地层。太古宇划分为始太古界、古太古界、中太古界、新太古界；元古宇划分为古元古界、中元古界和新元古界；显生宇划分为古生界、中生界和新生界。界对应的地质年代单位为代。界和代可进一步对应划分为系和纪更次级单位。

(3) 系(纪)

“系”是小于界、大于统的年代地层单位，是在一个纪的时间间隔内形成的全部地层。系和纪是一一对应的，如中生界划分为三叠系、侏罗系和白垩系；中生代相应划分为三叠纪、侏罗纪和白垩纪。系和纪可进一步对应划分为统和世。

(4) 统(世)

“统”是系的次一级年代地层单位，是在一个世的时间间隔内形成的全部地层。一个系一般可分为 2 个或 3 个统，因此，划分为 2 个统的，由老到新称为下统和上统；划分为 3 个统的，由老到新称为下统、中统和上统，如白垩系分为下白垩统、上白垩统，侏罗系分为下侏罗统、中侏罗统和上侏罗统。同样，一个纪一般可分为 2 个或 3 个世，由于地质年代单位分为早、中、晚，因此世的划分可分为早、晚或早、中、晚，如白垩纪分为早白垩世、晚白垩世，侏罗纪分为早侏罗世、中侏罗世和晚侏罗世。

(5) 阶(期)

“阶”是年代地层单位的最基本单位，是在一个期的时间间隔内形成的全部地层。阶是统的再分，可将统划分下、上或下、中、上阶；期是世的再分，可将世划分早、晚或早、中、晚期。

(四) 年代地层(地质年代)表

地质年代表与年代地层表是两个不同的概念,年代地层表是由岩石组成的地层单位,而地质年代表代表的是时间单位,二者之间具有严格的对应关系。

根据地球上生物演变及地壳运动等阶段性特点,将不同的年代地层单位划分为宇、界、系、统、阶。其对应的地质年代单位分别为宙、代、纪、世、期(表 2-7)。

一般来说,一、二、三级同级别的年代地层单位和地质年代单位的符号是相同的。如古生界和古生代的符号都是 Pz,泥盆系和泥盆纪符号都是 D。

表 2-7 中国区域年代地层(地质年代)表

宇(宙)	界(代)	系(纪)	统(世)	Ma
显生宇(宙)Ph	新生界(代)Cz	第四系(纪)Q	全新统(世)Qh	
			更新统(世)Qp	
		新近系(纪)N	上新统(世)N_2	
			中新统(世)N_1	
		古近系(纪)E	渐新统(世)E_3	
			始新统(世)E_2	
			古新统(世)E_1	
	中生界(代)Mz	白垩系(纪)K	上(晚)白垩统(世)K_2	
			下(早)白垩统(世)K_1	
		侏罗系(纪)J	上(晚)侏罗统(世)J_3	
			中侏罗统(世)J_2	
			下(早)侏罗统(世)J_1	
		三叠系(纪)T	上(晚)三叠统(世)T_3	
			中三叠统(世)T_2	
			下(早)三叠统(世)T_1	
	古生界(代)Pz	二叠系(纪)P	上(晚)二叠统(世)P_3	
			中二叠统(世)P_2	
			下(早)二叠统(世)P_1	
		石炭系(纪)C	上(晚)石炭统(世)C_2	
			下(早)石炭统(世)C_1	
		泥盆系(纪)D	上(晚)泥盆统(世)D_3	
			中泥盆统(世)D_2	
			下(早)泥盆统(世)D_1	
		志留系(纪)S	顶(末)志留统(世)S_4	
			上(晚)志留统(世)S_3	
			中(中)志留统(世)S_2	
			下(早)志留统(世)S_1	
显生宇(宙)Ph	古生界(代)Pz	奥陶系(纪)O	上(晚)奥陶统(世)O_3	
			中奥陶统(世)O_2	
			下(早)奥陶统(世)O_1	
		寒武系(纪)∈	上(晚)寒武统(世)$\in_3$	
			中寒武统(世)$\in_2$	
			下(早)寒武统(世)$\in_1$	
元古宇(宙)Pt	新元古界(代)Pt_3	震旦系(纪)Z	上(晚)震旦统(世)Z_2	
			下(早)震旦统(世)Z_1	
		南华系(纪)Nh	上(晚)南华统(世)Nh_2	
			下(早)南华统(世)Nh_1	
		青白口系(纪)Qb	上(晚)青白口统(世)Qb_2	
			下(早)青白口统(世)Qb_1	
	中元古界(代)Pt_2	蓟县系(纪)JX	上(晚)蓟县统(世)Jx_2	
			下(早)蓟县统(世)Jx_1	
		长城系(纪)Ch	上(晚)长城统(世)Ch_2	
			下(早)长城统(世)Ch_1	
	古元古界(代)Pt_1	滹沱系(纪)Ht		
太古宇(宙)Ar	新太古界(代)Ar_3			
	中太古界(代)Ar_2			
	古太古界(代)Ar_1			
	始太古界(代)Ar_0			

地质年代单位“世”的符号是在纪的符号的右下角分别加 1,2,3。如侏罗纪的 3 个世按照时间先后分为早侏罗世(J_1)、中侏罗世(J_2)、晚侏罗世(J_3)；与世相对应的年代地层单位“统”的符号是在系的符号的右下角分别加 1,2,3,如侏罗系的 3 个统按照沉积的先后分为下侏罗统(J_1)、中侏罗统(J_2)、上侏罗统(J_3)。

【知识拓展】

煤矿开采的煤层是沉积岩层的组成部分,而沉积岩是由老到新逐渐沉积的。因此,它和一定的时间含义相联系。成层岩石犹如一页页“地质史册”,其中岩石的沉积特征、所含的古生物化石及岩层的形变就像史书中记载的“文字”,记录了各个地质时期的发展历史及其规律,因此可加深对古生物的学习研究。古生物的发展演化是地质发展史的重要组成部分,古生物化石在划分对比地层、研究地理及沉积环境等方面具有重要意义,了解古生物知识有助于加深对地层划分的理解。

【知识点拨】

本章主要知识点包括：

① 矿物的基本形态及物理性质；

② 肉眼鉴定矿物的方法；

③ 常见沉积岩、岩浆岩(火成岩)、变质岩的基本特征及分类；

④ 地层划分与对比的方法；

⑤ 地质年代确定的方法、原理及相关基本概念。

第三章　地质构造

本章导读：地质构造是指组成地壳的岩层和岩体在内外动力地质作用下发生的变形，从而形成诸如褶皱、节理、断层、劈理和其他各种面状与线状构造，简称构造。地壳中矿产的分布受一定的地质构造影响，一方面，成矿物质的形成和运移等成矿作用都直接或间接地受地壳运动的影响，矿产的形成需要有成矿物质运移的通道以及沉淀、储集的场所，这些通道和场所与地质构造有极其密切的关系；另一方面，许多已形成的矿产还会受到后期地壳运动的影响而变形。通过对地质构造的研究，能够阐明地壳构造在空间上的相互关系和时间上的发育顺序，探讨地壳构造的演化和地壳运动规律及其动力来源，还能指导生产实践，解决矿产分布、水文地质、工程地质、地震地质、石油地质及环境地质等方面的有关问题。通过本章学习应该了解岩层、岩层产状要素的概念；岩层产状要素的测定方法；岩层产状要素的表示方法；构造作用的基本方式；褶皱构造的几何要素以及节理和断层的特征与分类等。本章重点是掌握岩层产状要素的表示方法；褶皱构造、断裂构造的分类及特征。难点是地质罗盘的使用方法及其原理；断裂构造的分类及确定依据。

第一节　岩层产状

岩层是指由两个平行或近于平行的界面所限制、岩性基本一致的层状岩体，沉积岩层则是由沉积作用形成的岩层。岩层的上下界面称为层面，上层面又称为顶面，下层面又称为底面；两个岩层的接触面，既是上覆岩层的底面，又是下伏岩层的顶面；岩层顶底面之间的垂直距离称为岩层的厚度。由于沉积环境和条件的不同，岩层的厚度在区域分布上也有变化：有的岩层在较大范围内厚度不变或基本一致，形成厚度稳定的板状岩层；有的岩层在较小范围内明显朝一个方向增厚，而朝另一个方向变薄甚至尖灭，形成楔形岩层；有的岩层中间厚而向两侧尖灭，形成凸透镜状岩层(图 3-1)。

地质构造主要由岩石中原来近于平直的面(平面)突然中断或变成曲面而表现出来，一般将这些已经发生中断或弯曲的平面称为变形面。变形面可以是沉积岩层的层理面，变质岩的劈理、片理或片麻理，岩浆岩的原生流面，有时还可以是岩石中发育的破裂面或不整合面。沉积岩是大陆地壳表层分布最广泛的岩石，其分布面积约占地球大陆面积的 75%；同时，煤层本身也是沉积岩，叫作固体可燃有机岩。因此，在煤田地质勘探、煤矿生产中所遇到的地质构造绝大多数发育于沉积岩层之中，其变形面多为沉积岩层的层理面或层面(图 3-2)。

岩层面在三维空间的延伸方位和产出状态是地质构造研究的基础。岩层面在产出地点的三维空间延伸方位和产出状态称为岩层产状。在野外认识和研究地质构造形态时，主要是从观察和测量沉积岩层产状入手，因此有必要了解沉积岩层的原始产状。

在广阔而平坦的沉积盆地(如海洋和湖泊)所形成的沉积岩层，在其形成之时，大都是水

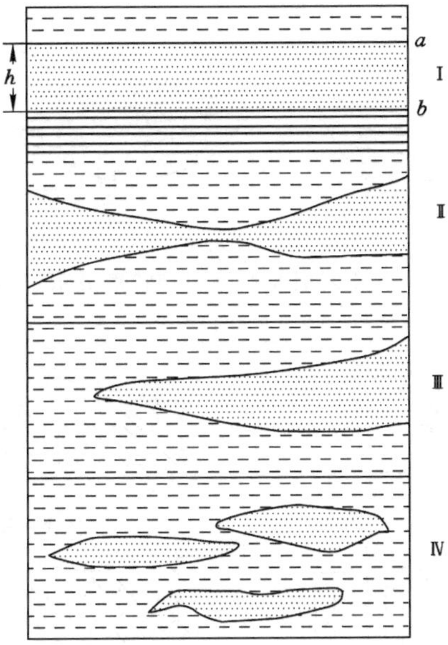

a—顶面；*b*—底面；*h*—岩层厚度；

Ⅰ—板状岩层；Ⅱ—岩层厚度变薄；Ⅲ—岩层呈楔形；Ⅳ—岩层呈凸透镜状。

图 3-1 岩层厚度和形态示意图(据徐开礼等,1989)

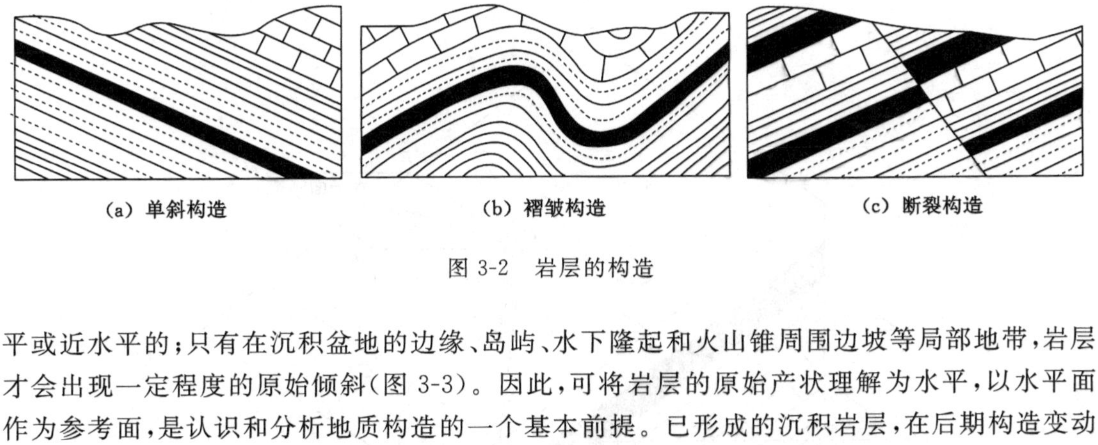

(a) 单斜构造　　(b) 褶皱构造　　(c) 断裂构造

图 3-2 岩层的构造

平或近水平的；只有在沉积盆地的边缘、岛屿、水下隆起和火山锥周围边坡等局部地带，岩层才会出现一定程度的原始倾斜(图 3-3)。因此，可将岩层的原始产状理解为水平，以水平面作为参考面，是认识和分析地质构造的一个基本前提。已形成的沉积岩层，在后期构造变动中，其原始产状发生不同程度的改变：有的保持原来水平或近水平产状，有的呈直立甚至倒转产状，更多的是呈不同程度的倾斜产状。

根据岩层产状，可将岩层划分为水平岩层、倾斜岩层、直立岩层、倒转岩层(图 3-4)。其中，倾斜岩层是最常见的一种岩层，它既可以是某种构造的一部分，如为褶皱的一翼或断层的一盘，也可以是地壳不均匀抬升或下降所引起的区域性倾斜。

一、产状要素

岩层产状以岩层面在横向和纵向的延伸方向及其倾斜程度来确定，即采用岩层面的走向、倾向、倾角 3 个要素的数值来表示(图 3-5)。任何面状构造或地质体界面的产状都可以用上述要素来表示。

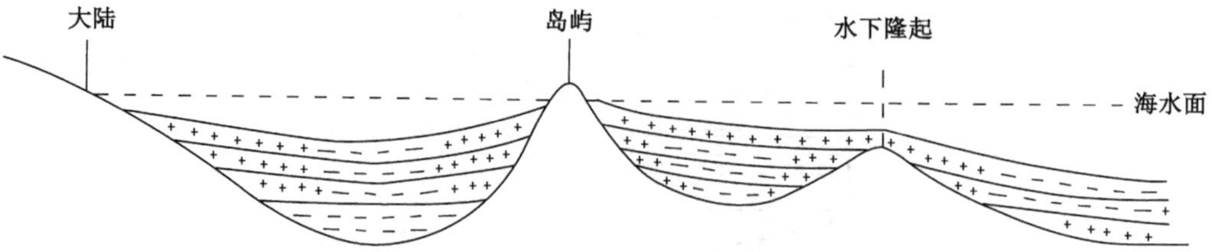

图 3-3　沉积岩层原始倾斜产状形成示意图

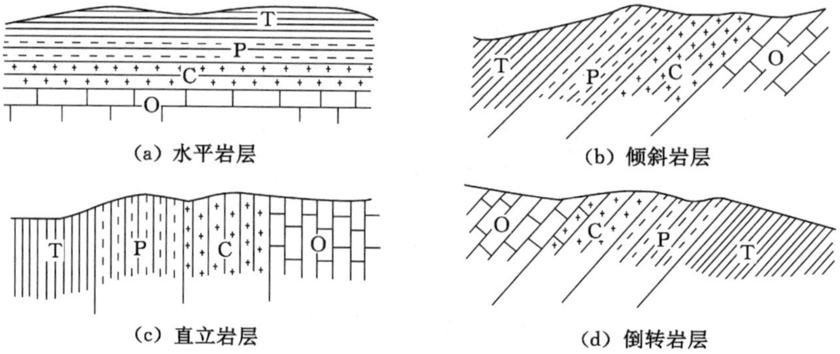

T—三叠系；P—二叠系；C—石炭系；O—奥陶系。

图 3-4　不同产状的岩层示意图

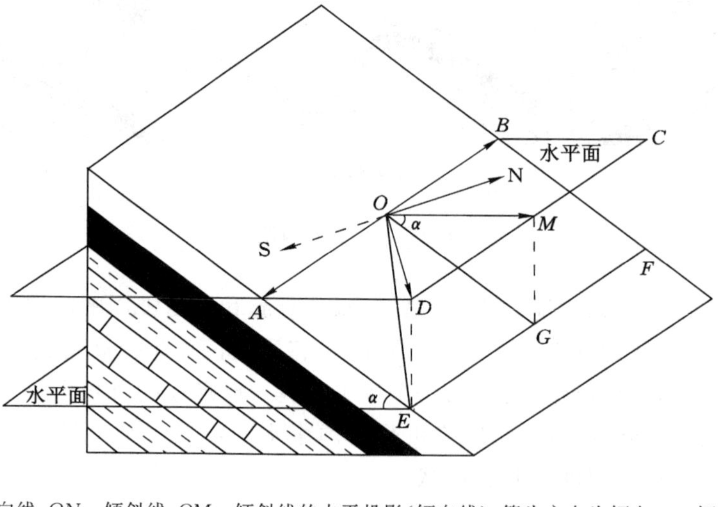

AOB(*EGF*)—走向线；*ON*—倾斜线；*OM*—倾斜线的水平投影(倾向线)，箭头方向为倾向；α—倾角；NS—子午线。

图 3-5　岩层产状示意图

(一) 走向

岩层的走向是指岩层在空间上的水平延伸方向，其具体确定方法是：作岩层面与任意一个标高水平面的交线(*AOB* 或 *EGF*)，实际上是一条水平线(岩层面等高线)，把它叫作走向线。在一个倾斜岩层面上，可以有无数条不同标高、互相平行的走向线，走向线两端所指的方向就是走向。在一个测点上测得的岩层走向可有两个方向（$O\rightarrow A$，$O\rightarrow B$），都可以表示岩层的走向，二者相差 180°。在实际工作中，为了使问题简化，一般只测量和记录一个方向。

（二）倾向

岩层的倾向是指岩层在空间的倾斜方向。其具体的确定方法是：在岩层面上作走向线的垂线（OG），称为倾斜线；倾斜线在水平面的投影称为倾向线（OM）；倾向线指示岩层面向下倾斜的方向，叫作岩层的真倾向（$O\rightarrow M$）。在岩层面上，凡与走向线不直交的任一直线均称为视倾斜线（OE），视倾斜线在水平面的投影称为视倾向线（OD），视倾向线指示岩层面向下倾斜的方向，叫作岩层的视倾向（$O\rightarrow D$）。在一个测点上，倾向只有一个，而视倾向可以有无数个。

由于走向线 AOB 垂直于倾斜线 OG，垂直于铅垂线 MG，因此，走向线 AOB 垂直于三角形 OMG，可以得出走向线 AOB 垂直于倾向线 OM（图 3-5）。

（三）倾角

岩层的倾角指的是岩层的倾斜程度，是岩层面与水平面的夹角。其具体的确定方法与几何学求二面角的方法一样：作以岩层面与水平面的交线为法线的平面，该平面与岩层面和水平面各有一条交线，两条交线在所作平面中的锐夹角即岩层的倾角。由于岩层面与水平面的交线为岩层的走向线 AOB，以走向线为法线的平面可以是三角形 OMG 所确定的平面，三角形 OMG 所确定的平面与岩层面和水平面的交线分别为倾斜线 OG 和倾向线 OM（图 3-5）。因此，岩层的倾角实际上是倾斜线与倾向线所夹的锐角（α）。

由于岩层有真倾向和视倾向之分，故倾角也有真倾角与视倾角之分。真倾斜线与真倾向线所夹的锐角称为岩层的真倾角（α），视倾斜线与视倾向线所夹的锐角称为岩层的视倾角（α'）。在一个测点上，岩层的真倾角只有一个，而视倾角可以有无数个（图 3-6）。

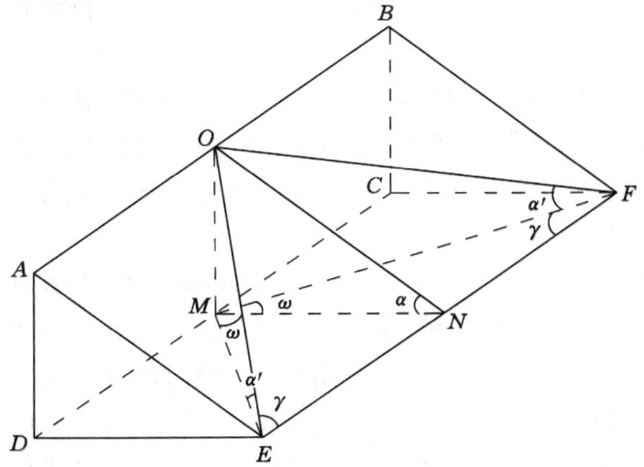

α—倾角；α'—视倾角；ω—倾向线与视倾向线的夹角；γ—视倾向线与走向线的夹角。

图 3-6　岩层真倾角与视倾角关系示意图

岩层的真倾角与视倾角满足的关系式为：

$$\tan \alpha' = \tan \alpha \cos \omega$$
$$\tan \alpha' = \tan \alpha \sin \gamma$$

上述关系式表明，视倾向越接近于真倾向，其视倾角值越大，越趋近于真倾角值；视倾向越偏离真倾向，即越靠近走向，则其视倾角值越小，甚至趋近于零。

二、产状要素的测定和表示方法

（一）产状要素的测定方法

测定岩层产状要素的方法通常有两种：一种是使用地质罗盘（袖珍经纬仪），在野外或煤矿井下直接测定，即直接测定法；另一种是通过几何作图与计算间接确定，即间接测定法。

1. 直接测定法

目前，在野外和井下测量岩（煤）层产状要素的地质罗盘种类很多，构造各异，但它们都是以度盘、磁针、长（短）瞄准器和倾斜仪等为主要部件构成的（图 3-7），长短瞄准器连线和磁针均通过度盘的中心（圆心）。对于地壳中的每一个岩层（面状构造），走向和倾向对应于一个具体的方位。

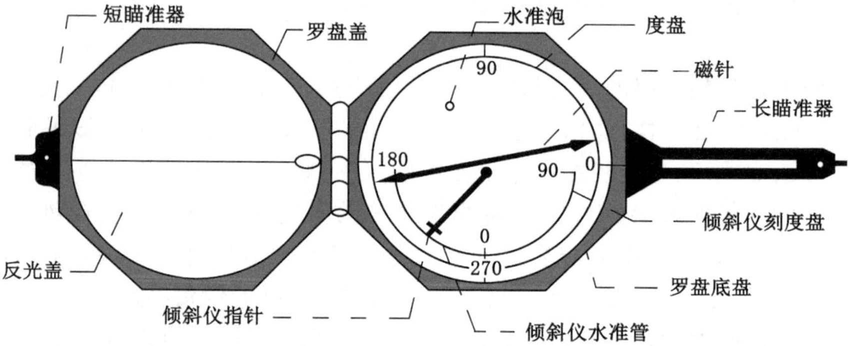

图 3-7　地质罗盘的构造示意图

为了对这一具体方位有一个统一认识，人们通常测量走向和倾向的象限角或方位角。

(1) 象限角与方位角的概念

① 象限角：是以测点为基准点（O），过测点的子午线（NS）和纬线（EW），将水平面分为北东、北西、南东和南西 4 个象限（NE，NW，SE，SW）。在确定走向和倾向时，首先确定走向或倾向方位所在的象限；然后以子午线为基准线，确定走向线或倾向线与子午线所夹的锐角，即走向或倾向的象限角[图 3-8(a)]。

在图 3-8(a)中，AOB 为走向线，OM 为倾向线，走向方位分别为 $O\rightarrow A$ 和 $O\rightarrow B$，分别在 SW 和 NE 象限；倾向方位为 $O\rightarrow M$，在 SE 象限。走向线与子午线的夹角为 43°，走向 $O\rightarrow B$ 的象限角为 N43°E，走向 $O\rightarrow A$ 的象限角为 S43°W；倾向线与子午线的夹角为 47°，倾向 $O\rightarrow M$ 的象限角为 S47°E。由于岩层两个走向均能反映岩层在水平方向的延伸状况，因此在确定岩层走向的象限角时，除东西和南北走向外，一般只记述落入 NE 和 NW 两个象限内的走向，不记述对应落入 SW 和 SE 两个象限内的走向。

②方位角：是以测点为坐标原点，将子午线绕坐标原点顺时针旋转至子午线指北方向与走向、倾向方位重合，其旋转角度即走向、倾向的方位角[图 3-8(b)]。

在图 3-8(b)中，走向 $O\rightarrow B$ 的方向是将子午线顺时针旋转 43°后，子午线指北方向与 $O\rightarrow B$ 所指方向重合，走向 $O\rightarrow B$ 的方位角为 43°(NE43°)；走向 $O\rightarrow A$ 的方向是将子午线顺时针旋转 223°后，子午线指北方向与 $O\rightarrow A$ 所指方向重合，走向 $O\rightarrow A$ 的方位角为

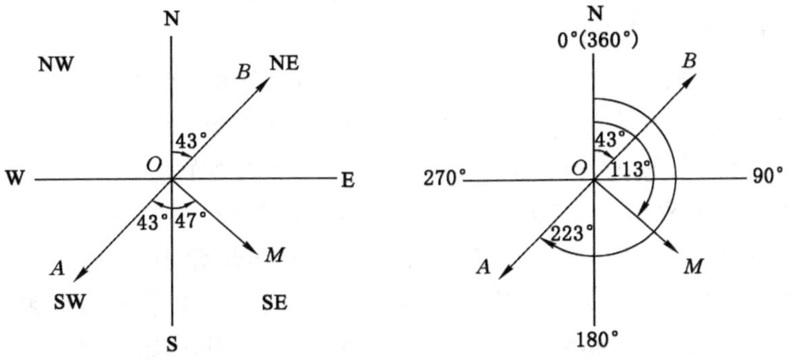

(a) 走向确定方法　　(b) 倾向确定方法

图 3-8　走向和倾向确定方法示意图

223°(SW223°)；倾向 $O \rightarrow M$ 的方向是将子午线顺时针旋转 133°后，子午线指北方向与 $O \rightarrow M$ 所指方向重合，倾向 $O \rightarrow M$ 的方位角为 133°(SE133°)。

面状构造的走向线垂直于倾向线，即走向与倾向相差 90°。而走向有两个，倾向只有一个，因此，在用方位角法测定面状构造走向、倾向时，倾向与走向相差 90°，二者的关系式为：走向＝倾向±90°。

(2) 象限角与方位角测定的基本原理

在测定具体方位时，将长(短)瞄准器指示具体方位，同时调整罗盘，使罗盘水准泡居中。此时，罗盘水平，确定出长(短)瞄准器所指方向与磁北、磁南针所夹锐角及相对于磁北、磁南针的偏转方向，即确定出长(短)瞄准器所指方位相对于磁北、磁南的象限角；长(短)瞄准器所指方向相对于磁北针顺时针旋转的角度，即确定出长(短)瞄准器所指方位的磁方位角。

为了便于迅速地确定长(短)瞄准器所指方位的象限角和方位角，在地质罗盘度盘上标记方位的刻度有 90°的象限角和 360°的方位角两种。90°的象限角标记方法为：将地质罗盘度盘分划成 360°，地质罗盘长、短瞄准器所对刻度分别为 N(0°)、S(0°)，顺、逆旋转 90°对应的刻度分别为 E(90°)、W(90°)；磁北针在度盘上所指刻度及所对应的象限为长瞄准器所指方位的象限角，磁南针在度盘上所指刻度及所对应的象限为短瞄准器所指方位的象限角。360°的方位角标记方法为：以长瞄准器所对地质罗盘度盘位置为 0 点，将罗盘的度盘逆时针分划成 360°(图 3-8)；磁北针在度盘上所指刻度为长瞄准器所指方位的磁方位角，磁南针在度盘上所指刻度为短瞄准器所指方位的磁方位角。

由于地磁极与地理极不重合，磁子午线相对于子午线偏转一定的角度，因此，磁北针、磁南针所指刻度并不是长、短瞄准器所指方位的象限角和磁方位角，其读数与象限角和方位角存在一定的差值(磁偏角)。

若磁偏角为西偏，当罗盘采用 90°的象限角标记方法时，磁针所指刻度落在 NW 和 SE 象限，读数比实际的象限角偏小；落在 NE 和 SW 象限，读数比实际的象限角偏大。当罗盘采用 360°的方位角标记方法时，读数比实际的方位角偏大。

若磁偏角为东偏，当罗盘采用 90°的象限角标记方法时，磁针所指刻度落在 NW 和 SE 象限，读数比实际的象限角偏大；落在 NE 和 SW 象限，读数比实际的象限角偏小。当罗盘采用 360°的方位角标记方法时，读数比实际的方位角偏小。

偏大或偏小的值为当地的磁偏角，因此，在测量方位时，应依据当地的磁偏角对罗盘的读数进行校正。校正的方法有以下两种。

① 读数修正法。在测定产状时，如果度盘的0°刻度与长、短瞄准器连线重合，应对读数进行修正，其具体的修正方法是：a. 当罗盘采用90°的象限角标记方法时，如果当地的磁偏角为西偏，磁针所指刻度落在NW和SE象限，读数加上当地的磁偏角。若不大于90°，为磁针所指刻度所落象限的象限角；若大于90°，象限角值取补角，并将磁针所指象限进行修正，修正方法是将NW改为SW，SE改为NE。落在NE和SW象限，读数减去当地的磁偏角。若不小于0°，为磁针所指刻度所落象限的象限角；若小于0°，象限角值取绝对值，并将磁针所指象限进行修正，修正方法是将NE改为NW，SW改为SE。如果当地的磁偏角为东偏，磁针所指刻度落在NW和SE象限，读数减去当地的磁偏角。若不小于0°，为磁针所指刻度所落象限的象限角；若小于0°，象限角值取绝对值，并将磁针所指象限进行修正，修正方法是将NW改为NE，SE改为SW。落在NE和SW象限，读数加上当地的磁偏角。若不大于90°，为磁针所指刻度所落象限的象限角；若大于90°，象限角值取补角，并将磁针所指象限进行修正，修正方法是将NE改为SE，SW改为NW。b. 当罗盘采用360°的方位角标记方法时，如果当地的磁偏角为西偏，读数减去当地的磁偏角；如果当地的磁偏角为东偏，读数加上当地的磁偏角。

② 度盘调整法。在用罗盘测定产状之前，首先将度盘的0°刻度调整到与长短瞄准器连线重合，N在长瞄准器一侧；然后根据当地的磁偏角旋转度盘。如果当地的磁偏角为西偏，将度盘逆时针旋转当地磁偏角的角度；如果当地的磁偏角为东偏，将度盘顺时针旋转当地磁偏角的角度。

用90°象限角标记的罗盘是传统的老罗盘，其读数校正比较麻烦，容易出错。测定方位角，现在一般用得较多的是用360°方位角标记的罗盘。然而，较多的老资料、旧文献中经常出现象限角的表示方法，因此，仍需了解象限角的测定原理。

(3) 倾角测定的基本原理

倾角的测定用罗盘所带的倾斜仪，倾斜仪主要由倾斜仪刻度盘、倾斜仪指针构成。

倾斜仪刻度盘为一个半圆仪，相当于量角器，但与量角器明显不同：量角器过圆心直径线与半圆弧的交点刻度为0°，弧顶刻度为90°；而倾斜仪刻度盘的刻度与之相反，过刻度盘圆心的直径线与刻度盘圆弧交点的刻度为90°，弧顶的刻度为0°，并且过圆心的直径线与罗盘长、短瞄准器的连线平行。

倾斜仪的指针有两种类型：一种是将指针的一端套在过刻度盘圆心的尖针上，另一端在重力的作用下自然下垂，即静止时指针呈铅垂状；另一种是将指针的一端铰接在过刻度盘圆心的轴上，另一端在重力的作用下不能自然下垂，需要进行人工调节，当与指针垂直的水准管气泡居中时，指针才呈铅垂状。

在测定倾角时，将罗盘立放，使倾斜仪指针呈铅垂状。此时，过倾斜仪度盘圆心直径线的倾斜角度可通过倾斜仪指针与直径线所夹锐角间接确定(即二者所夹锐角的余角)，能够在度盘上直接读出，即指针指示刻度盘的数值。

(4) 岩层产状的测定方法

在测量岩层产状之前，先在岩层面上找一个能够代表周围一定范围内岩层产状的较为平整的平面，再用罗盘测量其产状要素(图3-8′)。具体测量方法如下。

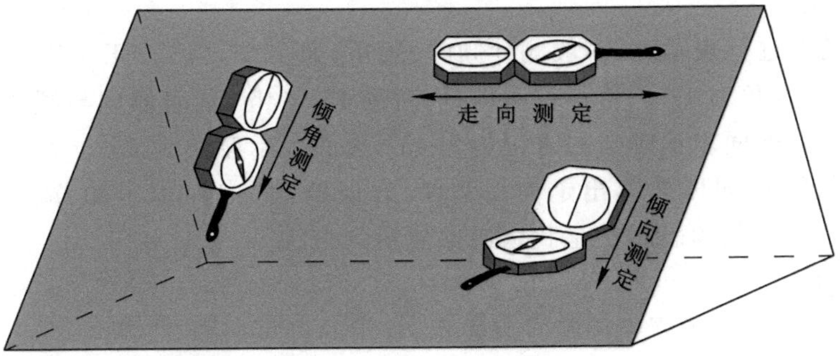

图 3-8′　地质罗盘测定岩层产状要素示意图

① 岩层走向的测定：把罗盘展开，将罗盘与长、短瞄准器连线平行的长边紧贴在岩层面上，调整罗盘，使罗盘的水准泡居中，此时罗盘水平，与长、短瞄准器连线平行的长边即岩层面的走向线，待磁针静止后，磁北针所指度盘上的刻度为长瞄准器所指走向的方位角，磁南针所指度盘上的刻度为短瞄准器所指走向的方位角，二者恰好相差 180°。

② 岩层倾向的测定：把罗盘盖紧贴在岩层面上，调整罗盘，使罗盘的水准泡居中，此时罗盘水平，与长、短瞄准器连线垂直的短边即岩层面的走向线，因此，长、短瞄准器连线即倾向线。待磁针静止后，根据岩层倾斜方向，读磁北针或磁南针所指度盘上的刻度。当岩层倾斜方向与长瞄准器指向一致时，读磁北针所指度盘上的刻度；当岩层倾斜方向与短瞄准器指向一致时，读磁南针所指度盘上的刻度。

③ 岩层倾角的测定：把罗盘展开，将罗盘与长、短瞄准器连线平行的长边紧贴在岩层面上的倾斜线，调整倾斜仪指针，使其呈铅垂状，读出指针所指度盘上的刻度，就是岩层的倾角。

2. 间接测定法

在野外或煤矿井下不能直接利用罗盘测量岩层产状要素时，可以利用同一岩层不在同一直线上的三点标高，或两个不同方向的视倾角，采用几何作图、三角计算等方法间接确定。其实质多为利用岩层面（煤层底板）等高线确定岩层产状。关于产状的间接测定法，将在第八章的煤层底板等高线图中详细介绍。

（二）产状的表示方法

目前，岩层产状的表示方法主要有文字表示法和符号表示法。文字表示法多用于野外或井下记录、文字报告及剖面图和素描图，符号表示法多用于地质图。

1. 文字表示法

由于地质罗盘上标记方位的刻度有 90°的象限角和 360°的方位角两种，使用不同的罗盘测定产状，其书写方式也不一样，分为象限角表示法和方位角表示法。

（1）象限角法

在用象限角法进行表示时，一般测计走向、倾角和倾向象限。如 N30°E∠45°SE，即走向为北偏东 30°，倾角为 45°，向南东倾斜；又如 N30°W∠45°SW，即走向为北偏西 30°，倾角为 45°，向南西倾斜。用象限角表示法记述岩层走向时，除东西走向和南北走向外，一般只记述落入北东、北西两个象限的走向，而不记述对应落入南西和南东象限内的走向。目前，在生产实践中，象限角记录方法已很少采用。

(2) 方位角法

在用方位角法进行表示时，一般测计倾向、倾角，如 135°∠45°(SE135°∠45°)，表示倾向的方位角是 135°，倾角为 45°。值得说明的是，对于 45°∠45°，尽管倾向与倾角均为 45°，但两个 45°的含义不同，前面表示倾向的方位角为 45°，后面表示倾角为 45°。方位角记录方法比较简便，知道了倾向，即可换算出走向。例如，岩层的倾向为 135°，加、减 90°即岩层走向(225°，45°)。目前，方位角表示法是我国通常使用的方法。

2. 符号表示法

在地质图上，岩层产状要素用符号来表示，常用的符号如图 3-9 所示。

图 3-9　岩层产状要素符号表示

图 3-9(a)表示水平岩层。

图 3-9(b)表示正常层序倾斜岩层，长线表示岩层走向，短线表示岩层倾向，数字是岩层倾角。长、短线必须按照实际方位标绘在图上。

图 3-9(c)表示的是直立岩层，无箭头线表示岩层走向，箭头所指方向为地层由老到新方向。无箭头线必须按照实际方位标绘在图上。

图 3-9(d)表示倒转层序倾斜岩层，长线表示岩层走向，箭头指示岩层倒转后的倾向，即指向老地层，数字是岩层倾角。长、短线必须按照实际方位标绘在图上。

第二节　褶皱构造

褶皱构造是地壳上最常见的一种地质构造，也是一种最基本的地质构造形态，它是由岩石中原来近乎平直的面受力后发生弯曲变形而形成曲面表现出来的。形成褶皱的变形面称为褶皱(曲)面，褶皱(曲)面绝大多数是沉积岩层不整合面。

褶皱的规模差别极大，褶皱的变形面绝大多数为规模较大的沉积岩层面，变质岩的劈理、片理或片麻理，以及岩浆岩的原生流面等；有时也可以是岩层与岩体的节理面、断层面或者褶皱山系和构造盆地，也可出现在个别露头或手标本上，有时甚至在显微镜下才能观察到。褶皱的形态各异，复杂多变，一般将连续的弯曲叫作褶皱，一个弯曲叫作褶曲。

研究褶皱构造的形态、产状、分布和组合特点及形成时代与方式，对于揭示一个地区地质构造的形成规律和地质发展历史具有重要意义。许多矿产，尤其是煤、石油、天然气和地下水等，在成因或空间分布上均与褶皱关系密切。世界上许多大油气田，其油气主要聚集在背斜，特别是穹窿构造的顶部；许多煤田的形成受褶皱构造控制，煤层的赋存也受褶皱构造控制。因此，研究褶皱构造具有重要的理论意义和现实意义。

一、褶曲的基本形式

褶曲的形态虽然多样，但均具有从中心向两侧岩层对称性重复出现的特点。依据褶曲面的弯曲方向和地层由中心向两侧的新老变化规律，将褶曲划分为两种基本形式：一种是褶曲面上凸式弯曲，其核心部分地层时代较老，外侧地层较新，称为背斜；另一种是褶曲面下凹式弯曲，其核心部分地层时代较新，外侧地层较老，称为向斜。后来风化剥蚀的破坏，造成向斜在地面上的出露特征是从中心到两侧，岩层以由新到老的层序对称重复出露；而背斜在地面上的出露特征恰好相反，从中心到两侧，岩层从老到新对称重复出露(图 3-10)。

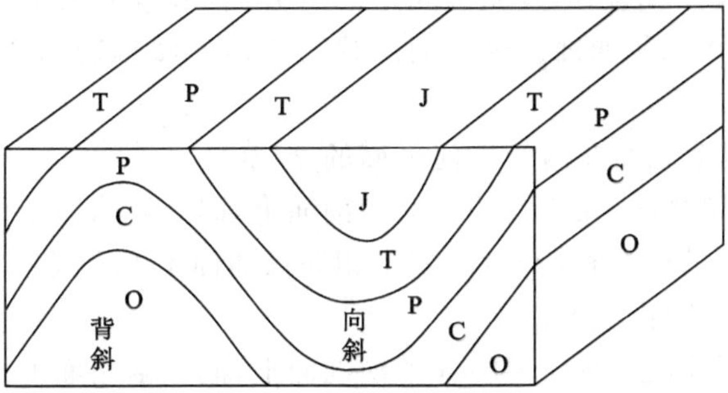

图 3-10　背斜、向斜在剖面和平面上的表征

二、褶曲的要素

为了正确地描述和研究各种形态的褶曲，首先需要弄清楚褶曲各个组成部分和具有几何意义的线、面要素及其相互关系。把褶曲的各个组成部分和具有几何意义的线、面要素称为褶曲要素(图 3-11)。

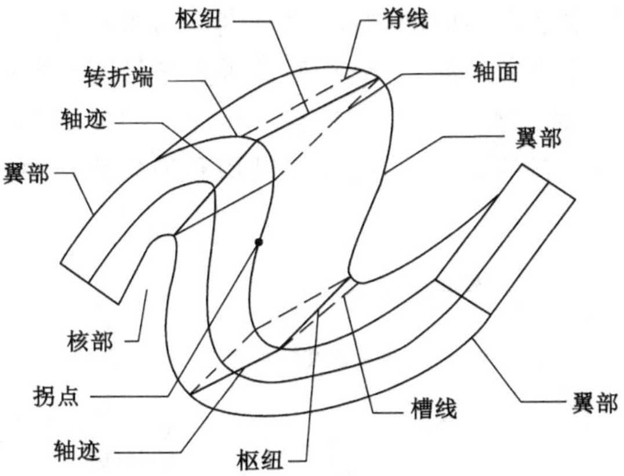

图 3-11　褶曲要素示意图

① 核(核部)：泛指褶曲中心部位的地层。当剥蚀后，常把出露在地面的褶曲中心部分地层称为核部。

② 翼(翼部)：指褶曲核部两侧的地层。

③ 拐点：当褶曲面呈"S"形弯曲时，拐点为相邻背斜和向斜共用翼的上凸与下凹部分的分界点，或褶曲面相反凸向的转折点；当翼部岩层平直时，则取其中点作为拐点。

④ 转折端：指褶曲从一翼向另一翼过渡的部分。在横剖面上，转折端常呈弧形，但有时也可以是一点或直线。

⑤ 翼间角：在正交剖面(横截面)上，过两翼的同一褶曲面拐点的切线夹角，即两翼之间的最小夹角。

⑥ 枢纽：在褶曲的各个横剖(截)面上，同一褶曲面的各个最大弯曲点的连线。枢纽既可以是直线，也可以是曲线或折线；既可以是水平线，也可以是倾斜线。

⑦ 轴面：是一个褶曲内各相邻褶曲面上的枢纽连成的面。如果褶曲两翼的倾角一致，或两翼的厚度基本一致，可把轴面看成翼间角的平分面，或者大致平分褶曲两翼的对称面。轴面既可以是平面，也可以是曲面。轴面的产状与任何面状构造的产状一样，由走向、倾向和倾角三要素确定。

⑧ 轴迹：轴面与包括地面在内的任何平面的交线。

⑨ 脊、脊线、脊面和脊迹：在背斜的各个横剖面上，同一褶曲面上的最高点称为脊，同一褶曲面各个横剖面脊点的连线称为脊线，若干相邻褶曲面上的脊线连成的面叫作脊面，脊面与地面或任意平面的交线称为脊迹。

⑩ 槽、槽线、槽面和槽迹：在向斜的各个横剖面上，同一褶曲面上的最低点称为槽，同一褶曲面各个横剖面槽点的连线称为槽线，若干相邻褶曲面上的槽线连成的面称为槽面，槽面与地面或任意平面的交线称为槽迹。

三、褶曲的分类

不同形态的褶曲往往反映不同的成因机制，正确地描述褶曲形态是研究褶曲的基础。在描述褶曲时，需要分别选取某些褶曲要素作为标志，观察这些褶曲要素的特征并测量其产状，而这些褶曲要素特征和产状通常在剖面或平面上表现出来，以构成褶曲的剖面形态。

研究褶曲形态常用的剖面主要有水平剖面、铅直剖面(直立剖面、铅垂剖面)和正交剖面(横截面)。水平剖面是用水平面切取的剖面；铅直剖面与水平面垂直，可以从不同的方向切取，当剖面与轴面垂直时，称为横剖面；正交剖面是垂直于枢纽切取的剖面。若枢纽水平，则横剖面与正交剖面一致；若枢纽倾伏，则二者不一致(图 3-12)。同一褶曲在不同方向和不同位置的剖面上表现出的形态各不相同，在地质勘探和采矿活动中，根据褶曲在不同剖面的形态来描述褶曲。

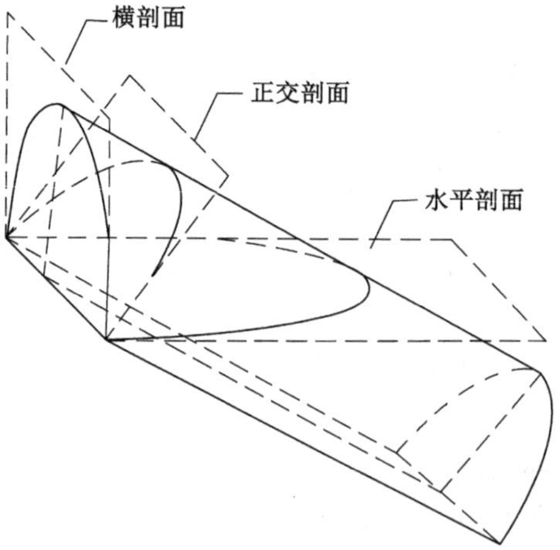

图 3-12　褶曲不同剖面的空间关系图

(一) 横剖面上褶曲的形态描述

在横剖面上，根据褶曲轴面和两翼产状特点，将褶曲描述为以下 5 种：

① 直立褶曲。轴面近于直立，两翼倾向相反，倾角近于相等[图 3-13(a)]。
② 斜歪褶曲。轴面倾斜，两翼倾向相反，倾角不等[图 3-13(b)]。
③ 倒转褶曲。轴面倾斜，两翼朝同一方向倾斜，一翼地层倒转[图 3-13(c)]。
④ 平卧褶曲。轴面近于水平，一翼地层层序正常，另一翼地层倒转[图 3-13(d)]。
⑤ 翻卷褶曲。它是轴面弯曲的平卧褶曲[图 3-13(e)]。

图 3-13 褶曲按照轴面和两翼产状的分类示意图

(二) 正交剖面上褶曲的形态描述

1. 根据翼间角大小

根据翼间角大小，将褶曲描述为以下 5 种(图 3-14)：
① 平缓褶曲。翼间角小于 180°，大于 120°。
② 开阔褶曲。翼间角小于 120°，大于 70°。
③ 闭合褶曲。翼间角小于 70°，大于 30°。
④ 紧闭褶曲。翼间角小于 30°。
⑤ 等斜褶曲。翼间角近于 0°，两翼近于平行。

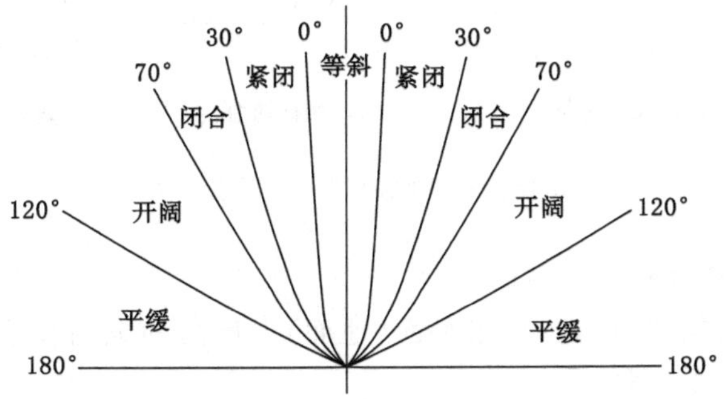

图 3-14 根据翼间角大小褶曲的形态描述示意图

2. 根据转折端的形态

根据转折端的形态，将褶曲描述为以下 5 种：

① 圆弧褶曲。转折端呈圆弧形弯曲，圆弧的中点可作为褶曲的枢纽点，两翼通常也为圆弧形[图 3-15(a)]。

② 尖棱褶曲。转折端呈尖角状，常由平直、等长的两翼相交而成；如果两翼长度不等，可称为“膝折褶曲”[图 3-15(b)]。

③ 箱状褶曲。两翼陡而转折端平直，褶曲呈箱状，常具有一对共轭轴面[图 3-15(c)]。

④ 扇状褶曲。两翼岩层均倒转，褶曲面呈扇状弯曲[图 3-15(d)]。

⑤ 挠曲。缓倾斜岩层中的一段突然变陡，形成台阶状弯曲[图 3-15(e)]。

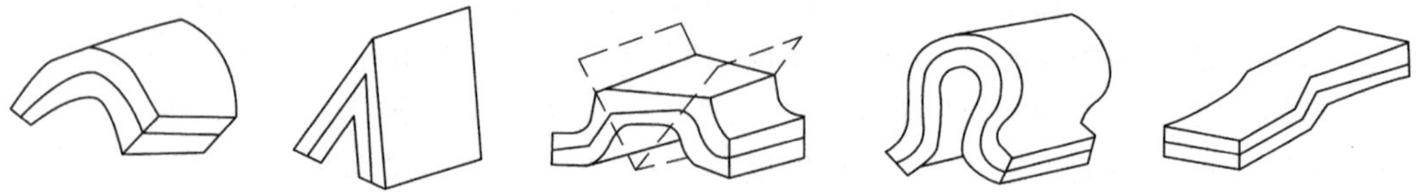

(a) (b) (c) (d) (e)

图 3-15　褶曲转折端形态

3. 根据褶曲的对称性

根据褶曲的对称性，将褶曲描述为以下 2 种：

① 对称褶曲。褶曲的轴面与褶皱的包络面垂直，两翼的长度和厚度基本相等。

② 不对称褶曲。褶曲的轴面与褶皱的包络面斜交，两翼的长度和厚度不相等。

（三）纵向剖面上褶曲的形态描述

在褶曲纵向剖面上，可根据枢纽的产状将其分为以下 3 种：

① 水平褶曲。褶曲枢纽近于水平（倾伏角为 0°～10°）[图 3-16(a)]。

② 倾伏褶曲。褶曲枢纽倾伏（倾伏角为 10°～80°）[图 3-16(b)]。

③ 倾竖褶曲。褶曲枢纽近于直立（倾伏角为 80°～90°）[图 3-16(c)]。

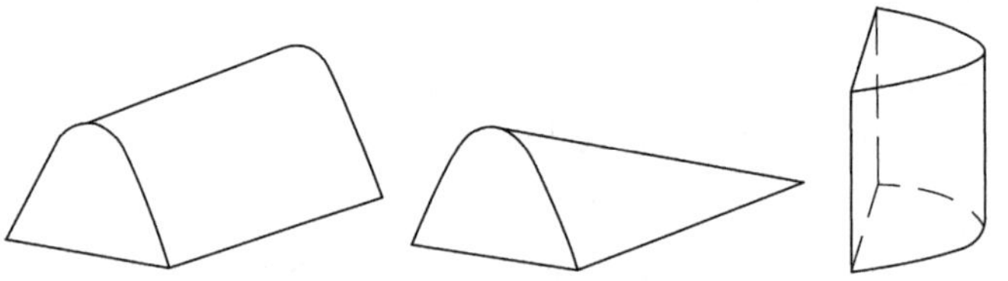

(a) 水平褶曲　(b) 倾伏褶曲　(c) 倾竖褶曲

图 3-16　褶曲纵向剖面的形态分类

（四）水平剖面上褶曲的形态描述

根据褶曲的某一岩层（褶曲面）在水平面（地面）上出露的纵向长度和横向宽度之比，可将褶曲的形态描述为以下 4 种。

① 线状褶曲：长与宽之比大于 101 的褶曲[图 3-17(a)]。

② 短轴褶曲：长与宽之比在 101～31 之间的褶曲[图 3-17(b)]。

③ 穹窿构造：长与宽之比小于 31 的背斜构造[图 3-17(c)]。

④ 构造盆地：长与宽之比小于 31 的向斜构造[图 3-17(c)]。

四、褶曲的识别与研究

（一）褶曲的识别

自然界中有一部分褶曲，可以在有限的地段内直接看到，但一些大中型褶曲，由于在较小范围内揭露不完全，很难看出来。这就需要根据地层产状和分布规律来确定，即依据新老地层对称性重复出现来确定褶曲的存在。其具体的确定方法是：在充分了解和掌握工作区地层层序、岩性、厚度及其变化和地层接触关系的基础上，寻找地层有对称性重复出现的区域。

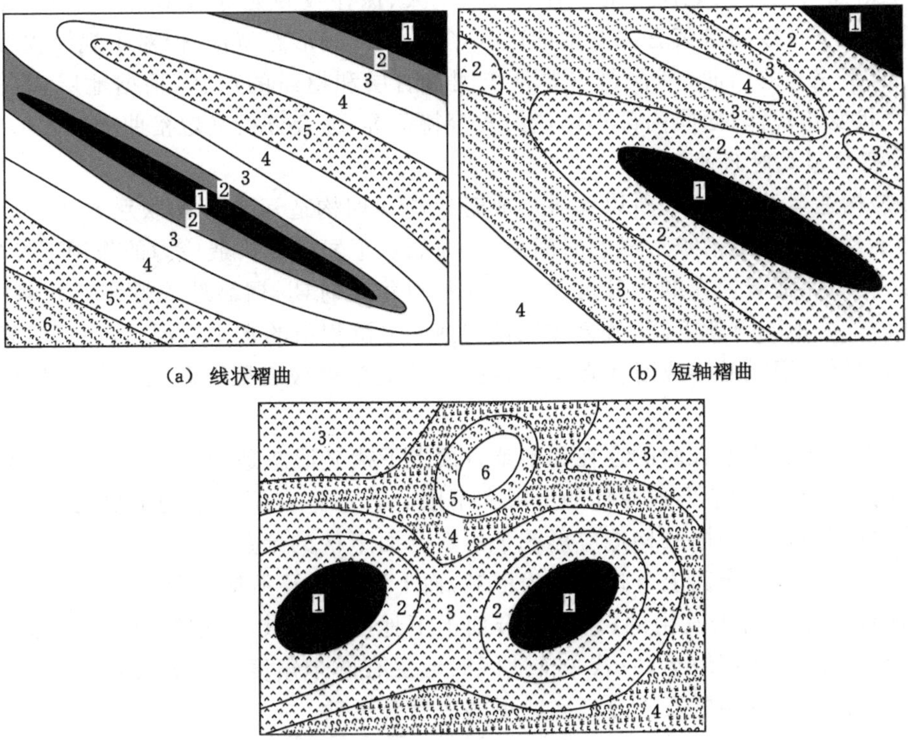

(a) 线状褶曲　(b) 短轴褶曲

(c) 穹窿与构造盆地

1,2,3,4,5,6—地层层序由老到新。

图 3-17　褶曲在平面上的出露形态

地层对称性重复出现除由褶曲构造引起外，在水平和单斜岩层发育的地区，还可因地形起伏而使其出露具有对称性：在水平岩层发育区，较老地层一定出露于地形最低处，最新地层分布于地形最高处；在倾斜岩层发育区，岩层的出露特征及新老岩层的对称性重复，受地形和岩层产状及二者的相互关系共同控制，岩层露头的延展方向与岩层的走向斜交或直交。

对于褶曲构造而言，新老岩层露头呈条带状对称性重复展布则与地形起伏无关，其延伸方向与岩层走向基本一致。因此，还需要观察地层对称性重复出现区域岩层的产状，分析地层对称性重复出现的原因。若对称的岩层倾向相反（产状存在较大的差异），可直接确定为褶曲构造；若产状差异不大（产状一致），只有排除水平和单斜岩层因地形起伏而引起出露的对称性情况后，才能最后得出结论。其具体的排除方法是：水平岩层露头线与地形等高线重合或平行（露头线标高相同）；倾斜岩层同一界面露头线在无断层发育的区域内，与同标高地形等高线交点可拟合为一条直线；褶曲岩层同一界面露头线在无断层发育的区域内，与同标高地形等高线交点不能拟合为一条直线。

（二）褶曲形态的研究

褶曲形态是用褶曲要素加以描述和确定的，对其研究实质上是对各褶曲要素的分析研究。首先根据已查明的地层层序和岩层产状及其变化，确定褶曲存在位置和基本形式；其次系统测定褶曲的枢纽、两翼和轴面等要素的产状；最后根据有关褶曲要素的特征和空间分布特征，确定褶曲的类型及组合类型。对于规模不大、保存较为完好且出（揭）露充分的褶曲，可在野外或井下直接测量其有关要素的产状，实地观测其形态特征；但对于规模较大且保存或出（揭）露不完全的褶曲，则往往需要系统测量岩层和枢纽的产状，根据地层露头分布规律、岩层产状变化规律、褶曲内部小构造的发育特征等，综合分析确定褶曲构造的形态。

（三）褶皱形成时代的研究

褶皱是构造运动的结果，所以褶皱形成时代与同期构造运动是相联系的。一般通过区域性角度不整合来确定褶皱形成的时间范围：原始水平岩层在构造应力的作用下发生弯曲，形成褶皱，同时伴随着地壳的上升运动。进入相对稳定时期，褶皱地段遭受风化剥蚀，形成风化剥蚀面。若地壳重新下降，就会在风化剥蚀面上沉积新的水平岩层，从而形成岩层的角度不整合。显然，褶皱的形成时代在不整合面下伏最新褶皱岩层沉积之后和不整合面上覆最老岩层沉积之前。

因此，根据地层不整合面的存在和不整合面上下褶皱形态是否连续一致，可以推断包括褶皱在内的各种地质构造形成时代的上限和下限。若不整合面以下的地层均为褶皱，而其上沉积的地层非褶皱，则褶皱构造应形成于不整合面下伏的最新地层沉积之后和上覆最老地层沉积之前；若不整合面上下地层均为褶皱，而上下地层及不整合面的褶皱方式又都完全一致，则褶皱运动是后来发生的；若不整合面上下地层均褶皱，但褶皱方式、形态又互不相同，则至少发生过两次褶皱运动；若一个地区的地层有两个角度不整合面，且两个不整合面上下地层均为褶皱，则该区发生过三次或更多次褶皱运动。

第三节　断裂构造

组成地壳的岩层或岩体在动力地质作用下，当其所受应力达到或超过岩石的强度极限时，岩石内部的结合力遭到破坏，就会发生脆性形变而产生断裂构造，使岩石失去完整性。断裂构造按照两盘相对位移大小，可分为节理和断层两类。

一、节理

节理是岩石中的裂隙，是没有发生明显位移的断裂，也是地壳中发育最广的一种构造。节理研究在理论和生产实践上都具有重要意义：其理论意义在于节理与褶皱、断裂和区域性构造密切相关，对于认识和阐明区域地质构造及其形成与发展具有重要意义。其实践意义在于节理为矿液上升、分散、渗透提供了构造条件，一些矿脉的形状、产状和分布与该区节理的性质、产状和分布有密切关系；同时，节理也是石油、天然气和地下水的运移通道与储积场所，直接影响油井的采油率和矿井的涌水量。

（一）节理的分类

1. 节理的成因分类

节理按照不同形成原因，可分为原生节理和次生节理。其中，次生节理又可进一步划分为构造节理和非构造节理。

(1) 原生节理

原生节理是指沉积岩在沉积、岩浆岩在岩浆活动以及二者在成岩过程中形成的节理。例如，在沉积岩形成过程中，泥质和粉砂质等细粒沉积物因缩水而形成的泥裂；岩浆在冷凝过程中因体积收缩而形成的柱状节理；成煤过程中凝胶化物质因脱水、压固、体积均匀收缩产生拉张而形成的内生裂隙;等等。这类节理的共同特点是都局限于某种岩性的岩石之中。

(2) 次生节理

次生节理是指岩层(石)形成以后产生的节理。根据不同力的来源和作用性质,分为构造节理和非构造节理。

① 构造节理:是指由内力地质作用(主要是构造运动)造成的节理。其分布具有一定的规律性,方位和产状稳定,与区域构造或局部构造存在一定的关系,往往与褶皱和断层等构造具有密切的成因联系及空间组合关系,而且发育的范围和深度较大,分布十分广泛,在各种煤岩层中都能经常见到。

② 非构造节理:是指由外力地质作用或人为因素造成的节理,如风化、滑坡、崩塌、岩溶塌陷、冰川活动及人工爆破等所造成的节理。其中,最常见和分布最为广泛的是风化节理,其主要特点是排列不规则,常发育于地表附近,随着深度增加,发育程度减弱,节理密度减小,到一定深度后,即完全消失。

构造节理经常与褶皱、断层等构造相伴出现,或者作为派生构造而发育在它们的某些部位,反映出节理与褶皱、断层等构造往往是在统一的构造应力场中形成的,在组合规律和力学成因上都具有一定的关系。因此,对构造节理主要按照节理与有关构造的几何关系及节理形成的力学性质进行分类。

2. 据节理与有关构造的几何关系分类

节理是一种小型构造,总是与其他构造伴生。节理的产状与其他构造的产状之间往往存在一定的几何关系,可以按照节理与有关构造的几何关系进行分类。

(1)按照节理产状与岩层产状的关系分类

节理的这种分类适合发育于倾斜岩层地区的节理。依据节理产状与岩层产状的关系,节理可分为以下 4 类(图 3-18)。

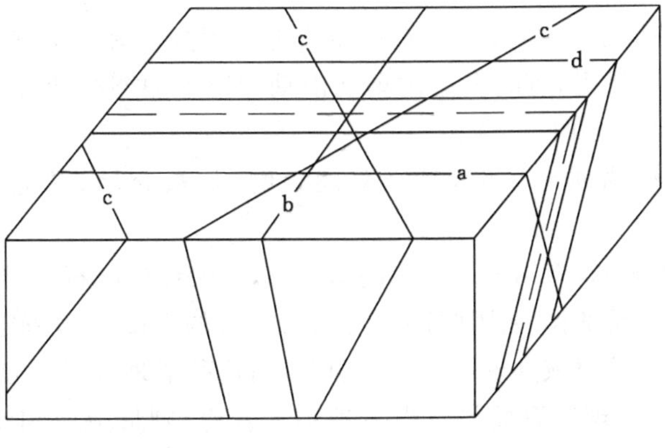

a—走向节理;b—倾向节理;c—斜向节理;d—顺层节理。

图 3-18 按节理产状与岩层产状关系的分类

① 走向节理:节理走向与岩层走向大致平行的节理。

② 倾向节理:节理走向与岩层走向大致垂直的节理。

③ 斜向节理:节理走向与岩层走向斜交的节理。

④ 顺层节理:节理面与岩层的层面大致平行的节理。

(2) 按照节理走向与褶皱轴向的关系分类

节理的这种分类适合于发育于褶皱岩层地区的节理。依据节理产状与褶皱轴向的关系,节理可分为以下 3 类(图 3-19)。

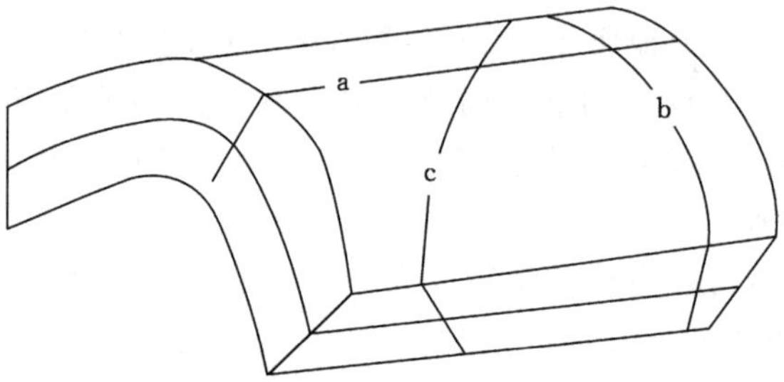

a—纵节理;b—横节理;c—斜节理。

图 3-19 按节理走向与褶皱轴向关系的分类

① 纵节理:节理走向与褶皱轴向平行的节理。

② 横节理:节理走向与褶皱轴向垂直的节理。

③ 斜节理:节理走向与褶皱轴向斜交的节理。

3. 按照节理形成时的力学性质分类

根据节理的力学性质,可将节理分为剪节理和张节理。

(1) 剪节理

剪节理是由于岩石所受剪应力超过岩石的抗剪强度而形成的节理,其两侧岩块沿节理面有微小剪切位移。剪节理主要具有以下特征。

① 剪节理产状较稳定,沿走向和倾向延伸较远;但穿过岩性显著不同的岩层时,其产状可能发生改变,即出现折射现象,反映岩石性质对剪节理方位有一定程度的控制作用。

② 剪节理面较平直光滑,有时具有因剪切滑动而留下的擦痕、摩擦镜面,可以用来判断节理两侧岩石相对移动的方向。

③ 当剪节理未被矿物质充填时,是平直闭合缝;如被充填,脉宽较为均匀,脉壁较为平直。

④ 发育于砾岩、砂岩或含有结核岩石中的剪节理,一般穿切砾石、砂粒和结核等粒状碎屑。由于沿剪节理面可以有少量的位移,因此,常可借助被错开的砾石、结核确定其相对移动方向。

⑤ 典型的剪节理常常组成共轭"X"形节理系,当这种节理系发育良好时,则将岩石切成菱形、棋盘格状;若一组节理发育而另一组节理不太发育,则形成一组平行延伸的节理。不论是"X"形节理系,还是一组平行节理,剪节理都往往成等距排列。

⑥ 剪节理的尾端变化有折尾、菱形结环、多级分叉等形式。

(2) 张节理

张节理是岩石所受张应力超过岩石的抗张强度而形成的节理,节理面与最小主应力轴垂直,与最大、中间主应力轴平行。它主要具有以下特征。

① 张节理产状不稳定,沿走向、倾向延伸不远。

② 张节理面粗糙不平,发育在砾岩、砂岩中的张节理往往绕过砾石和砂粒。

③ 张节理面没有擦痕。

④ 张节理一般发育稀疏，节理间距较大，即使局部地段发育较多，也是稀疏不均的，很少密集成带。

⑤ 张节理两壁之间的距离较大，呈开口状或楔形，常被岩脉充填。

⑥ 张节理的尾端变化形式有两种：树枝状分叉及杏仁状结环。树枝状分叉的小节理没有明显的方向性，可与剪节理尾端的节理分叉区别开来；杏仁状结环呈椭圆形，棱角不明显，可与剪节理尾端的菱形结环区别开来。

⑦ 一般在挤压和拉伸作用方式下形成的张节理彼此平行排列，而在剪切作用下形成的张节理在平面或剖面上呈雁行形排列。

（二）节理玫瑰花图的编制

通过野外观测，收集的大量节理原始数据，必须进行室内整理，编制相应的图件以探讨研究区构造应力场演化。通常，编制的节理图件主要是节理玫瑰花图，它可分为节理走向玫瑰花图、节理倾向玫瑰花图和节理倾角玫瑰花图。它们分别是用节理的走向、倾向和倾角资料编制成的，其编图方法基本相同。

1. 节理走向玫瑰花图

节理走向玫瑰花图是利用野外测得的节理走向资料，根据作图要求和地质情况，按照其走向方位角的一定间隔分组，通过统计每组的节理数、计算每组节理平均走向而绘制成的。

其具体的编制方法如下。

（1）资料的整理

由于走向有两个，在表示走向时，一般选取北东和北西象限的方位。因此，首先将野外测得的节理走向换算成北东和北西两个方向；其次按照其走向方位角的一定间隔分组，分组间隔大小依作图要求及地质情况而定，通常采用 5°或 10°的间隔，如分成 0°～9°，10°～19°，…，80°～89°，270°～279°，…，350°～359°（习惯上把 0°归入 0°～9°的组内，10°归入 10°～19°的组内，以此类推）；最后统计每组节理的数目，计算每组节理的平均走向（如落在 0°～9°组内有 3 条，走向分别为 3°，4°，5°，则其平均走向为 4°），把统计整理好的数据填入表中（表 3-1）。

表 3-1　××观测点节理走向统计表

方位间隔/(°)	节理数目/条	平均走向/(°)	方位间隔/(°)	节理数目/条	平均走向/(°)
0～9	7	5.0	270～279	3	274.5
10～19	9	14.8	280～289	4	282.7
20～29	5	24.5	290～299	5	294.0
30～39	4	34.7	300～309	6	306.4
40～49	0	—	310～319	8	314.7
50～59	0	—	320～329	7	325.6
60～69	4	66.3	330～339	0	—
70～79	7	74.2	340～349	0	—
80～89	5	85.6	350～359	5	352.3

（2）确定作图比例尺

根据作图的大小和各组节理数目，选取一定长度的线段代表一条节理；然后以等于或稍大于按照比例确定的数目最多那一组节理的线段长度为半径画半圆，过圆心画南北和东西直径线，在圆周上标明方位(图 3-20)。

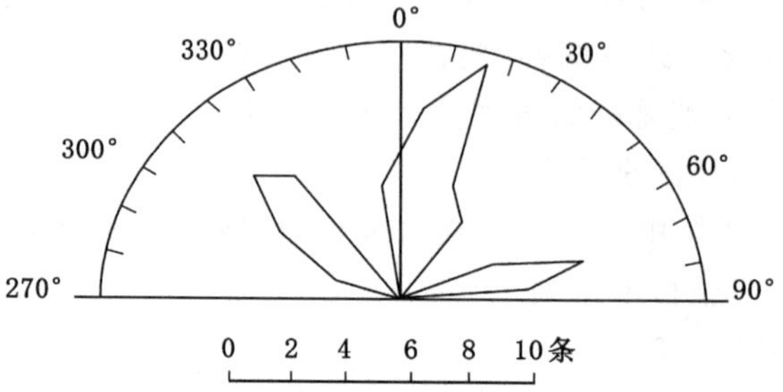

图 3-20　××观测点节理走向玫瑰花图

(3) 投点连线

从 0°～9°一组开始，按照各组平均走向方位角在半圆周上做标记，再从圆心向圆周上该点的半径方向，按照该组节理的数目和所确定的比例尺定出一点，此点代表该组节理的平均走向和数目。将各组的点确定后，顺次将相邻组的点连线。若其中某组节理数目为零，则连线回到圆心，再从圆心引出与下一组相连。

2. 节理倾向玫瑰花图

按照节理倾向方位角分组，求出各组节理的平均倾向和节理数目，用圆周方位代表节理的平均倾向，用半径长度代表节理的数目。做法与节理走向玫瑰花图相同，只不过是用整圆表示(图 3-21)。

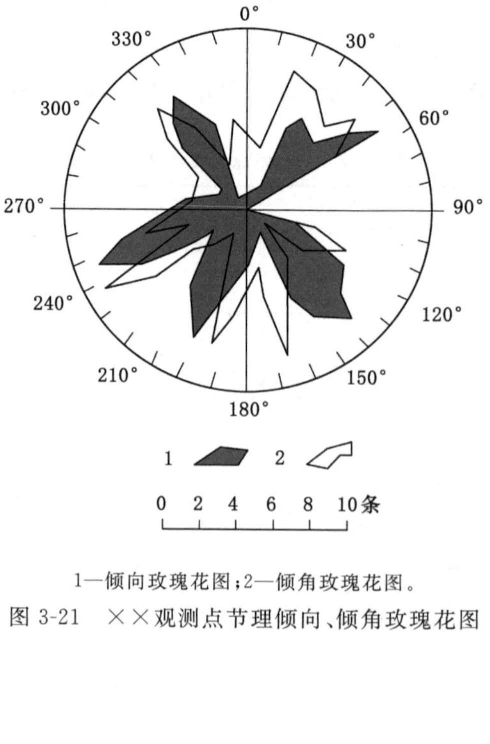

1—倾向玫瑰花图；2—倾角玫瑰花图。

图 3-21　××观测点节理倾向、倾角玫瑰花图

3. 节理倾角玫瑰花图

按照上述节理倾向方位角的分组，求出各组的平均倾角，然后用节理的平均倾向和平均倾角作图，圆的半径长度代表倾角，由圆心至圆周为 0°～90°。找点连线的方法与倾向玫瑰花图相同。

倾向、倾角玫瑰花图一般重叠画在一张图上。绘图时，在平均倾向线上，沿半径按照比例找出代表节理数和平均倾角的点，将各点连成折线即可。图上用不同的颜色或线条对倾向、倾角玫瑰花图加以区分(图 3-21)。

4. 节理玫瑰花图的分析

玫瑰花图是节理统计成果极为形象的表示方式，其做法简便，能形象醒目地反映出主要节理的方向，有助于分析区域构造。最常用的是节理走向玫瑰花图，常把节理走向玫瑰花图按照测点位置绘在地质图上，这样就清楚地反映出不同构造部位的节理与构造的关系。综合分析不同构造部位的节理玫瑰花图特征，就能得出局部应力状态，甚至可以大致确定主应力轴的性质和方向。

节理走向玫瑰花图多应用于节理产状比较陡峻的情况，而倾向和倾角节理玫瑰花图多用于节理产状变化较大的情况。

二、断层

断层是被断裂面分割成两部分的岩层或岩体沿破裂面发生明显相对位移的一种断裂构造。断层发育广泛，是地壳中极其重要的构造类型之一，其规模变化很大。大断层常常构成区域地质格架，不仅控制区域地质的结构和演化，还控制和影响区域成矿作用；中小型断层常常直接决定某些矿床和矿体的产状，影响矿产资源的赋存，进而影响矿产资源的开发和矿井建设；活动断层则直接影响水工建筑，甚至引发地震、滑坡等地质灾害。因此，对断层的研究具有重要的理论意义和现实意义。

(一) 断层要素

为了便于描述和研究断层，将断层的各个部分分别命名，统称为断层要素(图 3-22)。

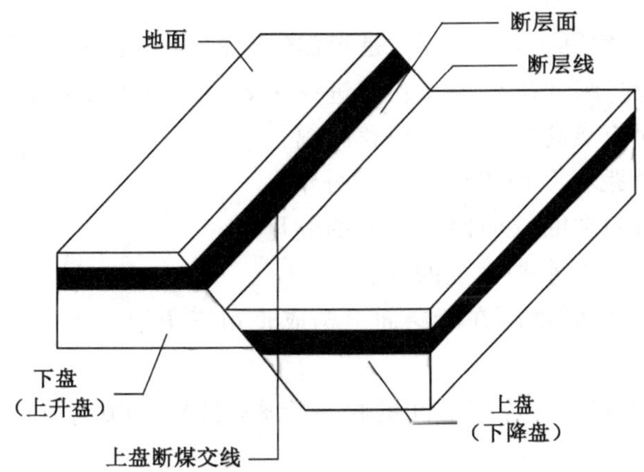

图 3-22　断层要素示意图

1. 断层面

断层面是将岩体断开，被断岩块沿着它滑动的破裂面，是一种面状构造。它在局部地段可以是平面，但在较大范围内，通常是不规则的曲面。和岩层产状一样，断层面的产状也用走向、倾向和倾角来表示。规模较大的断层面常是由一系列断裂面和次级破裂面组成的断层破碎带，带内充填着大小不等、成分复杂的岩石碎块。

2. 断层线

断层线是断层面与地面的交线，它是断层面在地表的出露线。和岩层的露头线一样，断层线的形态受地形、断层面产状及二者相互关系的影响，遵循"V"字形法则。因此，在大比例尺地质图上，可用"V"字形法则确定断层面的产状。

3. 断盘

断盘是在断层面两侧并沿断层面发生明显位移的岩块。若断层面是倾斜的，则位于断层面上部的一盘称为断层的上盘，位于断层面下部的一盘称为断层的下盘。若断层面是直立的，则可以按照断盘相对于断层线的方位来描述，如北东盘、南西盘、东盘、西盘等。根据断层两盘的相对运动方向，将相对上升的一盘叫作上升盘，相对下降的一盘叫作下降盘。

4. 断层交面线

断层交面线是断层面与岩层面的交线，由于岩层被断层错断，断层交面线在断层两盘各有一条，分别称为上盘断层交面线和下盘断层交面线。在煤矿生产中，一般作煤层底面与断层面的交线，分别称为上盘断煤交线和下盘断煤交线。

5. 位移

断层两盘的相对运动可分为直移运动和旋转运动。在直移运动中，两盘做相对平直的滑动而无旋转，运动前平行的直线，运动后仍然平行；在旋转运动中，两盘以断层面的某条法线为轴做旋转运动，运动前平行的直线运动后不再平行。多数断层常兼有两种运动。

断层位移的大小和方向，在理论和生产实践上都具有重要意义，因此在断层研究中应注意测定位移。断层位移的测定是一个复杂的问题，它受多种因素影响，人们从不同的角度提出了各种不同的位移划分方案和繁多的术语。下面介绍一些比较通用的术语。

(1) 滑距

滑距是指断层两盘实际的位移距离，是根据错动前的一点，错动后分成两个对应点之间的实际距离确定出来的[图 3-23(a)]。它可进一步划分为以下 4 种类型。

a. 总滑距：两个对应点之间的真正位移距离。

b. 走向滑距：总滑距在断面走向线上的分量。

c. 倾斜滑距：总滑距在断层面倾斜线上的分量。

d. 水平滑距：总滑距在水平面上的投影。

总滑距、走向滑距、倾斜滑距在断层面上构成直角三角形关系。

(2) 断距

断距是指断层两盘同一对应层之间的相对距离[图 3-23(b)]。它可进一步划分为以下 3 种类型。

a. 地层断距：断层两盘同一对应层之间的垂直距离(ho)；

b. 铅直地层断距：断层两盘同一对应层之间的铅直距离(hg)；

c. 水平地层断距：；断层两盘同一对应层之间的水平距离(hf)。

在以上 3 种断距中，铅直地层断距在任何方向的剖面上均不变，为一个恒定值。并且上

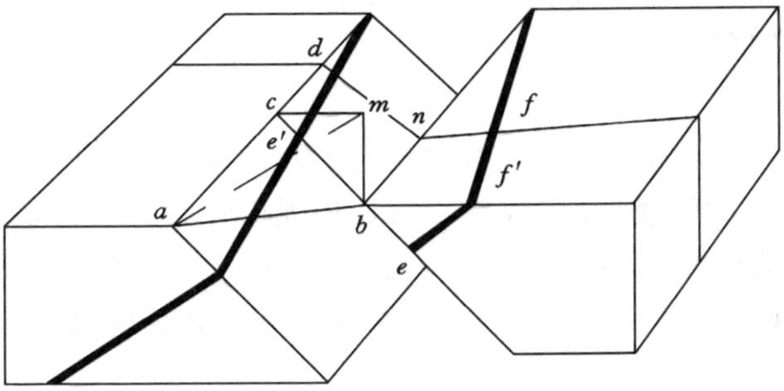

(a) 断层位移立体图

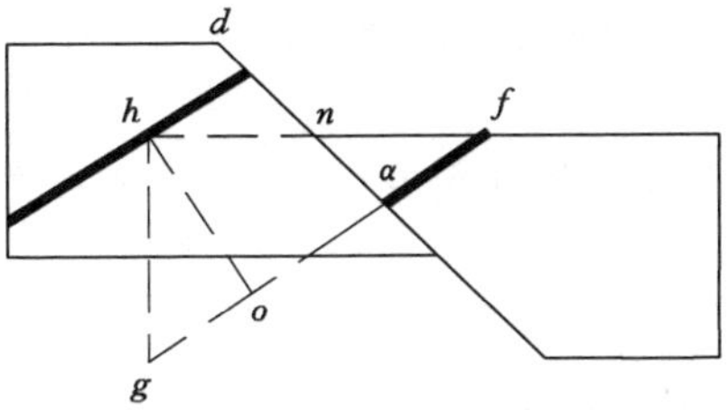

(b) 垂直于被错岩层走向的剖面

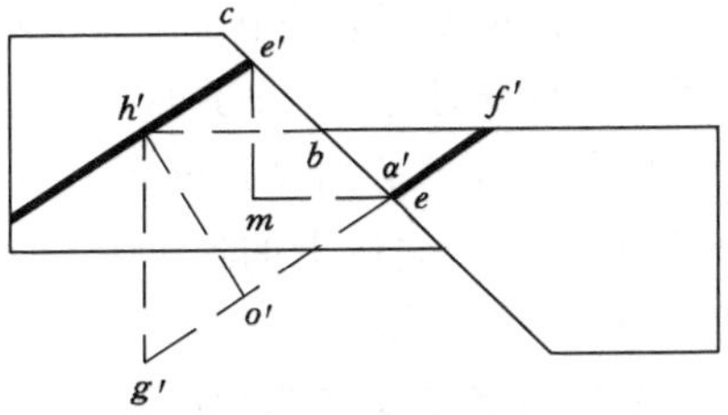

(c) 垂直于断层走向的剖面

ab—总滑距;ac—走向滑距;cb—倾斜滑距;am—水平滑距;ho—地层断距;$hg(h'g')$—铅直地层断距;hf—水平地层断距;$h'o'$—视地层断距;$h'f'$—视水平地层断距;$e'm$—落差;em—平错;α—地层倾角;α'—地层视倾角。

图 3-23 断层位移示意图

述 3 种断距构成直角三角形关系,满足式(3-1)的三角函数关系式。

$$ho = hg\cos\alpha, ho = hf\sin\alpha, hf = hg\cot\alpha \tag{3-1}$$

如已知岩层倾角和上述 3 种断距中的任意一种断距,即可求出其他两种断距。

由式(3-1)可以看出,上述 3 种断距可在垂直于地层走向的剖面上直接量取。若在不垂直于地层走向的剖面量取,地层断距与水平地层断距比实际值大。因此,在垂直于地层走向剖面量取的地层断距和水平地层断距才是真正的地层断距和水平地层断距,其他方向剖面量取的地层断距和水平地层断距称为视地层断距和视水平地层断距。

(3) 落差

在垂直于断层走向的剖面上,断层两盘对应层与断层面各有一个交点,两个交点的标高差称为落差,两点的水平距离称为平错[图 3-23(c)]。

(二) 断层分类

断层分类是一个涉及地质背景、运动方式、力学机制和各种几何关系等较多因素的问题,因此,有各种不同的断层分类方法。下面介绍目前常用的分类。

1. 按照断层两盘相对运动分类

按照断层两盘的相对运动,可将断层分为以下 3 类。

(1) 正断层

正断层是断层上盘相对下盘沿断层面向下滑动的断层[图 3-24(a)]。

正断层产状一般较陡,倾角大多在 45°以上,而以 60°左右者较为常见。不过近年来的研究发现,一些正断层的倾角也很低缓,尤其是一些大型正断层,往往向下变缓,总体呈铲状或犁式。正断层带内岩石破碎相对不太强烈，角砾岩多带棱角，断层带内通常没有强烈挤压形成的复杂小褶皱现象。

（2）逆断层

逆断层是断层的上盘相对下盘沿断层面向上滑动的断层[图 3-24(b)]。

逆断层的产状一般较缓，大多数在 45°以下，逆断层带内岩石破碎相对强烈，断层带内常常有强烈挤压形成的复杂小褶皱现象。大多数逆断层的断层面无论沿走向和倾向都常呈舒缓波状，特别是规模较大的逆冲断层和推覆构造表现尤为明显。大多数逆断层的断层线弯曲程度较大。

根据断层倾角大小而分为高角度逆断层和低角度逆断层。高角度逆断层的倾角大于45°，常常在正断层发育区产出。因此，有些学者将高角度逆断层与正断层统一归属于高角度断层。倾角小于 45°的逆断层称为低角度逆断层。

位移很大的低角度逆断层称为逆冲断层；倾角一般在 30°左右或更小，位移一般在数千米（通常指 5 km）以上的逆冲断层称为逆冲推覆构造。

（3）平移断层

平移断层是断层两盘沿断层面走向相对滑动的断层[图 3-24(c)]。

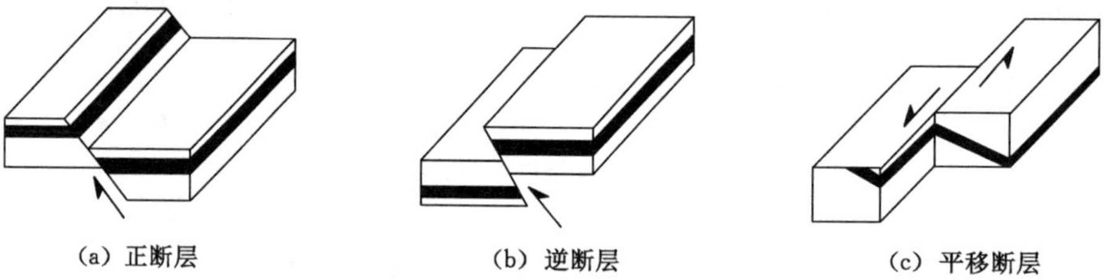

图 3-24　按断层两盘相对位移划分的断层类型

根据两盘的相对滑动方向，又可进一步命名为右行平移断层和左行平移断层。所谓右行或左行，是指沿垂直断层走向观察断层时，对盘向右滑动称为右行，向左滑动称为左行。平移断层一般陡峻而直立，大型平移断层常常表现为有强烈的破碎带、密集剪裂带、角砾岩化带及超碎裂岩带，规模巨大的平移断层常称为走向滑动断层（或称走滑断层）。

断层两盘往往不是完全沿断层面倾斜滑动或沿走向滑动，而是呈斜交走向滑动，于是断层常兼具倾向滑动和走向滑动。这类断层一般采用组合命名，称为平移逆断层、逆平移断层、平移正断层和正平移断层（图 3-25）。根据习惯，组合命名中的后者表示主要运动分量。

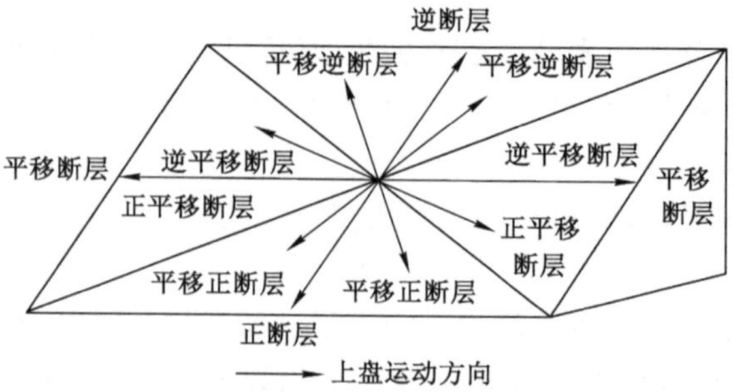

图 3-25　按断层两盘相对运动的分类示意图

2. 据断层与有关构造的几何关系分类

(1) 按照断层走向与岩层走向的关系分类

按照断层走向与岩层走向的关系，断层可分为以下 4 类(图 3-26)。

① 走向断层：断层走向与岩层走向基本一致的断层。

② 倾向断层：断层走向与岩层走向基本直交的断层。

③ 斜向断层：断层走向与岩层走向斜交的断层。

④ 顺层断层：断层面与岩层层理等原生地质界面基本一致的断层。

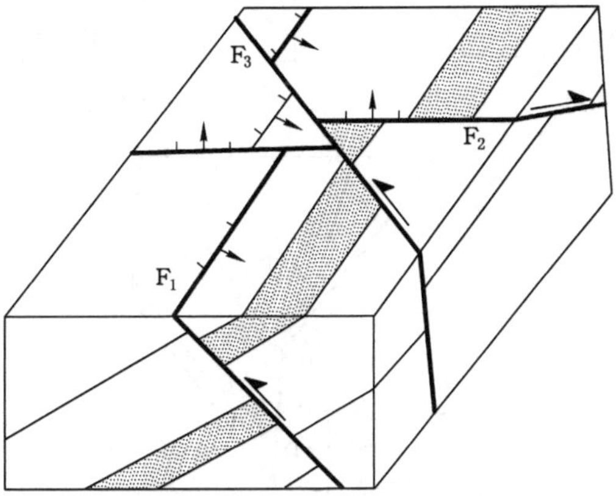

F_1—走向断层；F_2—倾向断层；F_3—斜向断层。

图 3-26　按断层走向与岩层走向的关系分类示意图

(2) 按照断层走向与褶皱轴向的几何关系分类

按照断层走向与褶皱轴向或区域构造线之间的几何关系，断层可分为下列 3 种类型(图 3-27)。

① 纵断层：断层走向与褶皱轴向一致或断层走向与区域构造线基本一致的断层。

② 横断层：断层走向与褶皱轴向基本直交或断层走向与区域构造线基本直交的断层。

③ 斜断层：断层走向与褶皱轴向斜交或断层走向与区域构造线斜交的断层。

(三) 断层的组合类型

1. 正断层组合类型

正断层可以孤立地出现，但更多的是若干断层组合在一起，以一定的组合形式出现。按照断层在平面和剖面上的排列组合形式，主要分为以下 5 种。

(1) 阶梯状断层

由若干产状基本一致的正断层组成，各断层的上盘依次朝同一方向断落，在剖面上构成阶梯状的断层组合形态，叫作阶梯状断层[图 3-28(a)]。

在区域性抬斜过程中，阶梯状断层的断盘常沿弧形断裂面发生一定的旋转而构成阶梯状抬斜断块，在地形上表现为单面山或山谷间列的景观[图 3-28(b)]。一些在地质历史中发育的阶梯状抬斜断块反映在断陷沉积上为一系列平行的箕状构造。箕状构造在我国东部、新生代盆地中十分发育。

(2) 地堑

地堑主要由两条走向基本一致、相向倾斜的正断层构成，两条断层之间有一个共同的下

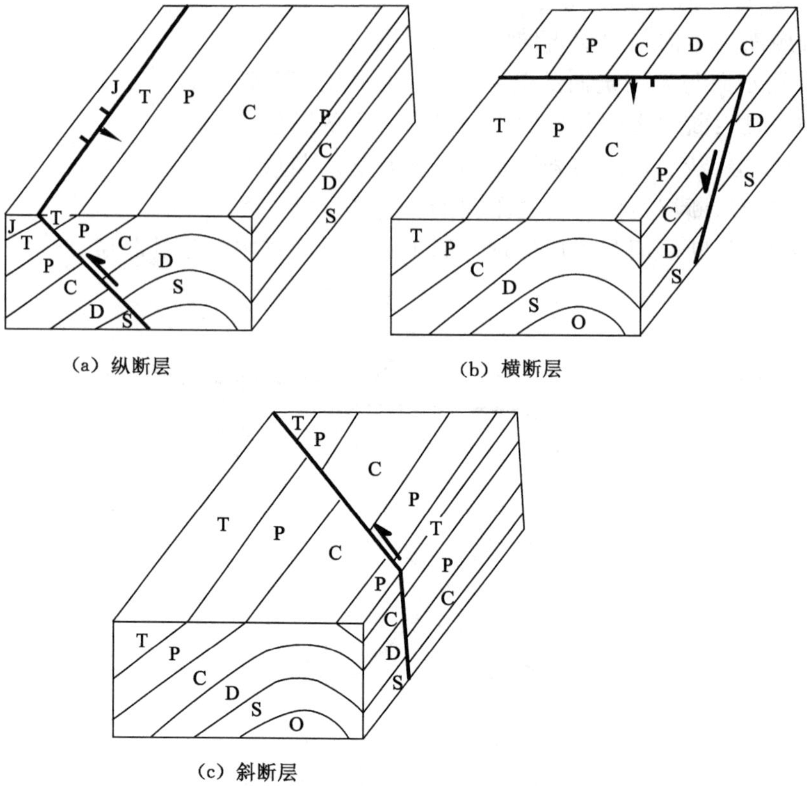

(a) 纵断层　　(b) 横断层

(c) 斜断层

图 3-27　按断层走向与褶皱轴向的关系分类示意图

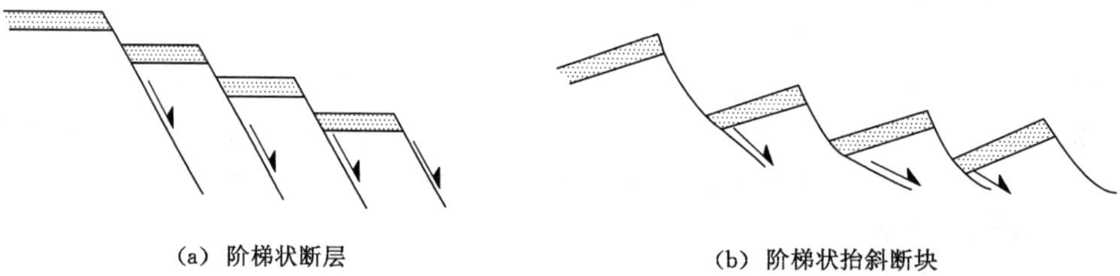

(a) 阶梯状断层　　(b) 阶梯状抬斜断块

图 3-28　阶梯状断层和抬斜断块

降盘。构成大中型地堑边界的正断层往往不只是一条单一的断层，而是由数条产状相似的正断层组成一个同向倾斜的阶梯式断层系列[图 3-29(a)]。

(3) 地垒

地垒则主要由两条走向基本一致、倾斜方向相反的正断层构成，两条正断层之间有一个共同的上升盘。组成地垒两侧的正断层可以单条产出，也可由数条产状相似的正断层组成，形成两个依次向两侧断落的阶梯状断层带[图 3-29(b)]。

(4) 环状断层和放射状断层

若干个弧形或半环状断层围绕一个中心呈同心状排列，便构成环状断层；若干条断层自一个中心呈辐射状向外发散排列，即构成放射状断层。环状断层和放射状断层常见于盐丘

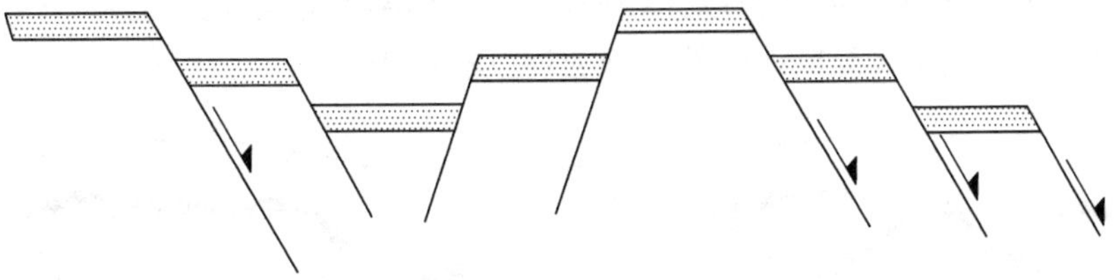

图 3-29 地堑与地垒示意图

造成的穹隆构造周围,也可能出现在火山口、岩浆底壁构造等处。

(5) 雁列式断层

若干条近于平行的正断层呈斜向错列展布,即可构成雁列式断层。雁列式断层带的走向与其排列的总体方向呈 30°~45°斜交(图 3-30)。

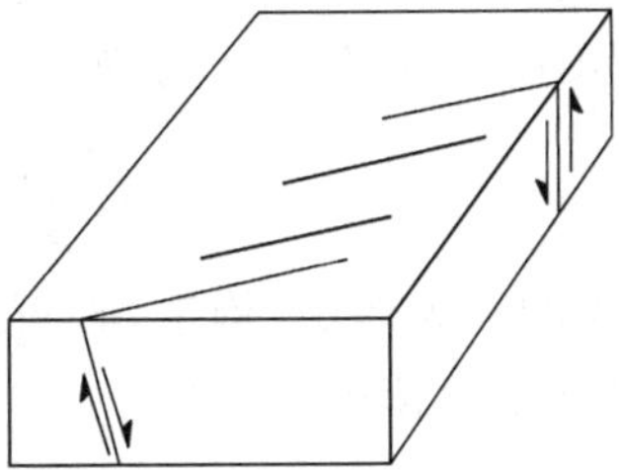

图 3-30 雁列式断层示意图

2. 逆断层组合类型

逆断层与正断层一样,可以孤立地出现,但更多的是若干断层组合在一起,以一定的组合形式出现。按照断层在平面和剖面上的排列组合形式,主要分为如下 3 种。

(1) 叠瓦式逆冲断层

叠瓦式逆冲断层是逆冲断层的最主要组合形式,主要由一系列产状相近的逆冲断层的上盘依次向上逆冲,剖面上呈叠瓦式(图 3-31)。叠瓦式逆冲断层常常表现为上陡下缓、凹向上方的弧形,各条断层向下常汇拢成一条主干断层,总体呈帚状。

图 3-31 叠瓦式逆冲断层示意图

(2) 对冲式逆断层

对冲式逆断层由两条倾向相背,相对逆冲的逆断层组成[图 3-32(a)]。小型对冲式逆断层常与背斜构造伴生;大型对冲式逆断层产出于坳陷带边缘,自两侧隆起,分别向坳陷带内逆冲。

(3) 背冲式逆断层

背冲式逆冲断层由两条或两组倾向相向的逆冲断层组成，表现为自一个中心分别朝两个相反方向逆冲，一般自背斜核部向外撒开逆冲[图 3-32(b)]。

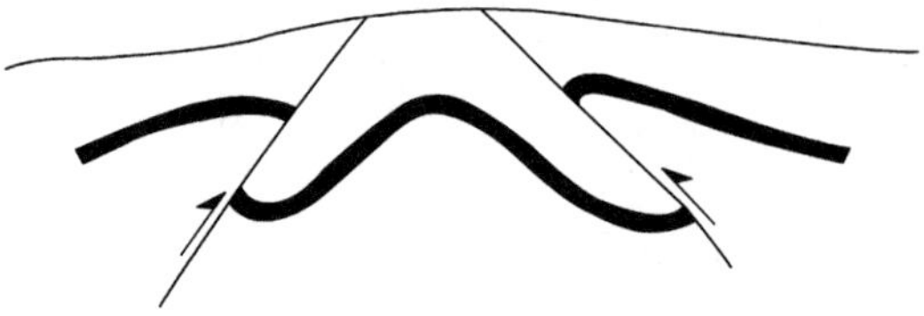

(a) 对冲式逆断层

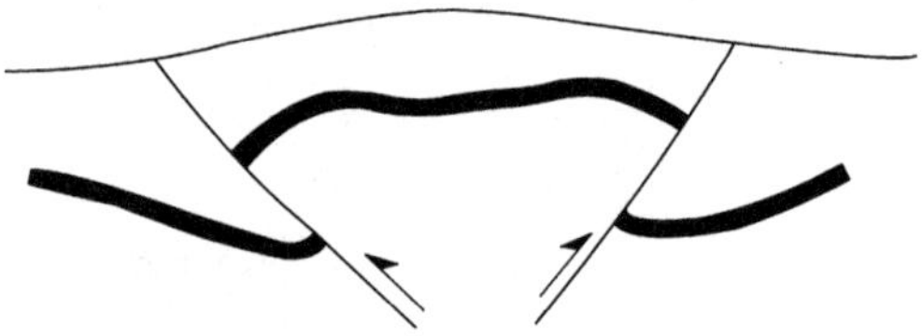

(b) 背冲式逆断层

图 3-32　对冲式和背冲式逆断层示意图

（四）断层的观察与研究

断层构造广泛发育于不同的构造环境中，其类型很多，形成机制各异，大小差别很大，因此，研究的内容、方法和手段各不相同。尽管如此，野外识别和观测一直是研究断层的基础。断层观察与研究内容包括断层的识别、断层面产状的确定、断层两盘运动方向的确定、断层活动时间的确定等。

1. 断层的识别

断层活动的特征会在产出地段的有关地层、构造、岩石及地貌等方面反映出来，即所谓的断层识别标志，它们是识别断层的主要依据。

(1) 地貌标志

断层活动及其存在常常在地貌上有明显的表现。这些表现是识别断层的直观标志，它们为观察和确定断层提供了重要线索。现主要介绍以下几种地貌标志：

① 断层崖。随着断层两盘的差异性升降运动，上升盘的断层面常常在地貌上形成陡立的峭壁，称为断层崖(图 3-33)。

② 断层三角面。断层崖受到与崖面垂直方向的水流侵蚀切割，形成沿断层走向分布的一系列三角形陡崖，这种三角形陡崖即断层三角面(图 3-33)。

图 3-33　断层崖三角面照片(昆仑断裂断层崖及三角面；据丁林，2006)

③ 错断的山脊。有些山脉在延展方向各山脊发生错开，叫作错断山脊。这是横切或斜切山脊的断层两盘相对运动的结果。

④ 山岭与平原的突变。有的山脉在延伸方向突然中断，被山前平原所代替，形成山岭

和平原的突变。山岭和平原的分界线往往是一条较大的断裂(图 3-33)。

⑤ 串珠状的湖泊和洼地。因断层活动引起断陷而形成的湖泊和洼地,常呈串珠状分布。

⑥ 泉水的带状分布。它也是断层存在的标志,沿现代活动断层还会分布一系列温泉。

⑦ 水系特点。断层的存在往往影响水系的发育,河流遇断层有可能急剧转向,甚至河谷被错断。

(2) 构造标志

断层活动总是形成和留下许多构造现象,这些现象是判别断层可能存在的重要标志:

① 构造中断。断层活动可以造成构造线的不连续现象,主要表现为走向、倾向或斜向断层切割地层或早期形成的断层。这种现象既可表现在平面或剖面上,也可以在平面和剖面上同时表现出来(图 3-26 至图 3-27)。

② 构造强化。断层活动引起的构造强化现象是断层存在的重要依据。包括岩层产状的急剧突变,节理化和劈理化带的突然出现,小褶皱的急剧增加,岩石挤压破碎和各种擦痕等。构造透镜体也是断层作用引起构造强化的一种表现。

③ 复杂小褶皱。随着断层活动,在断层带或断层两侧常发育一系列复杂紧闭的等斜小褶皱或揉皱。这些小褶皱或揉皱有的仅发育于断层一侧,有的虽然在两侧都有发育,但均终止于断层。小褶皱的轴面与断层面斜交,所交锐角一般指示对盘运动方向。

(3) 地层标志

一套顺序排列的地层,由于受到走向断层的影响,常常造成两盘地层的缺失和重复。缺失是指地层序列中的一层或数层在地面上断失的现象;重复是原来顺序排列的地层部分或全部重复出现。由于断层的性质、断层与岩层的倾向和倾角不同,可以造成 6 种重复和缺失情况(表 3-2 和图 3-34)。

表 3-2 走向断层造成的地层重复与缺失统计表

断层性质	断层产状与地层产状的关系		
	倾向相反	倾向相同	
		断层倾角大于地层倾角	断层倾角小于地层倾角
正断层	重复[图 3-34(a)]	缺失[图 3-34(b)]	重复[图 3-34(c)]
逆断层	缺失[图 3-34(d)]	重复[图 3-34(e)]	缺失[图 3-34(f)]
断层两盘相对动向	下降盘出现新地层	下降盘出现新地层	上升盘出现新地层

(4) 岩浆活动和矿化作用标志

大断层尤其是切割很深的大断裂,常常是岩浆和热液运移的通道与储聚场所。矿化带、热液蚀变带等沿一条线断续分布,常常指示有大断层或断裂带的存在;一些放射状或环状岩墙也指示放射状断裂或环状断裂的存在。

(5) 岩相和厚度标志

如果一个地区的沉积岩相和厚度沿一条线发生急剧变化,可能是断层活动的结果。断层引起岩相和厚度的变化有两种情况:一种是控制沉积盆地和沉积作用的同沉积断层活动,它会引起两盘沉积环境发生明显变化,岩相和厚度因而发生显著差异;另一种是断层的远距

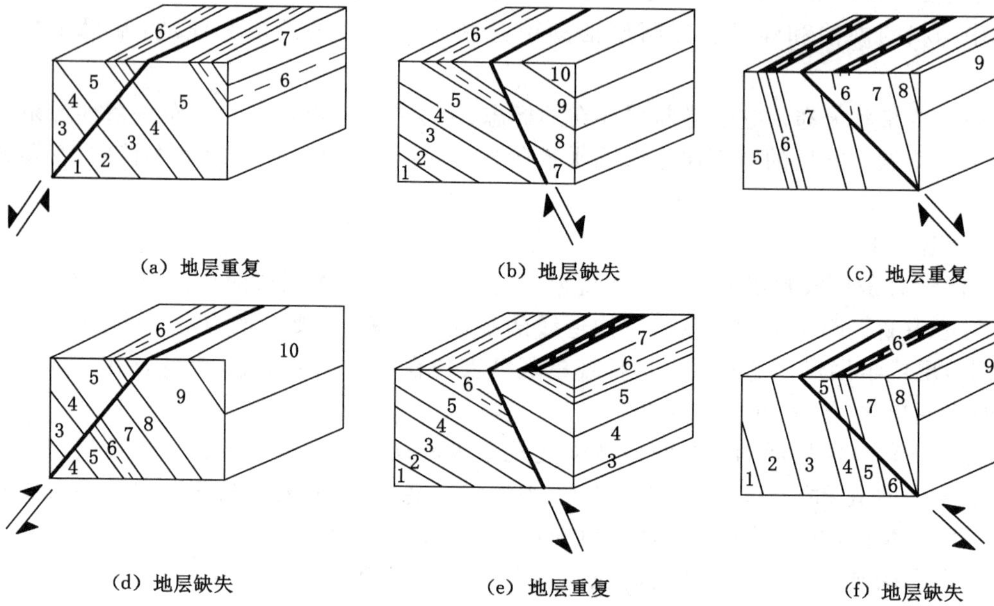

(a) 地层重复　(b) 地层缺失　(c) 地层重复

(d) 地层缺失　(e) 地层重复　(f) 地层缺失

图 3-34　走向断层造成的地层重复与缺失示意图

离推移，使相差很大的岩相带直接接触。

2. 断层面产状的测定

断层面产状是决定断层性质的重要因素，在观察和研究断层时，应尽可能测量其产状。

对于出露于地表的断层，可以直接用罗盘测量其产状；断层面比较平直、地形切割强烈且断层线出露良好的断层，可以根据断层线的“V”字形来判定断层面产状；隐伏断层的产状主要根据钻孔资料，用三点法求出。

断层伴生和派生的小构造也有助于判定断层的产状。如断层伴生的节理带和劈理带，一般与断层面一致；断层派生的同斜紧闭褶皱带、片理化断层岩的面理、定向排列的构造透镜体带等，常与断层面呈小角度相交。这些小构造变形越强烈、越压紧，说明它与断层面越接近。但这些小构造的产状容易发生变化，应经过大量测量并进行统计分析，以确定其代表性的产状并加以利用。

在确定断层面产状时，要充分考虑断层产状沿走向和倾向可能发生的变化。例如，许多断层尤其是逆断层的断层面，常呈波状起伏或台阶式；各套岩系的岩性差异、不同深度物理条件的影响和多期变形等，也都影响断层产状及其产状变化；区域性逆断层和一些正断层常表现为上陡下缓的犁式。

3. 断层两盘相对运动方向的确定

断层运动是复杂的，一定规模的断层常常经历了多次脉冲式滑动，断层在一定阶段的活动性质又常具有相对稳定性，并在断层面或其两盘留下一定的痕迹，如擦痕等。这些遗迹或伴生构造是分析判断断层两盘相对运动方向的主要依据。

(1) 两盘地层的新老关系

两盘地层的新老关系是判断断层相对运动的重要依据。对于走向断层，当地层层序正常时，老地层出露盘常为上升盘；当地层发生倒转，或断层面倾向与地层倾向相同，倾角小于岩层倾角时，老地层出露盘是下降盘。

对于横切或斜切褶皱的断层，两盘核部地层出露宽度发生变化，上升盘的背斜核部变宽，向斜的核部变窄；反之，下降盘的背斜核部变窄，向斜的核部变宽(图 3-35)。

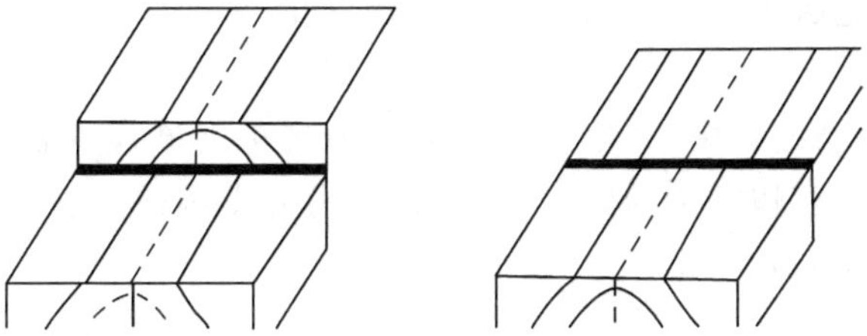

图 3-35　横断层切割直立褶曲(背斜)

(2) 牵引褶曲

断层两盘紧邻断层面的岩层常常发生明显的弧形弯曲，叫作牵引褶曲，它是两盘相对错动对岩层拖拽的结果。牵引褶曲弧形弯曲的突出方向指示本盘运动方向(图 3-36)。

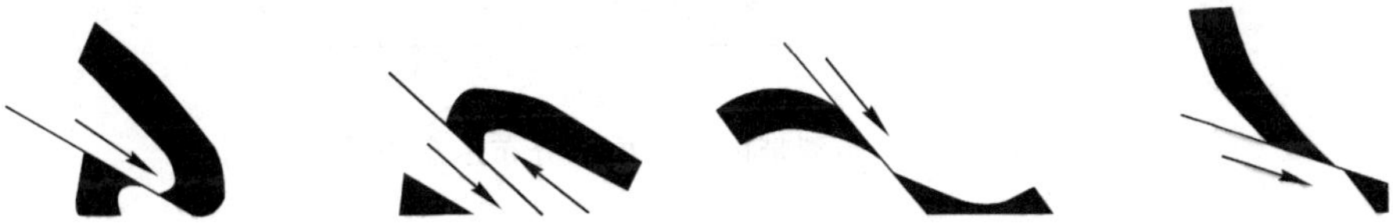

图 3-36　断层带中牵引褶曲及其指示两盘滑动方向

在水平岩层或缓倾斜岩层中的正断层下降盘，还可发育一种逆(或反)牵引褶曲，多以背斜形式出现，岩层弧形弯曲突出方向指示对盘的运动方向(图 3-37)。逆牵引褶曲的产生是由于正断层面是一个上凹的曲面，断层上盘沿断层面下滑时，因向下断层面倾角变小而在上部出现裂口。为弥合这个空间，上盘下降的拖力使岩层弯曲，其弯曲的方向与正牵引构造刚好相反，从而形成逆(或反)牵引构造。如果这种逆(或反)牵引构造发生在脆性岩层中，常使岩层破裂而形成反向断层。

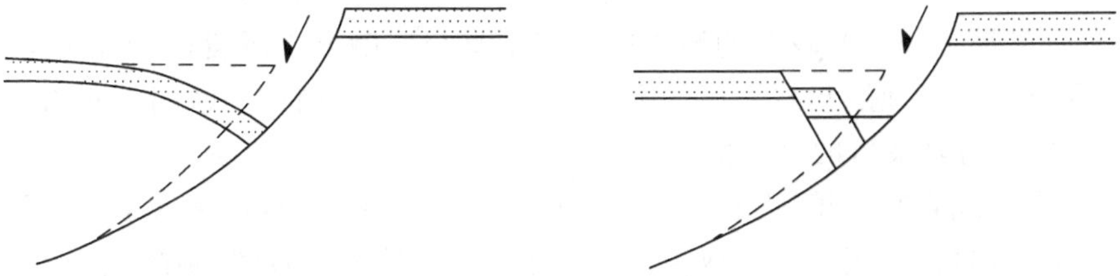

(a) 逆牵引构造　　(b) 反向断层

图 3-37　逆牵引构造和反向断层

(3) 擦痕和阶步

擦痕和阶步是断层两盘相对错动时，在断层面上留下的痕迹。擦痕表现为一组比较均匀的平行细纹，是两盘岩石及被磨碎的岩屑和岩粉在断层面上刻划的结果；阶步则表现为一组与擦痕大致垂直的阶块。在硬而脆的岩石中，擦痕面常被磨光，有时附有铁质、硅质等薄膜，以至形成光滑如镜的面，称为摩擦镜面。

擦痕和阶步均能指示断层两盘的运动方向。擦痕表现为一端粗而深、一端细而浅的“丁”字形，其由粗到细、由宽到窄的方向指示对盘运动方向。阶步的陡坎一般面向对盘的运动方向，但有时阶步的陡坎指示本盘运动方向，称为反阶步。

(4) 分支构造

在断层两盘相对运动过程中，派生出的局部应力场可在断层一盘或两盘的岩石中产生羽状排列的张节理、剪节理和复杂的紧闭小褶皱，称为分支构造。这些派生的节理和小褶皱轴面与主断层斜交(图 3-38)。

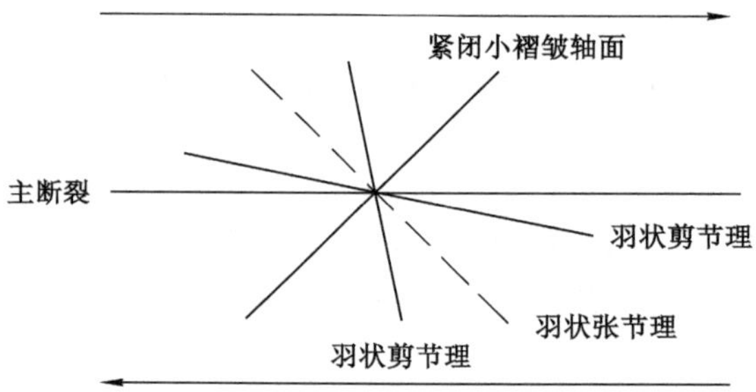

图 3-38　断裂带内分支构造分布示意图

羽状张节理与主断层常呈 45°相交，其锐角指示节理所在盘的运动方向。羽状剪节理有两组，一组与主断层呈大角度相交，另一组呈小角度相交，交角一般在 15°左右，后者锐角角顶指示本盘运动方向。复杂的紧闭小褶皱轴面与主断层常呈小角度相交，其所交锐角角顶指示对盘运动方向。

4. 断层活动时间的确定

断层活动的时间主要依据断层与地层、岩浆岩及褶皱的关系进行确定。

(1) 利用断层与地层的关系

断层一般是在一定构造运动中形成的，对于这些在一次构造运动中形成的断层，可以利用断层与同期变形的地层和褶皱等相互关系来确定其形成时期。若一条断层切割一套较老的地层，而其上又被另外一套较新的地层以角度不整合接触方式所覆盖，则该断层形成的时间在不整合面下伏最新地层形成之后与上覆最老地层形成之前这一时间区间内。

(2) 利用断层与岩浆岩的交切关系

若断层被岩墙或岩脉充填，而且岩墙或岩脉有错断迹象，则岩体侵入于断层形成或活动时期；若断层被岩体切断，则断层形成于岩体之前；若断层切断岩体，则断层活动晚于岩体。可利用放射性同位素法测定岩体时代，从而确定出断层的形成时代或活动时代。

(3) 利用断层与褶皱的几何关系

如果断层与被其切断的褶皱呈有规律的几何关系，很可能二者是在同一次构造运动中形成的。查明这次构造作用的时期，也就确定了断层的形成时期。

断层一般形成于某一构造运动时期，也可与某一沉积盆地的沉积作用同时活动，而重力滑动断层则可在地质发展的任一阶段形成和发育。因此，在讨论断层形成和发育时，应对具体断层进行具体分析。

【知识拓展】

地质构造的规模有大有小，大到成百至数千千米乃至全球规模，小的则表现在一定范围的露头或手标本上，更小的甚至需要借助显微镜才能观察到。因此，对地质构造的观察研究，可以按照规模大小，划分为巨、大、中、小、微以至超显微等级别，称为构造尺度。不同尺度的地质构造各有其不同的研究任务和研究方法。在煤田地质勘探、煤矿生产过程中，通常采用野外地质调查、矿井地质编录、物探等多种技术手段，对煤田、井田范围内发育的中、小尺度地质构造的形态、产状、分布和组合关系等进行综合分析与研究。然而一些重大地质灾害（如地震、火山、山崩、滑坡、泥石流等）的发生，也与巨、大尺度地质构造密切相关。因此，可查阅相关地理书籍了解学习有关大尺度地质构造相关知识，为后期进行野外地质调查奠定基础。

【知识点拨】

本章主要知识点包括：

① 岩层产状的要素、测定方法及在地质图上的表现；

② 褶皱构造基本形态、分类及特点以及褶皱对煤矿生产的影响；

③ 节理的分类及特点；

④ 断层的要素与分类、存在的标志以及寻找断失煤层的方法。

第四章　煤地质学基础

本章导读：煤不仅是一种主要的能源，而且是冶金、化学等工业极其重要的原料。为合理地开发煤炭资源，矿业工程技术人员有必要了解和掌握有关煤与含煤岩系的基本知识，如成煤作用、煤种、煤质、煤层厚度及其稳定性，顶板、底板、标志层岩性以及煤在地下的赋存情况等。通过本章学习应该了解成煤条件及过程、煤的性质及分类、煤层结构及顶底板岩层分类、煤岩系概念及其特征、含煤岩系特征与成煤环境的关系、煤田及聚煤区划分等内容。本章重点是成煤条件、煤层厚度分类及顶底板分类；含煤岩系概念及其特征。难点是含煤岩系特征与成煤环境的关系。

第一节　煤

一、煤的形成及其条件和过程

（一）煤的形成

虽然人们早已发现了煤是一种可以燃烧的“石头”，但有关煤是由什么物质转变而成的，并不很清楚。随着生产和科学技术的发展，人们逐渐认识了这个问题。首先，在掘进和回采过程中，人们在煤层及其顶底板的岩石中，找到了保存良好的植物茎叶化石，有时在煤层底板泥岩、页岩中见到直立的煤化树干。另外，把煤磨成很薄的透明薄片，在显微镜下观察，可以看到煤中保留大量的植物组织碎片，如木质细胞组织、角质层及孢子花粉等。所有这些都充分证实了煤是由植物遗体转变而来的。

由上可知，成煤的原始物质是植物。而植物可分为高等植物和低等植物两大类。低等植物的最大特点是没有根、茎、叶等器官的分化，如菌类、藻类，其多数生长在水中。高等植物的最大特点是有根、茎、叶等器官的分化，主要包括苔藓植物、蕨类植物、裸子植物和被子植物。这些植物除苔藓外，常能形成高大的乔木，具有粗壮的茎和根。无论是高等植物还是低等植物，它们都能转变成煤，但自然界大多数具有工业价值的煤层都是由高等植物转变而成的。把由高等植物转变成的煤叫作腐植煤；由低等植物转变成的煤叫作腐泥煤。

（二）煤的形成条件

自然界煤的分布无论是从时间上，还是从空间上，都是极不均衡的。在漫长的地史长河中，也只有短暂的几个地质时期形成了有经济价值的煤，而其他地质时期则没有出现具有经济价值的煤，有的地质时期甚至没有成煤作用发生。即使在同一地质时期，有的地区发生了成煤作用，有的地区则没有发生；有的地区形成的煤层厚，有的地区形成的煤层薄。由此可见，成煤作用的发生是受某些条件控制的，主要归纳为植物条件、气候条件、自然地理条件和地壳运动条件。

1. 植物条件

煤是由植物遗体转化而来的，因此植物是成煤的原始物质，是成煤的物质基础。没有大量植物尤其是高等植物的生长和繁盛，就不可能形成具有经济价值的煤。

形成的原始植物以陆生高等植物为主，低等植物菌藻类次之。高等植物是苔藓植物、蕨类植物、种子植物3个大类的总称。高等植物是指物体一般有根、茎、叶的分化，有中柱，生殖器官是多细胞的，合子发育成新植物体会经过胚的阶段。低等植物是指藻类和地衣植物。低等植物与高等植物的区别在于，高等植物有胚的结构，而低等植物在发育过程中不出现胚。

在地球发展的46亿年的历史中，我国有三大植物繁盛期，即石炭-二叠纪的孢子植物、三叠-侏罗纪的裸子植物、古近纪的被子植物。因此，上述3个时期也是我国的三大成煤期。

2. 气候条件

气候直接影响植物的生长和分解，只有在温暖、潮湿的气候条件下，植物才能大量生长繁殖。同时，植物遗体也只有在积水的沼泽等地带，才能免遭完全氧化分解，逐渐堆积起来。而沼泽的发育也要求潮湿的气候。因此，温暖、潮湿的气候是形成煤的重要条件。目前倾向于认为湿度是最重要的。只要有足够的湿度，无论在热带、亚热带还是在温带、寒带，都可以发育泥炭沼泽并形成泥炭层。但相比之下，温暖、潮湿的气候最有利于煤的形成。

3. 自然地理条件

地理条件指的是成煤场所。地史上有相当多的植物死亡后，因没有有利的堆积场所而被氧化分解。因此，要形成分布面积较广的煤层，还必须有适于发生大面积沼泽化的自然地理场所。

沼泽形成方式主要有两种：一种是内陆低洼地带和沿海低平地带（由于水流停滞或地壳下降等原因，积水形成）；另一种是内陆湖泊及潟湖、海湾等水体，由于沉积速度超过地壳下降速度而逐渐淤积，使水体变浅而形成。

4. 地壳运动条件

不同地史时期的构造运动具有自身的运动特点，它对聚煤作用具有直接的影响，不仅影响聚煤盆地形态、聚煤中心和富煤带的展布与迁移，而且奠定了大型聚煤区的分布，控制海水进退及生物群的迁移。

若某个地区地壳缓慢下降的速度与沉积速度基本一致，则原有沼泽环境基本保持长期不变，这也是形成一定厚度泥岩堆积的必要条件。地壳运动对成煤的影响主要表现在以下3个方面。

① 地壳运动对沼泽形成和长期保持起到控制作用。沼泽的形成、演化、分布范围、面积等均受地壳运动条件的影响。

② 当地壳沉降速度与植物遗体堆积速度近似一致时，有利于沼泽的长期稳定，从而既有利于植物的生长和遗体的堆积，又有利于泥炭的形成和保存，即有利于煤的形成。如果地壳下降速度小于泥炭堆积速度，由于沼泽中泥炭的堆积，沼泽变浅或消失，形成薄煤层；反之，若地壳下降速度大于泥炭堆积速度，则沼泽环境会演化成湖泊等深水环境，湖泊等深水沉积物会形成煤层中的夹矸或顶板。

③ 在地壳运动总的下降过程中，若有小幅度的振荡运动或间歇性下降，就能出现多煤层沉积。

总之，在地质历史时期，当某个地区具备上述 4 个条件，且彼此配合较好、持续时间较长时，就能形成煤层多、厚度大、储量丰富的煤田。

（三）煤的形成过程

煤是植物遗体经过复杂的生物化学作用和物理化学作用转变而成的。从植物死亡、堆积到转变成煤，经过了一系列的演变过程，这个过程称为成煤作用。成煤作用根据时间、影响因素及结果，大致分为两个阶段：第一阶段是泥炭化及腐泥化作用阶段，第二阶段是煤化作用阶段。其中，第一阶段起主导作用的是生物化学作用，并形成泥炭或腐泥；第二阶段起主导作用的是物理化学作用，并形成各种煤。

1. 泥炭化及腐泥化作用阶段

（1）泥炭化作用阶段

高等植物遗体，在泥炭沼泽中经受复杂的生物化学和物理化学变化，转变成泥炭的过程称为泥炭化作用。

沼泽是常年积水的洼地。在内陆，湖泊、河流由于冲击、淤积而发生沼泽化，如我国川西北的若尔盖地区就是一望无际的现代草木泥炭沼泽；在近海地区，海水容易入侵，海退后随着漫长的时间推移，形成了广阔的沼泽，如我国海南三亚、福建南部沿海、广西和台湾沿海，就有大片的生长在风平浪静、淤泥深厚海滩沼泽上的红树林。在沼泽这种特殊的环境中，一方面因雨量充沛，温暖湿润，有利于植物尤其是高等植物的繁茂；另一方面因有不太深的积水，植物死亡后的遗体沉入水底，被水覆盖得以保存不被氧化，为成煤提供了原始物质。

当生长在沼泽中的高等植物死亡之后，其遗体首先堆积在沼泽水体的浅部。由于受到大气中氧的影响，并在喜氧细菌的作用下，植物有机组成（主要为木质素、纤维素等）中的局部遭受一定程度的氧化分解和水解，一部分被彻底破坏，变为气体和液体；另一部分转化为简单的化学性质活泼的化合物。随着沼泽覆水程度的增强及植物遗体的不断堆积加厚，已部分遭受分解的植物遗体转入沼泽深部，逐渐与空气中的氧隔绝，在厌氧细菌的作用下，其植物遗体中的分解产物之间，以及分解产物与未分解的物质相互合成和作用，形成了新的化合物（主要为腐殖酸、沥青质等）。这些物质与少量泥沙等物质混合在一起，即形成了泥炭。

泥炭一般呈棕褐、黄褐、棕黑等，无光泽，疏松；自然状态下富含水分，可占 50%或以上；腐殖酸含量一般为 20%～50%；常含有未分解的植物残体碎片。

（2）腐泥化作用阶段

当生活在湖泊、浅海等水体中的低等植物和低等动物死亡之后，在水体表层和下沉到水底的过程中，先遭受一定程度的氧化分解。沉向水底后，由于水层和随后沉积物的覆盖，转入缺氧的还原环境，在厌氧细菌的作用下，低等植物中的蛋白质、脂肪等遭到分解。然后经过化学合成作用，形成一种含水很多的棉絮状胶体物质（富含沥青质）。这些物质与泥沙混合后进一步变化，即形成了腐泥。这种由低等植物转变成腐泥的生物化学作用过程，称为腐泥化作用。

腐泥通常呈黄褐、暗褐、黑灰等颜色，富含沥青质，含水量极高，新鲜者可占 70%～90%；呈粥样流动或胶冻淤泥状。

2. 煤化作用阶段

泥炭或腐泥形成后，由于地壳下降而被其他沉积物所覆盖，生物化学作用逐渐减弱，以至停止，取而代之的是以温度和压力为主导因素的物理化学作用。这一使泥炭、腐泥转变为煤的过程称为煤化作用阶段。

煤化作用又可分为成岩作用和变质作用。

(1) 成岩作用

泥炭形成后，由于受到地壳运动的影响，沉降到了地壳较深处，在上覆泥沙等沉积物的压力作用下，泥炭逐渐被压紧、脱水、固结，趋于致密。同时，泥炭中有机质的分子结构和化学成分也发生一定程度的变化，其中碳含量增加、氢氧含量减少，腐殖酸含量降低。泥炭转变为褐煤，这一过程称为成岩作用。

(2) 变质作用

褐煤形成后，地壳继续下降，使其沉降到地壳更深处，在温度和压力的作用下，褐煤内部的分子结构、物理性质、化学性质等发生变化，碳含量进一步增加，氢氧含量继续减少，光泽增强，密度增大，挥发分逐渐减少，腐殖酸完全消失。褐煤转变为烟煤直至无烟煤，这一过程称为变质作用。

腐泥煤形成后，经过变质作用，煤的变质程度不断提高，形成高变质的腐泥煤。

应当指出，以上所述主要为泥炭在煤化作用过程中的变化情况。至于腐泥在煤化作用过程中的变化，总体来说，与腐植煤的规律相似，如碳含量增高，光泽增强等。

综上所述，成煤作用及各阶段的产物归纳情况见表 4-1。

表 4-1　成煤作用及各阶段产物

地质作用				原始物质及递变产物	
				植物	
成煤过程	第一阶段	泥炭化作用与腐泥化作用		高等植物 ↓ 泥炭	低等植物 ↓ 腐泥
	第二阶段	煤化作用	成岩作用	↓ 褐煤	↓ 腐泥煤
			变质作用	↓ 烟煤 ↓ 无烟煤	

二、煤的变质作用

煤的变质作用是指在高温、高压作用下，煤的物理性质、化学成分和工艺性质发生显著变化的过程。变质作用的结果是褐煤变成烟煤、无烟煤，甚至变成石墨。

(一) 煤的变质因素

影响煤变质的主要因素有温度、压力及其作用的时间。

(1) 温度是煤变质的主要因素

温度促使镜质组中芳香结构发生化学变化，官能团和键减少，链缩短和缩聚，从而使煤的变质程度增高。国内外许多实验已证明温度在煤变质中起决定性作用。

(2) 时间是促进煤变质的重要因素

煤在温度、压力作用下所经历的时间长短是不可忽视的因素。煤经受温度为 50～60℃或以上时，其持续的时间越长，煤的变质程度就越高。这主要是对深成变质作用而言。

（3）压力

压力是煤变质的次要成因，是煤变质不可缺少的因素。它主要促使煤的物理结构发生变化。

（二）变质作用类型

煤的变质作用包括深成变质、接触变质、区域岩浆热变质和动力变质等类型。

（1）深成变质

深成变质又称为煤区域变质作用。煤层形成后，在沉降过程中，因地温和上覆岩系静压力作用而发生变质，是希尔特定律的体现。一般认为，深成变质作用影响范围大，具有普遍性，是煤变质的主要类型。深成变质煤的变质程度随着煤系及其上覆岩系厚度的加大而增高，具有明显的区域性垂直变质分带与水平变质分带等特点。

（2）接触变质

接触变质是指岩浆接触煤层时，岩浆的高温、热液、挥发性气体和压力使煤发生变质的作用。

（3）区域岩浆热变质

区域岩浆热变质又称为远岩浆热变质作用，是指强烈的岩浆活动，特别是岩浆侵入的热量、岩浆内放射性元素的蜕变热，以及热液、热气等作用，使区域内地热增高，形成地热异常所导致煤的变质过程。

（4）动力变质

动力变质是指形成褶皱或断裂的构造应力及伴生热效应使煤发生的变质。一般认为，煤的动力变质仅限于强烈构造变动带附近，影响范围有限。

三、煤的性质

煤是重要的工业能源。它不仅可作燃料，而且是重要的化工原料。为了更加合理地利用这一不可再生的资源，必须对煤的化学成分及其性质进行研究，以便综合利用。

（一）煤的元素组成

煤是可燃有机岩，因此煤的组成以有机质为主体，另有一些矿物杂质、水分等无机质相伴。其中，有机质主要是由碳（C）、氢（H）、氧（O）3 种元素组成，其含量占有机质的 95%以上；此外还有氮（N）、硫（S）、磷（P）和煤中伴生元素或微量元素。

对煤的元素组成的研究，主要是通过元素分析进行的。

（1）碳（C）

碳是煤中有机质的主要组成部分，也是煤燃烧过程中产生热量的重要元素。煤中碳元素的含量随着变质程度的加深而增加。一般泥炭的含碳量为 50%～60%，褐煤为 60%～77%，烟煤为 74%～92%，无烟煤为 90%～98%。

（2）氢（H）

氢是煤中有机质的重要元素，它燃烧时释放的热量是同质量碳的 4.2 倍。煤中含氢量的多少与成煤原始物质有关。腐泥煤的氢含量比腐植煤高，一般占 6%以上，有时可达 11%；而腐植煤的氢含量一般不超过 6%，最低仅为 1%左右。随着变质程度的加深，氢含量有逐渐减少的趋势。

(3) 氧(O)

煤中氧的含量变化很大,并随着变质程度的加深而降低。一般泥炭中氧含量为30%～40%,褐煤为15%～30%,烟煤为1%～16%,无烟煤小于2%。当煤氧化时,氧含量迅速增加,碳、氢含量明显降低。因此,氧含量是确定煤层风、氧化带深度的主要指标之一。

(4) 氮(N)

煤的有机质中氮的含量比较少,它主要来自成煤植物中的蛋白质,也有一部分可能是成煤过程中细菌活动的产物。腐植煤中氮含量低且波动小,通常为0.5%～2%;腐泥煤氮含量高而波动大,为0.5%～5.7%。

(5) 硫(S)

煤中的硫通常分为无机硫和有机硫,以无机硫(黄铁矿硫)为主,其他硫化物中硫含量都很低。

根据煤的干燥基全硫含量 $S_{t,d}$,将煤分为6级(表4-2)。

表4-2　根据煤的干燥基全硫含量 $S_{t,d}$ 划分的煤分级表

级别名称	代号	硫分 $S_{t,d}$/%
特低硫煤	SLS	≤0.50
低硫煤	LS	0.51～1.0
低中硫煤	LMS	1.01～1.50
中硫煤	MS	1.51～2.00
中高硫煤	MHS	2.01～3.00
高硫煤	HS	>3.00

硫是煤中有害元素之一。炼焦时,如果煤中硫含量超标,就会使钢铁热脆成为废品;含硫的煤燃烧时,产生的二氧化硫气体不仅对设备有腐蚀作用,而且排入大气会成为“公害”;煤贮存时,黄铁矿含量多的煤易氧化升温而产生自燃。但煤中的硫还是一种重要的化工原料,是制造硫酸的重要元素。

(6) 磷(P)

煤中的磷主要是以无机磷化物的形态存在的,但也存在微量的有机磷。磷在煤中的含量极低,一般低于0.1%,最大不高于1%。

磷在煤中的含量虽然极低,但危害很大。炼焦时,磷几乎都转入焦炭中,从而使钢材具有冷脆性。因此,炼焦用煤要求磷含量在0.02%～0.03%甚至以下。

(7) 其他元素

煤中还存在砷、氯等有害元素,以及锗、锂、镓、钒、铀等有益元素。这些有益元素若达到工业开采品位,则可以综合回收利用。

中国已探明的煤矿资源,大部伴生有几种或多种伴生矿产,特别是分散元素,基本上都作为伴生矿产产出。伴生矿产虽然不能单独开采利用,但开采主要组分时,可以综合回收利用,这对充分利用矿产资源,提高矿床经济价值和社会效益的意义重大。因此,在矿产勘查时,应对伴生矿产进行综合评价,确保矿山建设生产,为资源的充分开发利用提供地质依据。

（二）煤的物理性质

（1）煤的颜色

煤的颜色是指新鲜的煤块表面的自然色彩。腐植煤的颜色是随着煤化程度的增高而变化的，一般从褐煤、烟煤到无烟煤，其颜色从棕褐、褐黑、深黑至钢灰色变化。据此可以简单凭肉眼区分褐煤、烟煤和无烟煤。

（2）煤的光泽

煤的光泽是指常光下煤新鲜面对光的反射能力的大小，是肉眼鉴定煤的主要标志之一。腐植煤随着煤化程度的增高，光泽增强。

（3）煤的密度

煤的密度是指单位体积煤的质量，单位为 g/cm^3。其大小主要取决于煤岩成分、煤化程度及煤中所含矿物质的成分和含量。煤的密度分为真密度和视密度。

真密度是指 20 ℃时，单位体积（不含孔隙）煤的质量。视密度是指 20 ℃时，单位体积（含孔隙）煤的质量。煤的真密度大于视密度。

（4）煤的硬度和脆度

煤的硬度是指煤抵抗外来机械作用的能力。按照莫氏硬度计测量，一般煤的硬度范围为 1～4。

煤的脆度是指煤在外力作用下突然断裂的难易程度，它与煤中有机质含量、煤化程度和所含无机物多少等有关。

（三）煤的工艺性质

为了提高煤的综合利用价值，必须了解、研究煤的工艺性质，以满足各方面对煤质的要求。煤的工艺性质主要包括黏结性和结焦性、发热量、化学反应性、热稳定性、透光率、机械强度和可选性等。

1. 煤的工业分析

煤的工业分析又称为技术分析或实用分析，它是评价煤质的基本依据。煤的工业分析包括测定煤的水分、灰分、挥发分和固定碳，分别简述如下：

① 水分（M）。煤中水分对煤质和生产运输有一定的影响。测定水分时，一般只测游离态水，它包括外在水和内在水。外在水是由于回采、运输和洗选等过程中，附着在煤表面的水分，可以去除；而内在水是吸附、凝聚在煤炭毛细孔隙的水分，是难以除掉的。

在运输过程中，因为水的存在而加大运输成本；燃烧时，水分使发热量降低；贮存时，水分可使煤碎裂，并加速氧化。

② 灰分（A）。即煤完全燃烧后剩下的残渣，残渣越多，煤的灰分就越多。灰分的单位为百分比（%），其值是残渣质量与煤样质量之比。因此，将灰分称为灰分产率更为确切。

灰分又分为外在灰分和内在灰分。外在灰分是来自顶底板和夹矸中的岩石碎块，它与采煤方法的合理与否有很大的关系。外在灰分通过分选大部分能去掉。内在灰分是成煤的原始植物本身所含的无机物，内在灰分越高，煤的可选性越差。

按照煤中灰分的高低，将煤分为 6 级（表 4-3）。

表 4-3　根据煤的灰分 A_d 划分的煤分级表

级别名称	代号	灰分 A_d/%
特低灰煤	SLA	≤5.0
低灰分煤	LA	5.01～10.00
低中灰煤	LMA	10.01～20.00
中灰分煤	MA	20.01～30.00
中高灰煤	MHA	30.01～40.00
高灰分煤	HA	40.01～50.00

③ 挥发分(V)。在隔绝空气的条件下，将煤在高温(900 ℃±10 ℃)下加热 7 min 时，煤中的有机质和一部分矿物质就会分解成气体和液体溢出，溢出物称为挥发分。简单地说，挥发分是煤样在规定条件下隔绝空气加热，并进行水分校正后的质量损失。

去掉煤中水分后，挥发分与煤样质量之比，即挥发分产率。据此可将煤分为 6 级(表 4-4)。

表 4-4　根据煤的干燥无灰基挥发分产率划分的煤分级表

级别名称	代号	挥发分 V_{daf}/%
特低挥发分煤	SLV	≤10.00
低挥发分煤	LV	＞10.00～20.00
中等挥发分煤	MV	＞20.00～28.00
中高挥发分煤	MHV	＞28.00～37.00
高挥发分煤	HV	＞37.00～50.00
特高挥发分煤	SHV	＞50.00

挥发分产率在一定程度上反映了煤中有机质的性质和变质程度，因此，它成为我国煤炭分类的第一指标。一般随着变质程度的加深，煤中的挥发分逐步减少。挥发分产率也是确定煤氧化带的重要参数。

④ 固定碳。它是测定煤的挥发分时，剩余的不挥发物质焦渣减去灰渣的差值。

固定碳的含量是煤的分类和煤与焦炭等的质量指标之一。一般挥发物越少，固定碳就越多。

2. 黏结性(G)

冶金工业需要大量的优质焦炭作为燃料和还原剂。焦炭必须具有一定的块度和机械强度，这就需要煤具有黏结性和结焦性。

煤的黏结性是煤粒在隔绝空气受热后，能否黏结其本身或惰性物质成焦块的性质。煤的结焦性是煤粒隔绝空气受热后，能否生成优质焦炭的性质。

黏结性是煤的一项重要的工艺性质，是炼焦用煤的主要参考指标，也是评价低温干馏用煤、气化用煤和动力用煤的指标之一。我国煤炭分类国家标准对烟煤采用黏结性指数(G)、胶质层最大厚度(Y)及奥阿膨胀度(b)3 个指标进行细分类。

3. 发热量

煤发热量是指单位质量的煤完全燃烧时所产生的热值，用符号 Q 表示，单位为焦/克(J/g)，兆焦/千克(MJ/kg)等。它是在专门的发热量测定仪器中通过实验测定的。

发热量大小与多种因素有关，如煤中灰分、水分的含量等，但主要取决于煤中碳、氢元素的含量。

发热量是评价煤质的重要指标，也是研究和确定煤变质程度的重要依据之一。按照煤的发热量，将煤分为6级(表4-5)。

表4-5　根据煤收到基低位发热量($Q_{net,ar}$)范围划分的煤分级表

级别名称	代号	$Q_{net,ar}$/%
低热值煤	LQ	8.50～12.50
中低热值煤	MLQ	12.51～17.00
中热值煤	MQ	17.01～21.00
中高热值煤	MHQ	21.01～24.00
高热值煤	HQ	24.01～27.00
特高热值煤	SHQ	＞27.00

四、煤岩成分和煤岩类型

用肉眼观察煤时，可分出不同的宏观煤岩成分和宏观煤岩类型。宏观煤岩成分是确定煤的成因、进行煤层对比的重要依据。

(一) 宏观煤岩成分

组成煤的成分统称煤岩成分。它分为丝炭、镜煤、亮煤和暗煤。

(1) 丝炭

丝炭是外观像木炭，具丝绢光泽和纤维结构、色黑、性脆的煤岩成分。

丝炭色黑易染手，硬度小，矿化后硬度加大。丝炭的轮廓清楚，易于辨认，与其他3种煤岩组分相比，挥发分和氢含量低，碳含量高，不黏结。在煤层中多呈几毫米厚的扁平体断续出现。

(2) 镜煤

镜煤是光泽最强，均一、性脆，常具有内生裂隙的煤岩成分。

镜煤光泽接近玻璃光泽，因此得名。在煤层中呈凸镜体或不规则薄层，厚度从几毫米到几厘米，与其他煤岩组分的界限明显，比其他3种煤岩组分的挥发分和氢含量高，黏结性强。

(3) 亮煤

亮煤是光泽较强、具有纹理的煤岩成分。在煤层中以较厚分层出现。

亮煤为复合组分，内生裂隙发育；光泽较强，仅次于镜煤；层理隐约可见。它常以较厚层或凸镜体出现，甚至构成整个煤层。

(4) 暗煤

暗煤是光泽暗淡、致密、坚硬的煤岩成分。

暗煤颜色比其他组分浅，灰分含量高，密度和硬度大，韧性较大，一般层理不明显，有时为粒状结构，断面粗糙，具不规则或平坦状断口。暗煤常以较厚分层出现，以至于可单独成层。

（二）宏观煤岩类型

煤是由各种煤岩成分组成的，由于各种成分含量不同，肉眼鉴定时，表现特征也各不相同，如光泽、颜色、密度、硬度等。因此，根据煤岩成分的含量及光亮程度，将宏观煤岩类型划分为以下 4 种。

（1）光亮煤

光亮煤是光泽最强的宏观煤岩类型。其结构近于均一，条带不明显，主要由镜煤和亮煤组成，光亮成分之和大于 75％。内生裂隙发育，脆性大，机械强度小，易破碎，常具贝壳状断口，灰分低。

（2）半亮煤

半亮煤是光泽次强的宏观煤岩类型。由光泽亮暗不同的煤岩成分交替形成明显的条带状结构，主要由亮煤和暗煤组成，光亮成分之和在 50％～75％之间。其内生裂隙较发育，常具棱角状或不平坦状断口。

（3）半暗煤

半暗煤是光泽次暗的宏观煤岩类型。它具条带状结构，比较坚硬，主要由暗煤、亮煤组成，光亮成分之和在 25％～50％之间。其内生裂隙不发育，断口参差不齐，相对密度较大。

由于这种半暗煤的矿物质多分散在煤的基质中，因而增加了选煤的难度，降低了煤的质量。

（4）暗淡煤

暗淡煤是光泽最暗的宏观煤岩类型。它质地坚硬，韧性大，相对密度大，含大量矿物质，层理不明显，内生裂隙不发育，常具棱角状或参差状断口，通常为块状构造。它主要由暗煤组成，光亮成分之和小于 25％。

五、煤的分类

（一）煤的工业类型

中国煤炭分类国家标准所采用的分类指标，主要有干燥无灰基挥发分（V_{daf}）、黏结性指数（$G_{R \cdot I}$）。此外，还有胶质层最大厚度（Y）、奥阿膨胀度（b）、透光率（P_M）、干燥无灰基氢含量（H_{daf}）和恒湿无灰基高位发热量（$Q_{gr,maf}$）。据此，将我国煤炭划分为 14 类（表 4-6）。

表 4-6　中国煤炭分类简表

类别	代号	编码	分类指标						
			V_{daf}/%	$G_{R \cdot I}$	Y/mm	b/%	P_M②/%	H_{daf}/%	$Q_{gr,maf}$③/(MJ/kg)
无烟煤	WY	01 02 03	≤3.5 ＞3.5～6.5 ＞6.5～10.0					≤2.0 ＞2.0～3.0 ＞3.0	
贫煤	PM	11	＞10.0～20.0	≤5					
贫瘦煤	PS	12	＞10.0～20.0	＞5～20					
瘦煤	SM	13 14	＞10.0～20.0 ＞10.0～20.0	＞20～50 ＞50～65					

表 4-6(续)

类别	代号	编码	分类指标						
			V_{daf}/%	$G_{R.I}$	Y/mm	b/%	P_M②/%	H_{daf}/%	$Q_{gr,maf}$③/(MJ/kg)
焦煤	JM	15	>10.0~20.0	>65	≤25	≤150			
		24	>20.0~28.0	>50~65					
		25	>20.0~28.0	>65	≤25	≤150			
1/3 焦煤	1/3 JM	35	>28.0~37.0	>65	≤25	≤220			
肥煤	FM	16	>10.0~20.0	>85①	>25	>150			
		26	>20.0~28.0	>85①	>25	>150			
		36	>28.0~37.0	>85①	>25	>220			
气肥煤	QF	46	>37.0	>85①	>25	>220			
气煤	QM	34	>28.0~37.0	>50~65	≤25	≤220			
		43	>37.0	>35~50					
		44	>37.0	>50~65					
		45	>37.0	>65					
1/2 中黏煤	1/2 ZN	23	>20.0~28.0	>30~50					
		33	>28.0~37.0	>30~50					
弱黏煤	RN	22	>20.0~28.0	>5~30					
		32	>28.0~37.0	>5~30					
不黏煤	BN	21	>20.0~28.0	≤5					
		31	>28.0~37.0	≤5					
长焰煤	CY	41	>37.0	≤5			>50		
		42	>37.0	>5~35					
褐煤	HM	51	>37.0				≤30		
		52	>37.0				>30~50		≤24

注:① 当烟煤的 $G_{R.I}$>85 时,用 Y 值(或 b 值)和 V_{daf}值来区分肥煤、气肥煤与其他煤类的界线;当 Y>25.0 mm 时,如 V_{daf}≤37.0%,则划分为肥煤;如 Y≤25.0 mm,则根据其 V_{daf}的大小划分为相应的其他煤类。当用 b 值划分肥煤、气肥煤与其他煤类的界线时,如 V_{daf}≤28.0%,暂定 b>150%的为肥煤;如 V_{daf}>28.0%,暂定 b>220%的为肥煤或气肥煤(V_{daf}>37%时)。当按照 b 值划分的类别与 Y 值划分的类别有矛盾时,以 Y 值划分的为准。

② 当用 V_{daf}和 H_{daf}划分的无烟煤小类有矛盾时,则以 H_{daf}划分的小类为准。在已确定了无烟煤小类的生产厂矿的日常检测中,可以只按照 V_{daf}来分类;在煤田地质勘探中,对新区确定小类或生产厂矿需要重新核定小类时,应同时测定 V_{daf}和 H_{daf}值,按照规定确定出小类。

③ 对 V_{daf}>37.0%,$G_{R.I}$≤5 的煤,以 P_M 来确定其为长焰煤或褐煤。如 P_M 为>30%~50%,则应再测 $Q_{gr,maf}$。如 $Q_{gr,maf}$>24 MJ/kg,则应划分为长焰煤,否则为褐煤。

(1) 无烟煤(WY)

因燃烧时无烟,故称为无烟煤,属于最高变质的煤。它一般呈灰黑色,常带有古铜色或钢灰色,条痕为灰黑色,似金属光泽,碳含量最高,密度最大,无黏结性。无烟煤常作为动力或民用燃料，也可作为制造合成氨、电石、电极等工业材料的原料。

(2) 贫煤(PM)

加热时不产生胶质体，因此称为贫煤，属于高变质的烟煤。一般为灰黑色，条痕为黑色，金刚光泽，无黏结性或黏结性微弱。贫煤一般作为动力或民用燃料。

(3) 贫瘦煤(PS)

它是介于贫煤、瘦煤之间的过渡煤，属于高变质的烟煤。黏结性较弱，结焦性比典型瘦煤差。贫瘦煤一般作为动力或民用燃料，也可作为炼焦配煤。

(4) 瘦煤(SM)

加热时仅能产生少量的胶质体，因此称为瘦煤。属于中变质的烟煤。一般呈黑色，条痕为黑色，强玻璃光泽，黏结性中等。单独炼焦时，能得到块度大、裂纹少、抗碎强度较高的焦炭，但耐磨性较差。瘦煤可作为炼焦用煤(配煤)。

(5) 焦煤(JM)

加热时能产生热稳定性很高的胶质体，属于中变质的烟煤。炼焦时，能得到优质焦炭，因此称为焦煤。一般呈黑色，条痕为棕黑色，强玻璃光泽，黏结性很强。单独炼焦时，能得到块度大、裂纹少、抗碎强度高的焦炭，耐磨强度高，但推焦困难。焦煤常作为炼焦用煤(配煤)。

(6) 1/3 焦煤(1/3JM)

它是介于焦煤、肥煤和气煤之间的过渡煤，属于中变质的烟煤。单独炼焦时，能得到熔融性良好、强度较高的焦炭。1/3 焦煤常作为煤焦用煤(基础煤)。

(7) 肥煤(FM)

加热时能产生大量的胶质体，因此称为肥煤，属于中变质的烟煤。一般呈黑色，条痕为棕黑色，玻璃光泽，黏结性很强。单独炼焦时，能得到熔融性好、强度高的焦炭，耐磨强度高。肥煤常作为炼焦用煤(基础煤)。

(8) 气肥煤(QF)

它是介于肥煤和气煤之间的过渡煤，属于中变质的烟煤。单独炼焦时，能产生大量的气体和液体化学产品，黏结性强。气肥煤可作为煤焦用煤(配煤)或气化用煤。

(9) 气煤(QM)

加热时能产生大量的气体和较多的焦油，因此称为气煤，属于低变质的烟煤。一般呈黑色，条痕为棕黑色，强沥青或弱玻璃光泽，黏结性较强。单独炼焦时所得到的焦炭呈细长条，纵裂纹较多，抗碎强度和耐磨强度均比其他炼焦煤差。气煤可作为炼焦配煤或气化用煤。

(10) 1/2 中黏煤(1/2ZN)

它属于低变质到中变质的烟煤，黏结性中等。单独炼焦时所得到的焦炭，部分有一定的强度，部分强度差。1/2 中黏煤一般作为气化用煤或动力用煤，也可作为炼焦配煤。

(11) 弱黏煤(RN)

加热时仅产生少量的胶质体，属于低变质到中变质的烟煤。黏结性很弱，因此称为弱黏煤。弱黏煤一般作为气化原料或动力燃料。

(12) 不黏煤(BN)

加热时基本不产生胶质体。无黏结性，因此称为不黏煤。属于低变质到中变质的烟煤。不黏煤一般作为气化原料或动力和民用燃料。

(13) 长焰煤(CY)

燃烧时能产生较长的火焰,因此称为长焰煤。属于最低变质的烟煤。常呈褐黑色,条痕为深棕色,沥青光泽,黏结性差。长焰煤通常作为气化原料或动力和民用燃料。

(14) 褐煤(HM)

一般呈褐色,因此称为褐煤。属于未变质的煤。条痕为棕色,无光泽或暗沥青光泽。水分含量高,在空气中易于风化。碳含量低,故发热量也较低。密度最小,无黏结性。褐煤一般作为动力或民用燃料,也可作为化工及气化原料。

(二) 煤的综合利用分类

煤的综合利用途径主要有燃烧、炼焦、气化、低温干馏、加氢液化等。通过对煤的这些方面的利用,不但可以获得热能,而且可以获得很多冶金、化工、医药等工业的原料。

(1) 炼焦用煤

炼焦是煤在1 000 ℃的高温下进行干馏的热加工过程。它能获得优质冶金焦炭,以及煤气、煤焦油等一系列的化学产品。

炼焦用煤主要包括贫瘦煤、瘦煤、焦煤、1/3焦煤、肥煤、气肥煤、气煤、1/2中黏煤。

(2) 气化用煤

气化是煤在高温并有氧、水蒸气、二氧化碳等发生作用的情况下,转变为可燃气体的过程。煤的气化产物(煤气)可作为工业及民用燃料。

气化用煤主要包括无烟煤、贫煤、贫瘦煤、1/3焦煤、气肥煤、气煤、1/2中黏煤、弱黏煤、不黏煤、长焰煤、褐煤。

(3) 低温干馏用煤

低温干馏是煤在500～600 ℃温度下进行干馏的过程。它可制取低温焦油、半焦炭和低温焦炉煤气。

低温干馏用煤包括气煤、长焰煤、烟煤。

(4) 加氢液化用煤

加氢液化是煤在高温高压和催化剂的作用下,使煤中有机质与氢作用转变成低分子液态和气态产物的过程。它能获得液体燃料。

加氢液化用煤主要包括气肥煤、气煤、长焰煤、褐煤。

(5) 燃烧用煤

燃烧用煤是指煤作为工业或民用燃料。工业上主要用于发电及各种锅炉。

燃烧用煤的煤种一般使用较劣质煤和不宜作炼焦、气化之用的煤,如贫煤、褐煤等。

综上所述,煤的用途非常广泛。因此,开展煤的综合利用,大有可为,前景广阔。

第二节 含煤岩系

含煤岩系简称“煤系”,是指在一定地质时期连续沉积形成的一套含有煤层并具有成因联系的沉积岩系。又称含煤地层、含煤构造等。

含煤岩系的命名有多种方式,最常用的是按照其形成时代命名,如华北石炭-二叠纪含煤岩系、东北侏罗纪含煤岩系等。

一、含煤岩系类型及特点

煤是在泥炭沼泽环境下形成的，它可分为近海型沼泽和远海型沼泽。因此，含煤岩系可分为两大类：近海型煤系和远海型煤系。

1. 近海型煤系及其特点

近海型煤系也称为海陆交互型煤系。这类煤系形成于滨海沼泽地区，地形简单、平坦、广阔。

近海型煤系有以下特点：

① 既有陆相沉积岩层，又有海相沉积岩层；

② 含煤岩系分布较广泛，岩性、岩相比较稳定，标志层多，煤层易对比；

③ 煤系厚度小，煤层层位稳定，结构简单，煤层薄，层数多，易对比；

④ 煤系中碎屑物成分比较单一，分选性和磨圆度较好，粒度较细；

⑤ 煤层中常含有黄铁矿结核，因此煤层中含硫量较高。

2. 远海型煤系及其特点

远海型煤系是在地壳总体下降并伴有振荡运动过程中，在内陆盆地、山间盆地、山前盆地内形成的。

远海型煤系有以下特点：

① 仅有陆相沉积岩层；

② 含煤岩系分布较广，岩性、岩相变化大，标志层少，煤层不易对比；

③ 煤系厚度大，煤层层位不稳定，结构复杂，煤层厚，煤层数目不多，且常分叉尖灭；

④ 煤系中碎屑物成分复杂，碎屑颗粒未经长距离搬运，分选性和磨圆度较差；

⑤ 煤层中常含有褐铁矿及菱铁矿结核，煤层中含硫量较低。

二、含煤岩系的组成

含煤岩系主要由煤层和其他沉积岩层组成。与煤矿生产关系最为密切的主要是煤层及其顶底板，还有标志层。

（一）煤层

煤层一般呈层状分布，其结构、厚度及其稳定性对煤矿生产有重要影响。

1. 煤层结构

根据煤层中有无稳定的岩石夹层（夹矸），将煤层结构分为简单结构和复杂结构。

① 简单结构。煤层中不含稳定的呈层状的岩石夹层，但有呈透镜体或结核状分布的矿物质，说明煤层形成时沼泽中的植物遗体是连续堆积的（图 4-1）。

② 复杂结构。煤层中常夹有稳定的呈层状的岩石夹层，少者 1～2 层，多者十几层。反映煤层形成时，由于地壳不均匀沉降而造成沼泽环境的变化。夹层岩性多为碳质泥岩、碳质粉砂岩等（图 4-2）。

2. 煤层厚度

煤层厚度是指煤层顶底板之间的垂直距离。

对于复杂结构的煤层，厚度可分为如下 4 种。

① 总厚度：煤层顶底板之间包括夹石层在内的煤层全部厚度。

② 有益厚度：煤层顶底板之间所有煤分层厚度的总和，不包括夹石层的厚度。

③ 可采厚度：达到国家规定的最低可采厚度煤分层的总厚度。复杂结构煤层的计算方

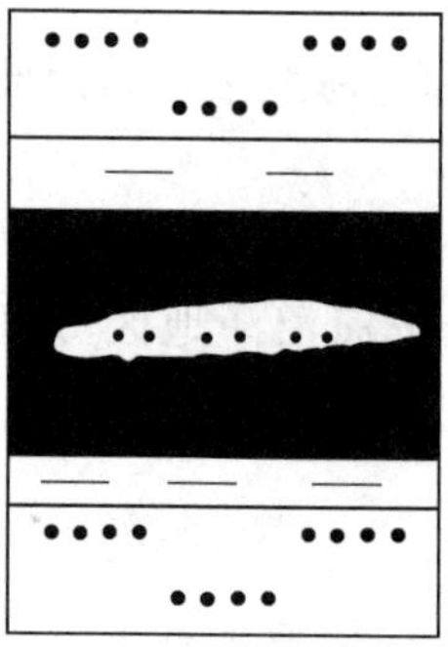

图 4-1 简单结构煤层

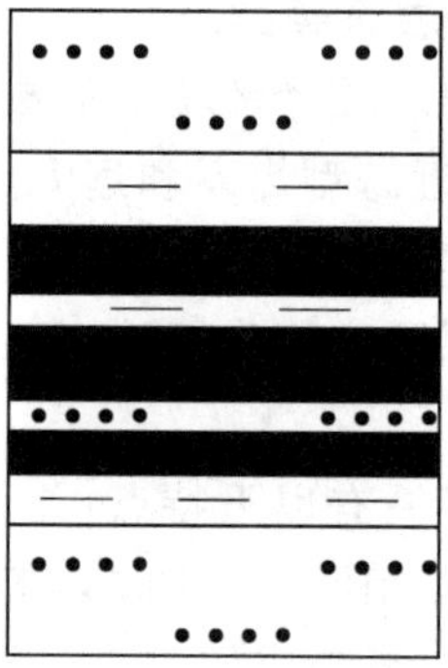

图 4-2 复杂结构煤层

法另有规定。

④ 最低可采厚度：指在现有技术经济条件下，可开采煤层的最小厚度。它主要取决于煤层产状、煤质、开采方法和国民经济的需要程度等。

3. 煤层厚度分类

煤层倾角、厚度及其变化对煤矿开采影响很大。据此，煤矿开采常将煤层按照倾角、厚度进行分类（表 4-7 至表 4-8）。

（1）按照煤层倾角分类

表 4-7 按照煤层倾角分类

煤层	煤层倾角/(°)	
	露天开采	地下开采
近水平煤层	<5	<8
缓倾斜煤层	5～10	8～25
倾斜煤层	10～45	25～45
急倾斜煤层	>45	>45

（2）按照煤层厚度分类

表 4-8 按照煤层厚度分类

煤层	煤层厚度/m	
	露天开采	地下开采
薄煤层	<3.5	<1.3
中厚煤层	3.5～10	1.3～3.5
厚煤层	>10	>3.5

（3）按照煤层稳定性分类

煤层厚度、煤质和结构在工作区范围内是变化的。其中，煤层厚度的变化直接影响勘查工程的密度和开采方法，是划分煤层稳定性的主要因素。煤层的稳定性可分为以下 4 种类型(图 4-3 至图 4-4)：

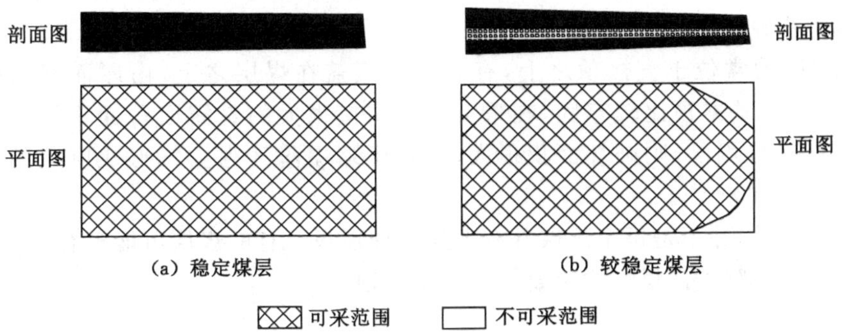

图 4-3　稳定煤层与较稳定煤层示意图

① 稳定型。煤层厚度和煤质变化很小，或变化规律明显，结构简单或较简单，全区可采或基本可采。

② 较稳定型。煤层厚度和煤质均有一定的变化，但规律性较明显，结构从简单到复杂，全区可采或大部分可采，在可采范围内，厚度变化不大。

③ 不稳定型。煤层厚度或煤质变化较大，无明显规律，结构复杂或极复杂，常有不符合工业指标要求的煤层出现，包括难以做分层对比而可以做层组对比的复杂煤层。

④ 极不稳定型。煤层厚度和煤质变化极大，一般不连续，很难找出规律，可采块段分布零星，包括层组对比有困难的复杂结构煤层(图 4-4)。

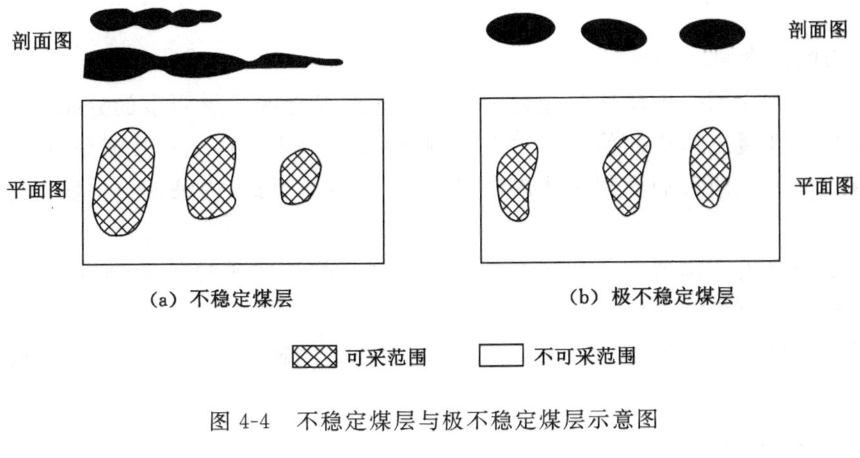

图 4-4　不稳定煤层与极不稳定煤层示意图

(二) 煤层顶底板

1. 顶板

在正常层序的含煤地层剖面中，覆盖在煤层上面的岩层称为顶板。它是泥炭堆积后覆盖在泥炭层上的沉积物。根据顶板岩性、厚度和采煤时变形特征与垮落难易程度，将顶板分为伪顶、直接顶和老顶。具有内容分述如下。

① 伪顶：又称为假顶，是指直接覆盖在煤层之上的薄层岩层。厚度一般在 0.5 m 以下，由碳质泥岩、泥岩互层组成，常夹有煤线。伪顶与煤层之间的界线多不明显，开采过程中常

随煤塌落。它一般对采矿安全不会造成威胁，但会贫化煤质，使原煤灰分增多。

② 直接顶：位于煤层或伪顶之上，具有一定的稳定性，移架或回柱后，能自行垮落的岩层。岩性多为粉砂岩和泥岩，厚度一般为 1～2 m。顶板垮落后，形成冒落带。

③ 基本顶：通常位于直接顶之上，有时直接覆盖在煤层之上，由厚而坚固的砂岩、砾岩、石灰岩组成。基本顶比较牢固，在采空区常维持很大的悬露面积而不塌落，仅产生缓慢变形。但是一旦塌落，则破坏面积很大，而且压缩塌落区内空气形成巨大的冲击波，摧毁力也很大。

值得注意的是，并不是每个煤层都有上述 3 种顶板。有的煤层可能没有伪顶；有的煤层可能伪顶、直接顶都没有，煤层之上直接覆盖基本顶。

2. 底板

在正常层序的含煤地层剖面中，直接伏于煤层下方的岩层称为底板。它分为直接底和基本底，现分述如下。

① 直接底：直接与煤层接触的底部岩层。常由泥岩、黏土岩构成。直接底的泥岩和黏土岩如有一定的厚度，可能膨胀，造成巷道“底鼓”，破坏矿车道轨，并使巷道难以维护。

底板黏土岩有时是具有工业价值的耐火黏土。底板岩石也可以是砾岩或石灰岩。

② 基本底：位于直接底之下，常为厚层状砂岩、砂砾岩、砾岩或石灰岩。

(三) 煤系中的标志层

煤系中常有一些岩层(煤层)，它厚度小、岩性稳定、特征明显、容易识别或分布规律明显。这些岩(煤)层可以作为寻找或对比煤层的标志层。

第三节　煤田及聚煤区

一、煤田的概念

煤田一般是指在同一地质历史过程中形成并连续发育的含煤岩系的分布区域。有的地区虽因后期构造和侵蚀作用而使含煤岩系分割，但基本上仍然连成一片或呈现一定规律，仍属于同一煤田。如山西省的大同宁武煤田、辽宁省的阜新煤田、内蒙古自治区的陈巴尔虎旗煤田等。

煤产地是指受后期构造变动和剥蚀作用而分割开的一些单独的含煤岩系分布区，或面积和储量均较小的煤田。

矿田是煤田内划归一个矿山开采的部分，地下开采的矿田又称为井田。一般一个井田即一个煤矿。

二、中国的聚煤区

聚煤区是指在地史上有聚煤作用，且其中的煤田、含煤区的形成条件具有一定的共性，其边界与大地构造基本吻合的广大地区。

我国地史上 3 个聚煤期形成的煤田遍布各地。根据大型地质构造带，将我国聚煤区划分为以下 5 个区域。

(1) 东北聚煤区

该聚煤区位于阴山构造带以北，包括内蒙古东部、黑龙江全部、吉林大部和辽宁北部的广大地区。主要成煤时代为晚侏罗世到早白垩世，其次为古近纪。

该区煤田(或煤产地)主要有平庄、元宝山、牙克石、扎赉诺尔、鸡西、鹤岗、双鸭山、勃利、舒兰、蛟河、珲春、辽源、通化、铁法、抚顺、阜新等煤田。

(2) 华北聚煤区

华北聚煤区又称华北石炭-二叠纪聚煤区,该区北起阴山、燕山和长白山东段,南至秦岭、伏牛、大别、淮阳诸山,西以贺兰山、六盘山为界,东临渤海、黄海。它包括河北、山东、山西、河南、北京、天津等省(市),以及甘肃和宁夏的东部、内蒙古大部、辽宁和吉林南部、陕西和安徽的东北部、江苏的西北部等地。

区内的聚煤期主要为石炭-二叠纪,其次为早-中侏罗世和晚三叠世,古近纪和新近纪也有煤的聚集。

该区煤田(或煤产地)主要有大同、宁武、平朔、阳泉、运城、潞安、济宁、淄博、新汶、肥城、枣庄、平顶山、焦作、鹤壁、开滦、峰峰、井陉、本溪、南票、浑江、长白等煤田。

(3) 华南聚煤区

华南聚煤区,北以秦岭、大别山为界,西自横断山脉,东至东海,南至南海诸岛。它包括湖南、浙江、江西、福建、广东、广西、贵州、海南等省(区)的全部,四川、云南、江苏、湖北大部及陕西南部、安徽南部等地区。

该区内的聚煤期主要有石炭-二叠纪,晚三叠世—早侏罗世及古近纪,其中,以晚二叠世最为重要。

该区煤田(或煤产地)主要有秭归、松宜、宜威、六盘水、织金、纳雍、南桐、光旺、涟邵、丰城、乐平、曲仁、梅县、合山、天湖山、永安、长兴、渡口、威远、南岭、萍乡、小龙潭等煤田。

(4) 西北聚煤区

该区位于贺兰山—六盘山一线以西,昆仑山—秦岭一线以北的广大地区,包括新疆全部、甘肃大部、青海北部、宁夏和内蒙古西部。

该区煤田(或煤产地)主要有准噶尔、东胜、贺斯格乌拉、胜利、巴彦宝力格、伊宁、准东、淮南、淮北、灵台、宁正、金塔、木里等煤田。

(5) 西藏滇西聚煤区

本区南为喜马拉雅山;北为昆仑山,与西北聚煤区相邻;东为横断山,与华南聚煤区相邻;西为喀喇昆仑山、喜马拉雅山,包括西藏全部、青海南部及云南西部地区。

该区煤田(或煤产地)主要有沙尔湖、三塘湖、白杨河、治装、木里等煤田。

【知识拓展】

一个煤田地层的构成除包括作为主体的含煤岩系外,还包括其上覆和下伏岩系。当这3者属于同一构造层时,它们的形变史相近;当它们不属于同一构造层时,其形变史不一致,常属于不同构造体系或虽属相同构造体系但为不同发展阶段。在研究煤田构造时,不仅要研究含煤岩系的形变,还要研究其上覆盖层的形变,这对于寻找隐伏煤田是极为重要的;对下伏基底构造的研究在某些情况下也是重要的,如研究基底构造可判断其与岩浆侵入的关系,了解其对沉积的控制作用等。因此,可查阅学习煤田上覆盖层形变以及下伏基底构造相关内容知识,了解煤田褶皱、断层与含煤岩系赋存形态的关系,有助于进一步加深对煤地质学内容的理解。

【知识点拨】

本章主要知识点包括:

① 成煤条件及作用的过程；
② 煤岩类型的分类；
③ 煤的物理性质和工艺性质；
④ 煤的工业分析指标及煤的分类；
⑤ 含煤岩系概念及其特点；
⑥ 含煤岩系组成及其划分。

第五章　影响煤矿生产的地质条件

本章导读：煤的形成和分布受各种地质作用的控制，因此，矿井生产必然受到各种地质因素的影响。各地的地质条件千差万别，控制煤层赋存的地质因素也各不相同。有些地质因素具有普遍性，如地质构造、煤层的厚度变化等；有些地质因素只限于部分矿山，如岩浆侵入体、岩溶陷落柱等。在井田内部，各种地质因素的发育存在一定的差异，有的区段地质条件简单，有的区段地质条件复杂。因此，从事煤矿生产的工程技术人员，必须了解影响煤矿生产的各种地质因素，掌握其变化的规律和特征，把各种地质因素对煤矿生产的影响降到最低。通过本章学习应该了解煤厚变化的主要原因和特征，煤厚变化的研究方法，煤厚变化对煤矿生产的影响和处理方法；矿井地质构造的类型、主要特征和识别标志，地质构造对煤矿生产的影响，褶曲和断层的处理方法；岩溶陷落柱的特征、识别标志和生产中的处理方法；岩浆侵入体的形态特征、对煤矿生产的影响和生产中的处理方法；智能开采过程中矿井透明地质要求等内容。本章重点是煤层厚度变化的主要影响因素；褶皱构造和断裂构造对煤矿建设和生产的影响及处理方法；采掘过程中对岩浆侵入体的处理方法。难点是不同因素引起煤层厚度变化的特点；褶皱构造和断裂构造的处理方法；对岩浆侵入体的探测。

第一节　煤　　厚

在采矿过程中，经常会遇到煤厚发生变化的情况，如在顺煤层掘进的巷道中出现煤层时厚时薄，甚至完全尖灭消失的现象，这给煤矿生产造成很大的被动。因此，掌握和查明煤厚变化的特征与规律，对指导煤矿生产具有重要意义。

一、煤厚变化的原因和特征

引起煤厚变化的原因很多，主要有地壳的不均衡沉降、泥炭沼泽基底不平、河流冲蚀、构造等。

（一）地壳的不均衡沉降

在泥炭层堆积的过程中，地壳沉降与泥炭层堆积的速度和幅度大致保持一致，这种关系称作均衡。如果该地长时间保持这种均衡关系，就能形成厚度较大的煤层。当这种平衡关系被打破，就会导致煤层厚度变化。如果某些地段地壳沉降速度逐渐变快，大大超过了泥炭的堆积速度，于是泥炭沼泽逐渐转变为湖泊，这样就导致泥炭堆积减弱或终止，造成煤层从沼泽区朝湖泊区方向逐渐变薄或尖灭；当湖泊区的沉降速度重新变慢时，湖泊因日渐淤浅，又再度变为沼泽，重新堆积泥炭。如此反复交替，便造成煤层分叉、尖灭及煤层与夹矸相互交替的现象（图 5-1）。

因各地地壳运动多变，煤层分叉的形式也多种多样。有的煤层分叉后，各煤分层相当稳定；有的煤层分叉后，经过一段距离，又合并起来；有的煤层分叉后，只有一层保持稳定，其他

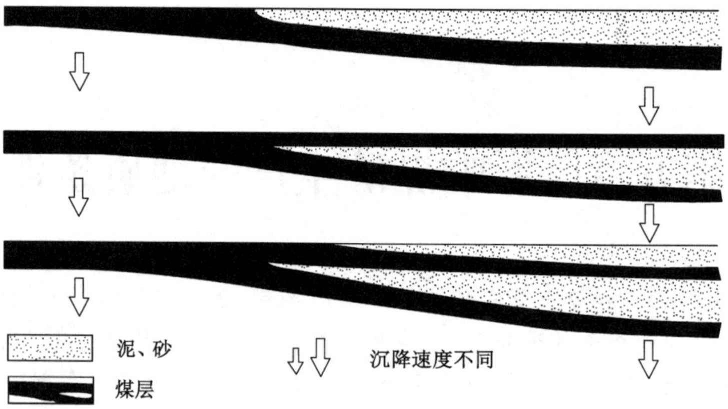

图 5-1　地壳不均衡沉降示意图

分叉层很快尖灭；也有的煤层呈现多次分叉现象，马尾状分叉是其中最为常见的一种形式（图 5-2）。

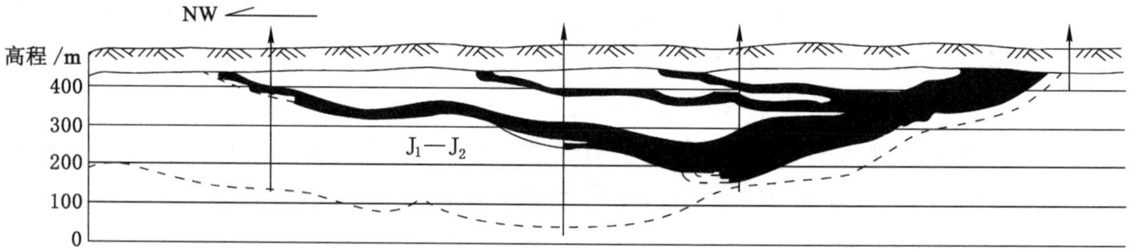

图 5-2　辽宁阜新中生代煤田的马尾状分叉

地壳不均衡沉降引起的煤厚变化常具有下列特点：

① 煤层层数增多，但厚度逐渐变薄，煤层发生分叉的方向常是地壳沉降幅度和速度增大的方向；

② 朝着沉降幅度和速度增大的方向，煤系的总厚度及煤的灰分有增大的趋势。

（二）泥炭沼泽基底不平

在聚煤期，泥炭沼泽基底不可能完全水平，常常是起伏不平。在泥炭堆积的初期，首先在低洼地方堆积泥炭，低洼处堆积被填平后，再在隆起处堆积，这就导致原来低洼处的泥炭层厚，隆起处薄。如果隆起一直高出沼泽水面，就会造成煤层在基底隆起处尖灭；如果沼泽周围为隆起高地，那么在边缘地带发生尖灭现象，使煤层呈向四周尖灭的透镜体。沼泽基底不平引起的煤厚变化常发生于煤系的最底部煤层。这种变化具有如下特点：

① 煤层底板起伏不平，而顶板与煤层接触面平整；

② 煤层变薄的方向也是底板凸起的方向，其厚度变化是渐变的；

③ 煤分层或夹石层被基底隆起地段所隔开而呈不连续现象（图 5-3）。

（三）河流冲蚀

河流冲蚀是煤层变薄的一种常见现象，是由于古河流侵蚀泥炭层或煤层，使泥炭层或煤

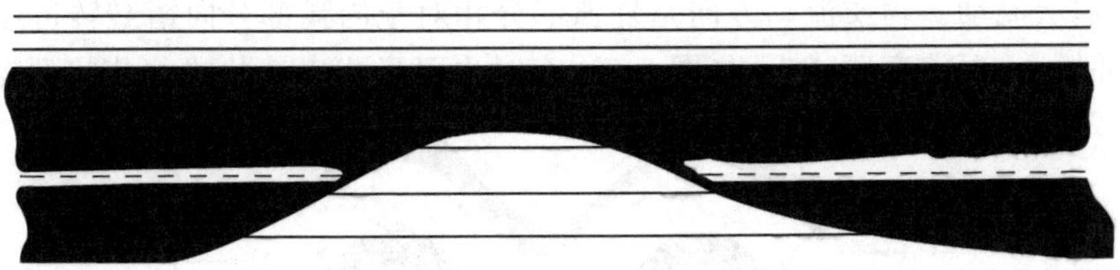

图 5-3　泥炭沼泽基底不平造成的煤厚变化示意图

层受到破坏而形成的。根据冲蚀发生的时间,可分为同生冲蚀和后生冲蚀,分述如下。

(1) 同生冲蚀:是在泥炭堆积过程中,即煤层顶板形成之前发生的冲蚀(图 5-4)。这种冲蚀规模一般都不大,冲蚀带的岩石成分以砂质为主,砂质岩中常有煤的碎块,它们和煤层有共同的顶板。在平面,冲蚀带呈弯曲的带状分布。

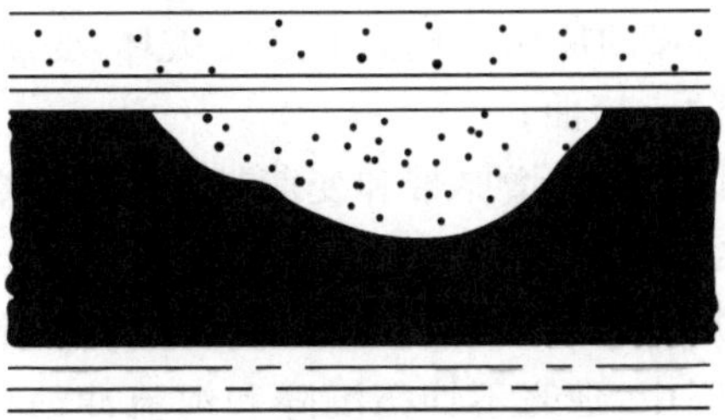

图 5-4　煤层同生冲蚀示意图

(2) 后生冲蚀:是在煤层和煤层顶板形成以后发生的冲蚀(图 5-5)。后生冲蚀规模比同生冲蚀规模大,可形成宽数十米至几百米、长数千米至几十千米的薄煤带或无煤带。它不仅冲蚀了煤层,也冲蚀了煤层的顶板,甚至冲蚀到煤层底板。冲蚀带在平面上呈很宽的条带状分布,延伸较长,有时分叉。冲蚀的凹陷部位常为各种粒径的砂岩,底部为砾岩,偶见粉砂岩或黏土岩,常有煤和顶板岩屑混入其中。邻近冲蚀带的煤层光泽暗淡,煤质疏松,灰分增高,裂隙发育。由于这种冲蚀带分布范围较广,因此,常造成无煤区或不可采区。

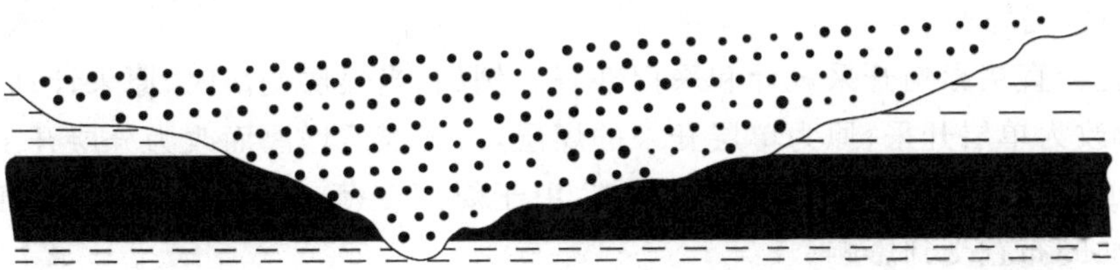

图 5-5　煤层后生冲蚀示意图

煤层的冲蚀除由河流引起外,还可由海浪引起。滨海地带泥炭沼泽受到海水的冲蚀,从而破坏了泥炭的堆积。这种冲蚀带的特点是煤层顶板为石灰岩,煤层表面不平整或局部为呈漏斗状的凹陷,其深度较小。

(四) 构造变动

当煤系在受到侧向挤压力的作用形成褶皱时,由于煤层具有柔性,而其顶底板岩层相对比较坚硬,所以顶底板岩层相对滑动产生的力偶作用使煤层在主褶皱的翼部产生不对称褶皱,同时产生顺层流动。物质流动方向是外弧部分相对于内弧部分向褶皱转折端流动,使煤层在褶皱轴部增厚,两翼变薄或尖灭(图 5-6),有时也可形成串珠状或藕节状的煤层。

图 5-6　构造变动使煤厚变化示意图

由构造变动引起的煤厚变化具有如下特点:

① 无论是在煤层增厚带,还是在变薄带,煤与夹矸常混杂在一起,造成煤的灰分增高;

② 煤层顶底板多不完整,裂隙发育,有时与煤层互相穿插;

③ 在煤层增厚或变薄处,煤的原始结构有时遭受破坏,变成鳞片状或碎粒状的构造煤,可见光滑的摩擦面和不规则的小褶曲;

④ 沿煤层的走向或倾向,煤层的增厚带和变薄带常相互交替出现。

(五) 其他因素引起的煤厚变化

除了上述原因可引起煤厚变化外,岩溶陷落柱或岩浆侵入体也可引起煤厚变化。

在上述几种煤厚变化原因中,地壳不均衡沉降和河流冲蚀导致的煤厚变化具有广泛性与普遍性,其他几种原因导致的煤厚变化具有局域性。

煤厚变化往往不是单一原因造成的,而常常是几种原因综合作用的结果。在同一矿井的不同煤层或同一煤层的不同部位,引起煤厚变化的原因可能不同。有的地方以地壳不均衡沉降、泥炭沼泽基底不平等原生变化为主,而有的地方可能是后生冲蚀或构造变动引起的,还可能由于后生变化附加在原生变化之上。因此,在实际工作中,必须全面分析,分清主次,才能更好地掌握煤厚变化的规律和特点,以便更好地指导生产。

二、煤厚变化对煤矿生产的影响

煤厚变化对煤矿生产的影响表现在如下几个方面。

(1) 影响采掘部署

煤厚变化会直接影响开采设计和采掘部署。例如,当煤层变薄时,原来计划分层开采的厚煤层,只得改为单层开采;原为单层开采的煤层,由于煤层增厚而改为分层开采,这样就要重新调整巷道部署。又如开采薄煤层的煤矿,由于煤层变薄,会导致大面积不可采,使整个采区和工作面的布置受到影响。

(2) 影响计划生产

采煤生产是多工序按计划连续作业,如果回采工作面内煤厚变薄,会打乱原来的工作计划,使已准备好的工作面不能按计划回采,造成计划落空、工作被动。例如,淮南某矿 C_{13} 煤层的一个工作面,巷道所揭露的煤厚均在 6 m 左右,计划分两个分层回采。由于回采上分层时未探煤厚,掘进下分层切眼时,才发现煤厚局部变为 0.4 m。后退 15 m 另开切眼,煤层仍不可采。再后退 40 m,巷道穿过变薄带至上风巷时证实采区中部为一大面积变薄带。结果被迫改变计划,整个下分层只采出两小块煤体(图 5-7),使工作面原定的生产计划受到严重影响。

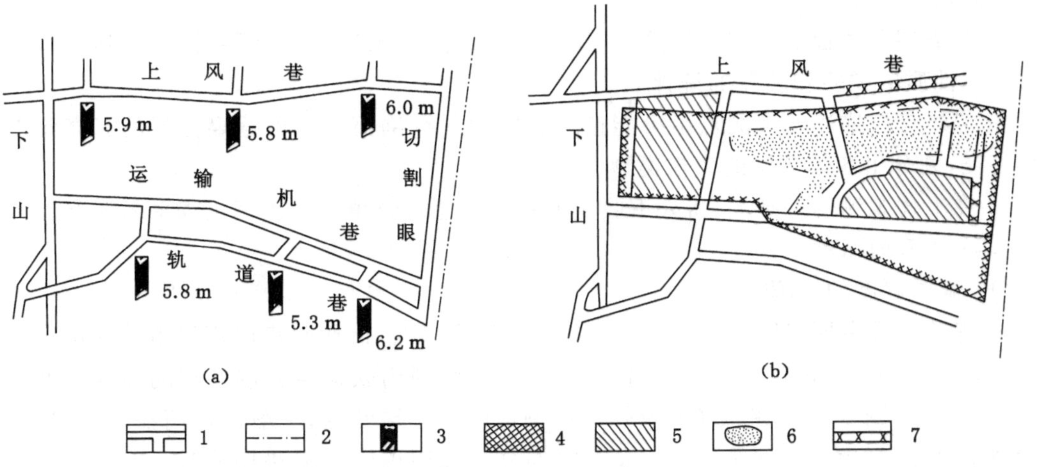

1—巷道；2—边界线；3—煤层小柱状；4—上分层回采范围；5—下分层回采范围；6—薄煤带；7—报废巷道。

图 5-7　淮南某矿未探煤厚而影响生产计划示意图

综合机械化采煤对煤厚稳定程度的要求更高。如果煤层变薄至小于液压支架的最小高度，需要增加破顶或破底工序，影响生产效率，甚至因煤层变薄而使工作面中断生产。

我国南方一些煤矿的煤层极不稳定，煤厚变化范围极大。掘进中经常出现厚煤层很快变成薄煤线，致使很难布置出完整的工作面，只能边掘边探，边探边掘，生产效率低下。

(3) 掘进率增大

煤厚变化大的矿井，巷道掘进率必然增大。这是因为探煤厚时，必须布置一些专门的探巷。由于煤层分叉变薄，可能使巷道掘进到尖灭煤层而造成废巷。另外，对煤厚变化原因判断失误也可造成废巷。以上种种原因都会增加巷道掘进量，使掘进率增大。

(4) 回采率降低

煤层厚度变化大，常造成回采工作面的面积损失和厚度损失，降低了回采率。

三、煤厚变化研究

(一) 煤厚变化的观测

(1) 煤层观测内容

在煤层观测点处，应尽量全面地观测、收集煤层的各种资料，包括煤层厚度、煤层结构、煤岩类型、煤质特征、煤层含水性及煤层顶底板等，并测量煤层产状。

(2) 煤层观测方法

通常，煤层观测工作和井巷地质编录一同进行。观测要点有以下几个方面。

① 在能够揭露煤层全厚的巷道中，直接测量煤层的总厚度及煤分层和夹石层厚度。必要时，换算成真厚度。对于煤层增厚、变薄、分叉、尖灭、断层、褶曲等厚度变化处，应在井下现场绘制剖面草图和细部素描图。

② 根据煤厚变化的复杂程度，确定井巷编录方式。一般情况下，须编录煤巷一帮的连续剖面；煤厚变化不大时，可间隔一定距离测绘煤层小柱状；煤层倾角较大时，测绘迎头素描；还要测量各个变化点处的煤层产状。

③ 煤层观测点的布置应按照实际情况确定。对结构复杂、煤厚不稳定的煤层，应适当

加密观测点。

④ 对煤层顶底板的观测和描述，采用岩石学的方法来鉴定。必要时，进行顶底板岩石物理力学性质的试验和裂隙的统计。

⑤ 煤岩分层描述的观测点尽可能选在新鲜的连续剖面上。根据煤分层的光亮程度和结构特征，划分出各煤分层的煤岩类型。

⑥ 在上述观测的基础上，将井下收集的各种煤层资料填绘在采掘工程平面图上。

（二）煤层的探测

（1）煤层厚度的探测

① 煤巷掘进中探煤厚。当巷道不能揭露煤层全厚时，缓倾斜煤层用煤电钻探测分层巷道底的煤厚。如果是沿煤层底面掘进的分层巷道，可利用联络各分层巷道的溜煤眼及反眼揭露煤层全厚(图 5-8)。在急倾斜厚煤层中掘进的各分层巷道，一般以煤门探测煤厚为主，既探清了煤厚，又为煤层回采做了准备。当部分区段用煤门还无法探清时，可用煤电钻、接杆钎子电钻来探测煤厚(图 5-9)。

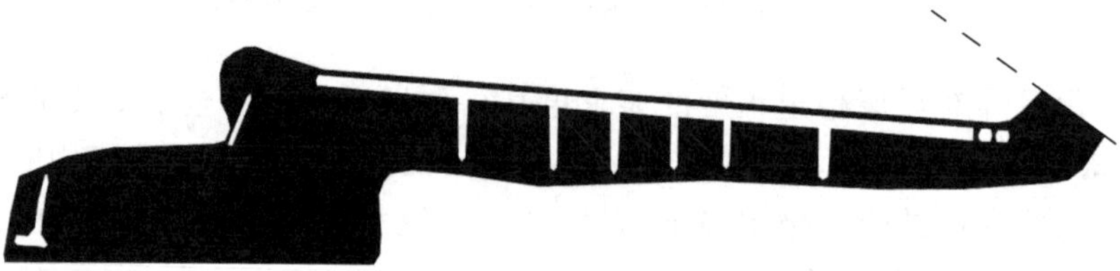

图 5-8　缓倾斜厚煤层巷道探煤厚示意图

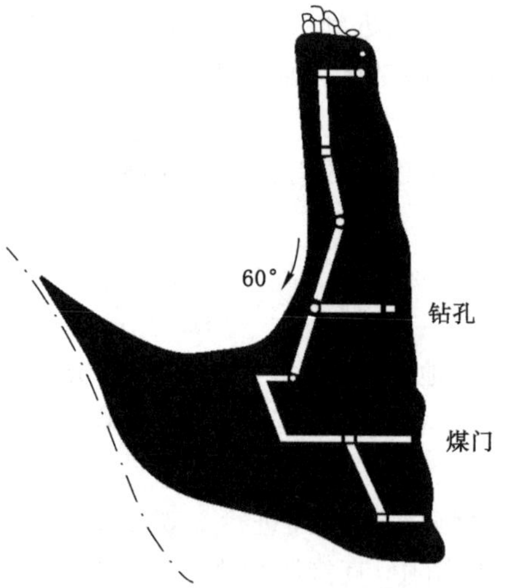

图 5-9　急倾斜厚煤层煤门探煤厚示意图

② 回采工作面探煤厚。在缓倾斜或倾斜厚煤层分层开采工作面中，为了控制各个分层的回采高度，仅根据回采巷道中探煤厚探测点测定的资料是不够的，一般还要在上分层开采的过程中测量实际采高的同时，随着工作面的推进，按照一定的距离探测下分层煤厚，通常采用煤电钻探测。根据探煤厚的资料，编制剩余煤层厚度等值线图，确定煤分层开采的

厚度。

（2）煤层分叉尖灭的探测

煤层分叉情况大致可分为两种：一种是煤层分叉后，各分叉煤层的分布均较稳定；另一种是煤层分叉后，只有一层保持稳定，其余各分叉层不稳定而很快尖灭。探测时，应根据煤层的实际情况确定探测方法。

煤层呈多次分叉且各分叉煤层均较稳定，可采用阶段石门贯穿各分层，然后沿主要稳定煤层掘进煤巷，并用井下钻探法探测各分叉煤层（图 5-10）。

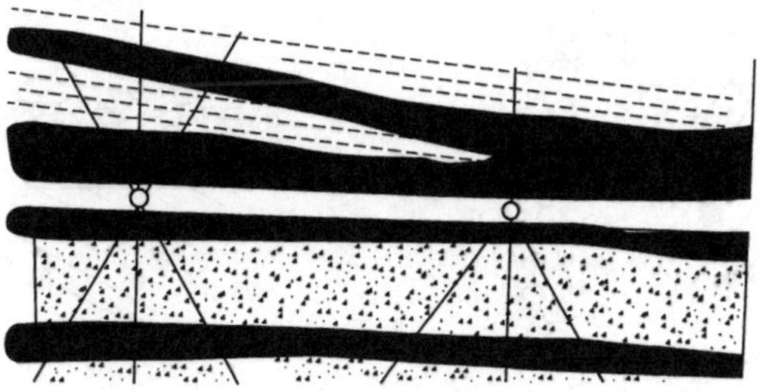

图 5-10　用钻探法探测各分叉煤层

煤层呈稳定程度不同的分叉，在主要分叉煤层布置巷道，对其他分叉煤层用钻探、巷探等手段探明可采范围，并按照自上而下的顺序回采（图 5-11）。

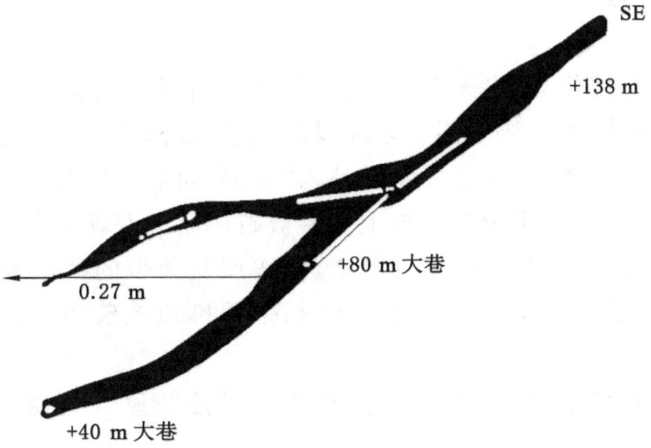

图 5-11　湖南某矿煤层分叉尖灭的探测

（3）煤层底凸薄化的探测

煤层底凸薄化是指煤层底板凸起而造成煤厚变薄尖灭的现象。对于这种变化，主要是圈定煤层变薄带和不可采范围。常用的方法主要有：利用钻探控制巷道掘进前方的底凸位置，边掘边探，确定底凸薄化范围；利用巷道穿过底凸部位，直接圈定煤层底板凸起位置和煤层薄化范围；利用工作面上分层边采边探的煤层资料，编制煤层顶底板标高等值线图，圈定煤层底凸薄化的位置和范围。

（4）河流冲蚀变薄带的探测

应在巷道中仔细观察和素描冲蚀带的宽度、厚度、岩石成分、层理、砾石分布、煤层顶底板冲蚀情况、冲蚀特征、冲蚀处煤质变化等，将各巷道所见冲蚀现象绘在平面图上，进行分析对比，确定古河床的分布范围及对煤层的破坏情况，圈出古河床冲蚀带范围(图 5-12)。

当冲蚀带范围不易查清时，需要用探巷从邻近煤层的巷道中布置钻孔，探明冲蚀带宽度和煤层的可采范围(图 5-13)。同时还应收集地质勘探和矿井生产中有关煤厚、顶板岩性、煤质等资料，编制煤层等厚线图及顶板岩性分布图。结合巷道实见和钻孔资料，分析并圈定冲蚀范围，预测冲蚀带可能的延伸情况。

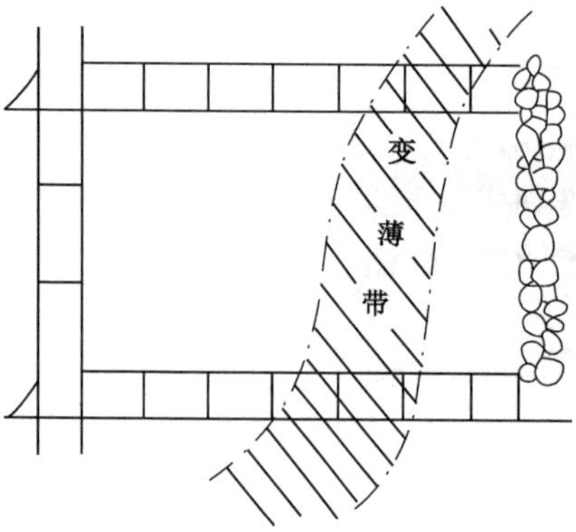

图 5-12　由巷道圈定煤层冲蚀带

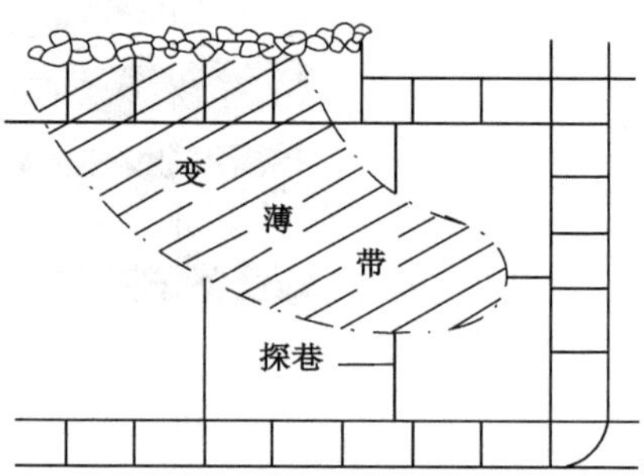

图 5-13　由探巷圈定煤层冲蚀带

四、煤厚变化的处理

(1) 掘进中的处理

① 在煤巷如遇到煤层分叉、尖灭现象，要根据具体情况确定掘进方案。如已知上分层稳定可采而下分层常变薄尖灭，则巷道应紧靠煤层顶板掘进；如果下分层稳定可采而上分层不稳定，则应紧靠煤层底板掘进，这样才不致钻入“叉尖”而造成废巷。如果分叉后煤层全部可采，应先采上分层，以免先采下分层造成上分层被破坏而浪费煤炭资源。

② 在采区上山掘进中，如遇到煤层变薄带，应按照变薄带的范围来决定处理方案。一般当变薄带范围不大并且确知工作面有煤可采时，采用挑顶或破底的方法使掘进巷道直接穿过变薄带。

③ 主要运输巷遇到煤层变薄或尖灭时，巷道可以按照原计划施工，直接穿过变薄尖灭带。

(2) 回采工作中的处理

在采区和回采工作面布置之前，如果已搞清某些地方有煤层变薄或尖灭带存在，最好把这些煤层变薄带或尖灭带作为采区或工作面的边界来处理。在工作面回采过程中遇到煤层变薄带，可采用如下几种方法处理。

回采工作面遇到变薄带或无煤区时，可采用直接推过或绕过的办法。若变薄带或不可采区范围较小，则采用直接推过的办法(图 5-14)；若变薄带范围较大，可考虑采用绕过的办法(图 5-15)；大面积的不可采区应布置探巷，探清不可采范围，将工作面先分成几块回采，绕过变薄带后，再合成一个工作面回采(图 5-16)。

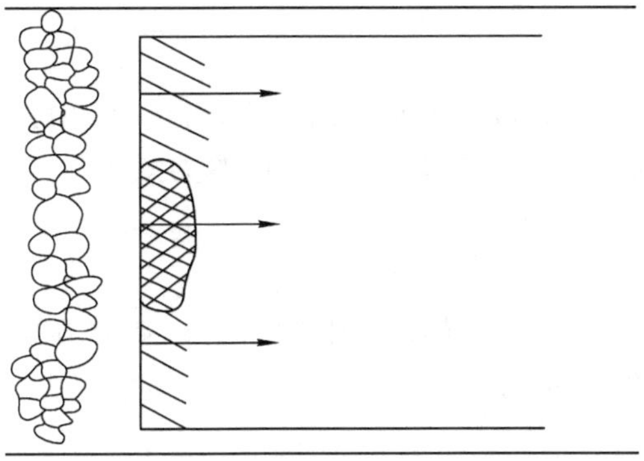

图 5-14　工作面直接推过变薄带示意图

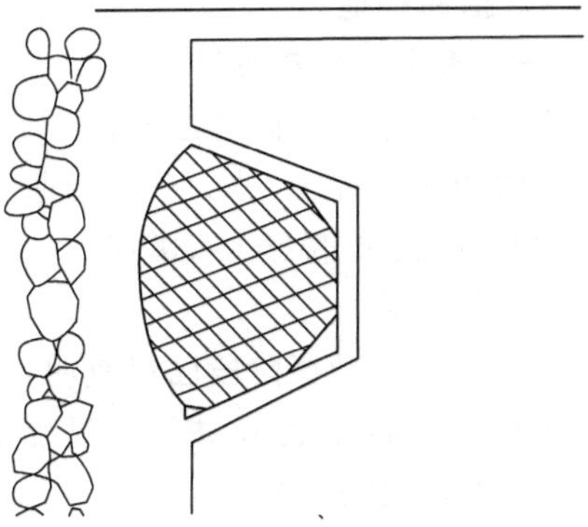

图 5-15　工作面绕过变薄带示意图

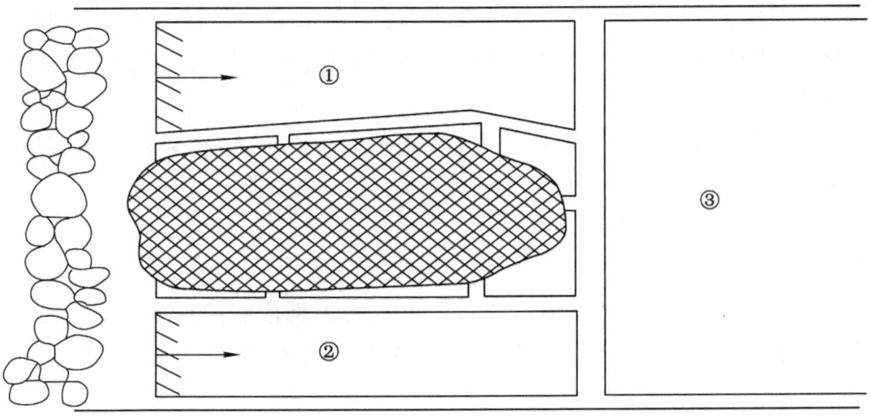

图 5-16　工作面分块回采示意图

第二节　地质构造

地质构造主要包括褶曲、节理和断层等。在影响煤矿生产的诸多地质因素中，地质构造占主导地位，它通常对岩浆侵入体、矿井水文地质条件和矿井瓦斯起控制作用。

按照规模的大小和对生产的影响程度，地质构造分为大型、中型和小型 3 个等级。大型构造是指决定井田形态和井田边界的大型褶曲与大型断层，这类构造通常在勘探阶段已经查明。中型构造是指井田范围内影响水平、采区划分和采区巷道布置的次一级褶曲与断层，这类构造在勘探阶段尚未查明，甚至还未发现，需要通过生产期间的补充勘探，在采掘过程中逐步查清、查明，它对煤矿生产的影响极大，始终是煤矿地质工作的研究重点。小型构造是指那些在巷道施工或煤层开采中能看清全貌的小褶曲和小断层，当这类构造密集发育时，对生产的影响较大，特别是给机械化开采增加了难度。因此，研究中型、小型地质构造，特别是中型断层，是目前煤矿地质工作的一项重要任务。

一、褶曲构造

（一）褶曲对生产的影响

褶曲的大小和开阔程度不同，对生产的影响也不同。按照褶曲大小，分为大、中、小型；按照褶曲的开阔程度，分为平缓褶曲（两翼夹角大于120°）、开阔褶曲（两翼夹角70°～120°）、闭合褶曲（两翼夹角30°～70°）和紧闭褶曲（两翼夹角小于30°）。

（1）大型褶曲

大型褶曲在勘探阶段已经查明，它的规模、方向和位置影响到井田划分、矿井开拓方式及开拓系统的部署，是矿井设计过程中要考虑的主要问题。

（2）中、小型褶曲

中型褶曲对整个矿井的开拓部署影响不大，但与采区的布置关系密切，它直接影响采区的大小和采区巷道的布置。

小型褶曲是指在回采工作面准备过程中，在巷道中揭露的褶曲。它影响煤平巷的掘进方向，从而影响工作面的长度，给机械化采煤、顶板管理带来一定的困难。小型褶曲往往引起煤厚的变化，使生产条件复杂化。当小型褶曲特别发育时，煤层甚至变得不可采。

（3）紧闭褶曲

紧闭褶曲的轴部地应力大，次级构造发育，开采十分困难，也容易发生灾害性事故，对生产的影响很大。

（二）生产中对褶曲的研究

（1）褶曲的判断

岩层产状的规律性变化和岩层层序的对称重复是识别褶曲的重要标志。穿层巷道中岩层的相背或相向倾斜，或煤平巷中因煤层走向的变化导致的平巷弯曲，都是褶曲存在的标志。

由于褶曲轴的位置与采区划分和巷道布置关系密切，查明褶曲轴的位置和延伸方向是矿山地质工作的一项重要任务。在实际工作中，一般采用下列方法确定褶曲。

① 根据上部煤层资料推断。可利用上部煤层已经查明的资料，推断下部煤层褶曲轴的位置和方向；但不对称褶曲在不同煤层中褶曲轴的平面投影位置是不重合的，必须考虑轴面产状，并结合层间距来推断轴的位置。对于不协调褶曲，在上下煤层中的形态有相当大的差别，应根据褶曲在不同岩层中的发育特征，分析其变化规律，推断褶曲轴的位置。

② 根据区域构造线的方向推断。在新区资料较少的情况下，可由个别点的褶曲轴资料，结合区域构造线的方向，推断褶曲轴的方向。

（2）褶曲形态及其内部小构造的研究

确定褶曲形态是研究褶曲的重要内容。研究褶曲形态实质上是对褶曲要素进行分析。首先根据已查明的地层层序和岩层产状及其变化，确定褶曲存在的位置和褶曲类型；其次系统地测量褶曲的枢纽、两翼和轴面等要素的产状；最后根据有关褶曲要素特征和空间分布特征，确定褶曲的空间形态。对于规模不大、保存完好且出露充分的褶曲，可直接测量有关要素的产状，实地观测其形态特征；但对于规模较大、保存或出露不完全的褶曲，往往需要系统地测量岩层和枢纽的产状，根据地层露头分布规律、岩层产状变化规律、褶曲内部小构造的发育特征等，综合分析确定褶曲的形态。

褶曲内部伴生或派生的次级小构造（如层间擦痕、层间小褶皱等）的发育，与主褶曲存在一定的力学和几何关系，从不同侧面可反映出主褶曲的特征。

① 层间擦痕。它是褶曲形成过程中岩层与岩层之间相互摩擦留下的痕迹。它可以发育在褶曲的两翼或转折端等处。当褶曲枢纽水平时，翼部的擦痕方向与枢纽（或岩层走向）近于垂直；当褶曲倾伏时，擦痕方向则与枢纽斜交或近于平行。

② 层间小褶皱。它多发育于坚硬岩层之间的软岩层中，是在主褶曲形成过程中，相邻岩层中的上部岩层相对向上（背斜转折端）滑动，而下部岩层相对向下滑动所产生的力偶作用形成的。主要发育于主褶曲的翼部，其轴线与主褶曲轴近于平行；轴面与岩层面斜交，二者的锐夹角指向相邻岩层相对滑动方向（图 5-17）。

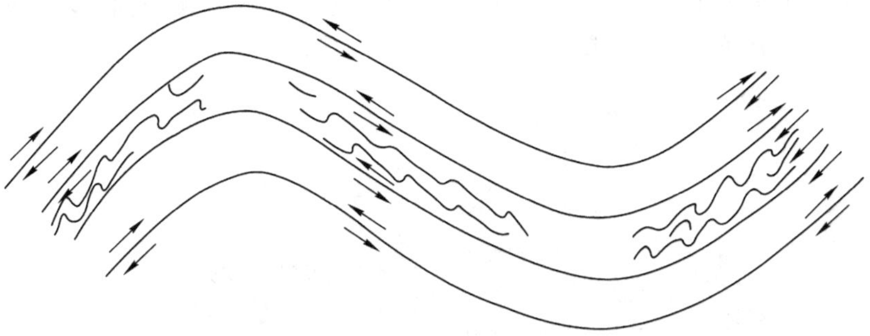

图 5-17　层间小褶皱示意图

（3）褶曲的观测

对于已经确认的褶曲构造，主要观测描述以下内容。

① 在巷道中能看到全貌的小褶曲，要系统观测褶曲轴的位置、方向和产状。在巷道中不能揭露全貌的中型褶曲，要准确观测揭露点处煤岩层层位及其顶底面顺序、岩层产状，然后把观测资料投绘到平面或剖面图上，经过综合分析，确定褶曲轴。

② 观测褶曲两翼的岩层产状、褶曲宽度和幅度、褶曲的延展变化及向深部的延伸趋势。

③ 观测褶曲与断层、节理、煤厚变化的关系。在能见到煤层及其顶底板的巷道中，要观测褶曲不同部位煤层厚度和结构的变化、煤层及其顶底板中的滑动面以及断层与节理的发育情况等。

（4）褶曲的探测

根据观测资料判断褶曲轴带有推断性。这种推断资料一般不能作为指导生产的依据，因此，对褶曲必须进行探测。

对褶曲的探测，首先应根据已经掌握的各种资料，初步判断褶曲的类型、要素、分布范围。对褶曲构造形态不清楚的部位，用探巷加以查明。对复杂褶曲构造，应在井下邻近巷道中用钻探方法查明。

（三）褶曲的处理

（1）大型褶曲

① 褶曲轴线作为井田边界。有些大型向斜，由于轴部埋藏深，开采困难，多作为井田边界，两翼分别由两个井田开采。有些大型宽缓背斜，两翼煤层相距较远，井下难以形成统一的生产系统，往往以褶曲轴为界，两翼分别由两个井田开采。

② 大型褶曲在开拓部署中的处理方法。并不是所有大型褶曲轴都必须作为井田边界，

在有的井田内也可以有大型褶曲存在。若井田内有大型背斜构造,开拓系统部署中常把总回风巷布置在背斜轴部附近;若井田内存在大型向斜构造,一般把总运输巷布置在向斜轴部附近。

利用立井或斜井开拓时,井筒位置最好不要布置在向斜轴部附近,以免留设井筒保护煤柱太多,造成资源浪费。

此外,大型向斜轴部的煤层顶板有压力增大的现象,必须加强支护。在高瓦斯矿井,背斜轴部是瓦斯突出的危险区,应给予足够重视。

(2) 中型褶曲

① 以褶曲轴线作为采区中心布置采区上下山。对开阔的平缓褶曲,以向斜轴作为采区中心,向两翼布置工作面,形成双翼开采的采区(图 5-18)。

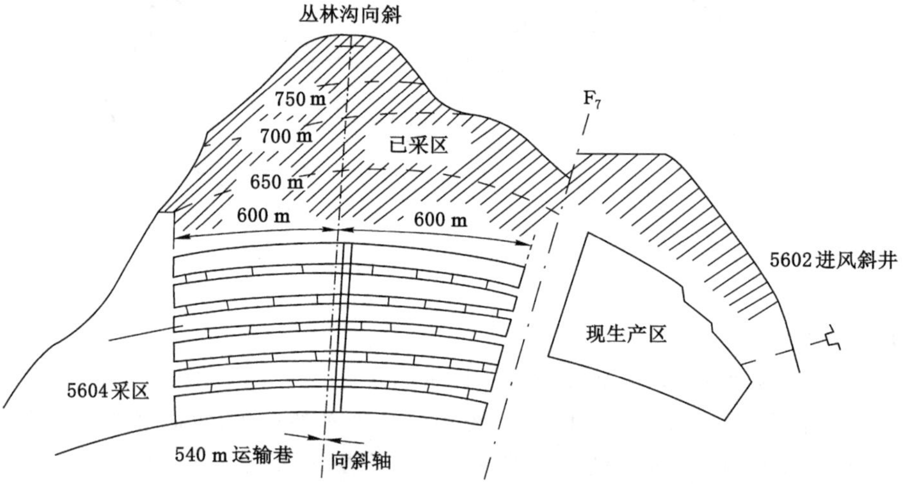

图 5-18　以向斜轴为采区中心布置上下山示意图

② 以褶曲轴作为采区边界。在紧闭褶曲的轴部,次一级构造往往发育,因此常以褶曲轴作为采区边界(图 5-19)。

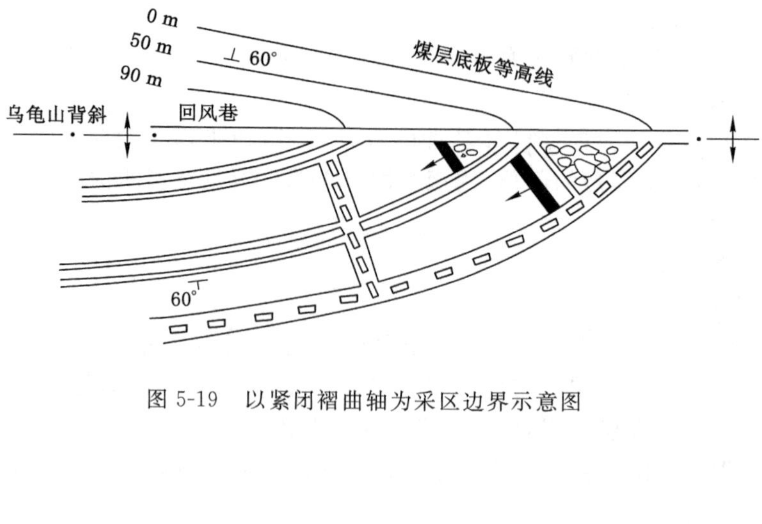

图 5-19　以紧闭褶曲轴为采区边界示意图

③ 工作面直接推过褶曲轴。当褶曲较宽缓且规模不大时，可布置单翼采区，工作面可直接推过褶曲轴部(图 5-20)。

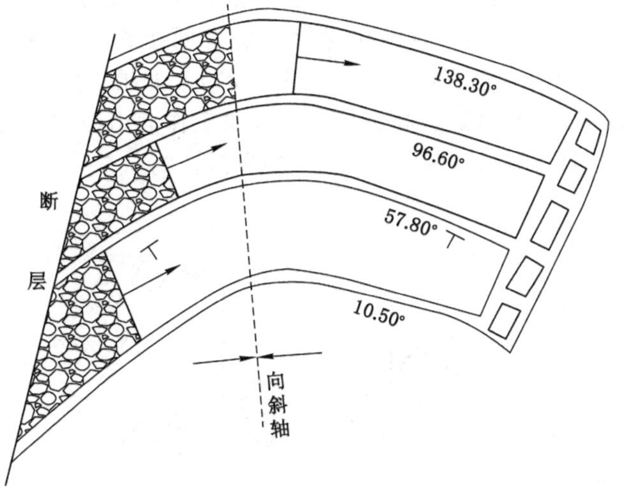

图 5-20　工作面直接推过褶曲轴示意图

(3) 小型褶曲

① 采面重开切眼。在小型褶曲发育地区，煤层往往突然增厚或变薄，甚至变为不可采，使工作面无法通过，需要重开切眼。

② 采面运输巷改造取直。煤矿井下运输巷道要求在 60 m 内不能有大的弯曲，否则难以运输。由于小褶曲的存在，使煤平巷弯曲。为满足运输要求，需要将运输巷改造取直(图 5-21)。

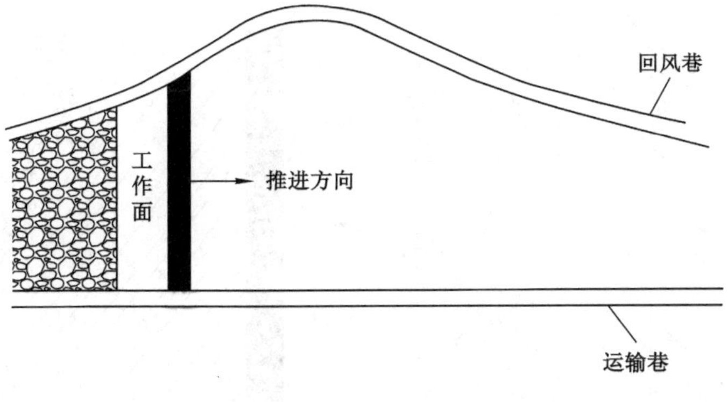

图 5-21　工作面运输巷改造取直示意图

二、断裂构造

(一) 节理(裂隙)对生产的影响和处理方法

(1) 影响钻眼爆破效果

当岩石中节理发育时，若炮眼方向与主要节理组方向平行，不仅容易卡钎子，而且会在爆破时沿裂隙面漏气，降低爆破效果。因此，炮眼方向应尽可能垂直于主要节理组方向布置。

(2) 影响开采效率

节理会影响煤层开采的落煤效率,因此根据煤层中节理面的方向和发育程度,合理布置回采工作面,可以提高生产效率。假设在煤层中发育两组构造节理,一组倾向为西,倾角50°~55°,较发育;另一组与之垂直,不甚发育(图5-22)。如果工作面由东向西推进,煤块容易顺着发育的节理面脱落,开采效率高、速度快;如果工作面由西向东推进,发育的节理面倾向与工作面推进方向相反,煤层不易脱落,生产效率低。

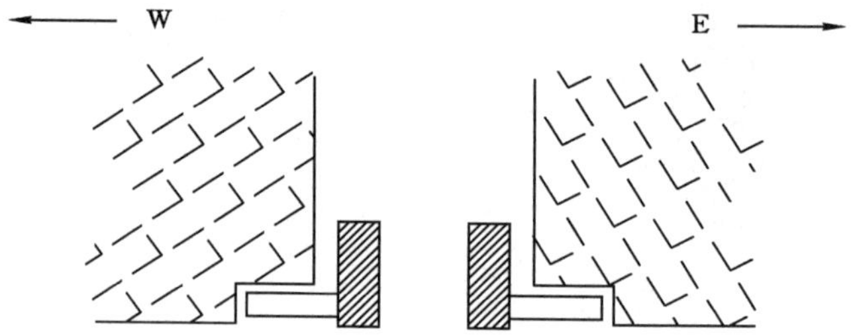

图5-22 采煤方向与节理关系示意图

(3) 影响顶板管理方法

煤层顶板裂隙发育时,工作面顶板支护不能用顶柱,必须用顶梁,并且顶梁不能平行于主要节理组方向,应与它们有一定的交角,以防止顶板沿裂隙面冒落。当煤层倾角较小、顶板裂隙发育时,放顶距离要小,而且回柱放顶方向要根据顶板的主要节理方向确定(图5-23)。这样顶板冒落的块度小,保证回柱放顶工作安全。

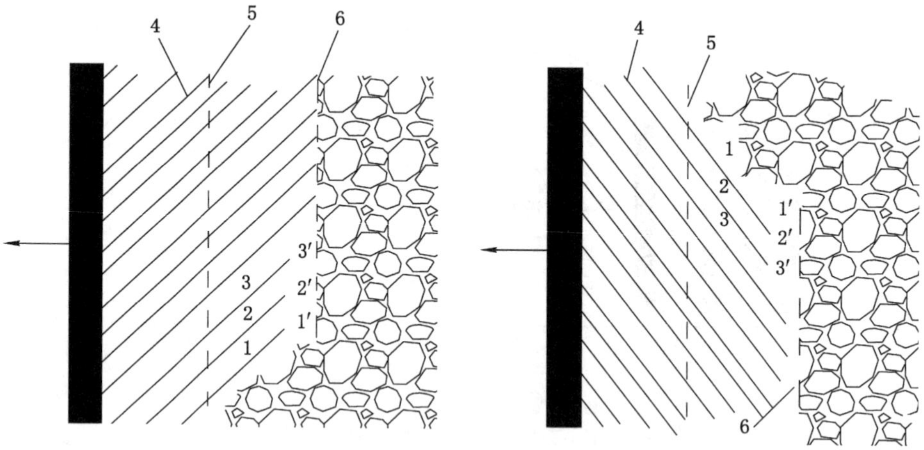

1-1′,2-2′,3-3′—正确的回柱方向;4—顶板主要裂隙走向;5—新支架;6—老支架。

图5-23 工作面回柱方向与节理关系示意图

(4) 影响工作面布置

当煤层顶板节理发育时,回采工作面布置要考虑节理的方向,以利于顶板支护。如果工作面开切眼平行主要节理组方向,则容易发生冒顶事故。因此,工作面切眼方向要与主要节理组方向有一定的交角或接近垂直(图 5-24)。

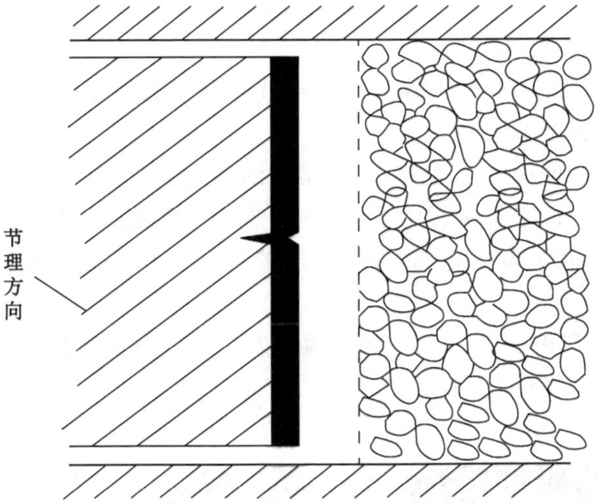

图 5-24　工作面布置与节理关系示意图

(5) 节理对其他方面的影响

节理发育的地段是地下水和矿井瓦斯的良好通道。在采矿过程中,要研究节理对安全生产造成的影响,最大限度地减弱因节理造成的水害和瓦斯灾害。

(二) 断层对生产的影响

相对于褶皱和节理,断层对煤矿生产的影响较为严重,主要是因为断层破坏了煤层的连续性和完整性。断层规模不同,其影响程度也不同。目前,对断层规模等级的划分尚无统一的标准,根据煤矿生产的经验,结合勘探规范的要求,一般按照下列标准来划分断层:落差大于 30 m 的为大型断层;落差大于煤厚小于 30 m 的为中型断层;落差小于煤厚的为小型断层。

断层对煤矿生产的影响概括起来有以下几个方面。

① 影响井田划分。断层是井田划分的主要依据之一。在井田划分时,若井田内存在大断层,必然会增加岩石巷道的掘进量,并给掘进、运输、巷道维护、矿井水防治等方面带来诸多困难。

② 影响井田开拓方式。井田内存在大型断层,煤层被切割成若干不连续的块段,不同块段内煤层产状存在较大的差异,限制了开拓方式的选择。

③ 影响采区和工作面布置。井田内存在纵横交错的断层,给采区和工作面的布置造成很大困难,有时很难形成正规的工作面。

④ 影响安全生产。断层带附近岩石破碎,岩石强度降低,裂隙发育,容易导致水或瓦斯聚积,引发矿井突水、瓦斯突出和坍塌冒顶等事故。

⑤ 增加煤炭损失量。为防水害,断层两侧均留设一定宽度的保安煤柱,造成煤炭损失。断层越多,煤柱损失量越大。另外,断层交会处留设的三角煤也是不小的煤炭损失。

⑥ 增加巷道掘进量。掘进巷道遇到断层,可能引起生产设计方案调整,需要寻找断失煤层,导致巷道掘进量增加,甚至会造成大量的废巷。

⑦ 影响综合经济效益。如果煤层内断层密集，就会增加煤矿的生产成本，直接影响煤矿的综合经济效益。

（三）生产中对断层的研究

断层的识别、观测、描述和断失翼煤层的寻找是断层分析研究的基础工作。

1. 井下巷道揭露断层前的征兆

断层的出现不是一种孤立的现象，在断层面两侧的断层影响带内，往往出现一些与正常情况异样的地质现象。在采掘过程中，随时注意观察这些现象，就可以判断出采掘前方存在断层的可能性，以便及时采取措施，做好过断层的准备工作。在断层出现前，可能遇到的征兆有以下几种。

① 煤层产状发生显著变化，牵引褶曲、褶皱发育。这是由于断层发育过程中，两盘相互错动，牵引附近煤（岩）层使其变形（图 5-25）。

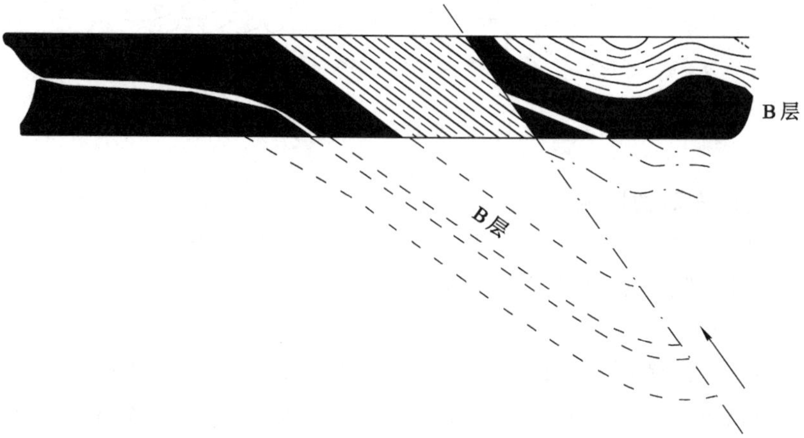

图 5-25　断层附近煤岩产状突变

② 煤层顶底板出现不平行现象。由于煤层比较松软或顶底板岩石力学性质差异较大，在受到断层的挤压和揉搓时，不同部位的变形性质和变形程度都存在差异，从而造成顶底板岩层产状不一致、层面不平行的现象（图 5-26）。

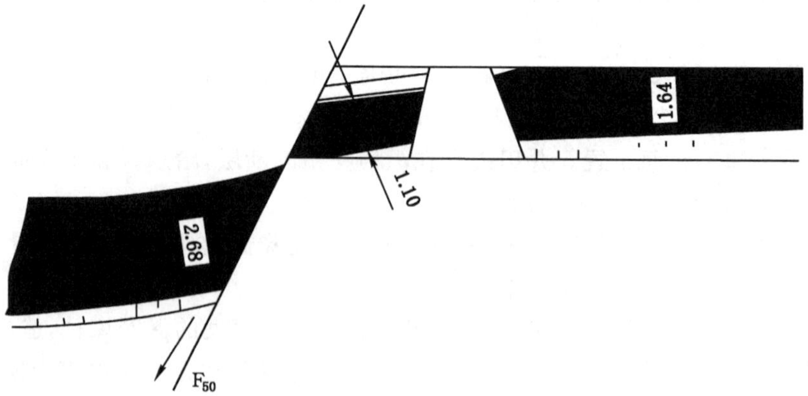

图 5-26　断层附近煤层顶底板不平行

③ 煤层及其顶底板中裂隙显著增加，一般越靠近断层，裂隙越发育。

④ 煤层原生结构发生变化，滑面增多，出现揉皱和破碎现象，煤体呈鳞片状或粉末状。

⑤ 在大断层附近常伴生一系列的小断层，这些小断层与大断层性质相同，产状大体一致（图 5-27）。

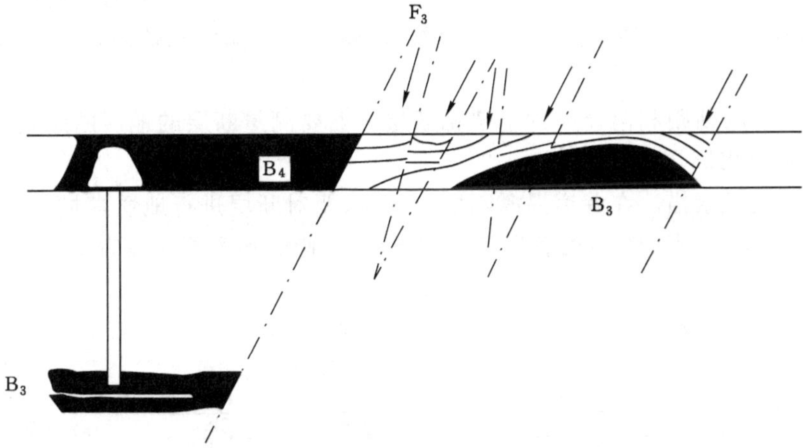

图 5-27　某矿大断层附近伴生的小断层

⑥ 在高瓦斯矿井中，遇到断层前，瓦斯涌出量通常会出现异常。

⑦ 充水性强的矿井，在揭露断层前，巷道会出现滴水、淋水和涌水现象。

以上各种征兆不一定在所有的断层带都出现，有的可能只出现其中的几项，有的也可能不出现任何征兆。

2. 断层的识别标志

井下工作面或巷道中出现断层，总会在煤层、构造等方面有所表现，这也成为识别断层存在的主要标志。断层的存在标志很多，可以归纳为以下几类。

① 煤层或地层的缺失或重复。在垂直于岩层走向的方向上（如石门一帮），若发现岩层或地层有不对称重复（注意与褶皱造成的对称重复相区别）或缺失，则说明有断层存在。

② 地质体或地质界线不连续。无论何种地质体或地质界线，如煤层、岩层、层理、岩体、岩石相带界线及早期形成的褶皱轴线和断层，它们均按照一定的产状在空间展布。若发现某些地质体或地质界线在延展方向上突然中断、错开，则说明有断层存在。如在煤巷掘进过程中，迎头突然出现半煤岩或全岩，即可判断有断层存在。

③ 构造标志。断层两侧的煤岩层因受强烈挤压或拉张、错动作用，常会伴生或派生诸如岩层产状急剧变化或岩层节理化或节理化加剧、岩石破碎成角砾岩或泥状、断层面擦痕、牵引褶曲等现象。通过对这些现象的仔细观察和综合分析，便可判别断层的存在。

3. 断层的观测

① 断层位置的确定。丈量断层距附近测点的距离和方位，并把测量资料填绘到巷道平面图或剖面图上。

② 断层面特征的观测。观察断层面的形态特征（平整状、舒缓波状、粗糙、平滑、闭合或开口），断层面的擦痕特征，断层破碎带的宽度及其变化，破碎带充填物特征（角砾岩、糜棱岩

或断层泥),充填物的成分、大小、排列及胶结情况。

③ 伴生或派生地质现象的观测。对断层上下盘煤(岩)层产状及厚度变化、牵引现象、羽状节理等进行观察,它们往往是确定断层性质、寻找断失翼煤层的重要依据。

④ 断层性质的确定。在观测的基础上,结合矿井的构造发育规律,确定断层性质。

⑤ 断层产状的测量。若井下断层面出露比较好,可用罗盘直接测量断层的产状;若断层面出露不好,可利用巷道壁与断层面的交线,测量断层的倾向和伪倾角,经换算,求得断层的产状。

⑥ 确定断层的断距和落差。井下遇见断层一般要测量断层的地层断距,根据断层和煤岩层的产状,换算出断层的落差。

⑦ 对断层进行素描。在巷道揭露断层的部位,要对断层进行地质素描。一般采用巷道平面图加数字或巷道剖面图加数字等形式,把断层的特征和主要参数表示出来(图 5-28)。

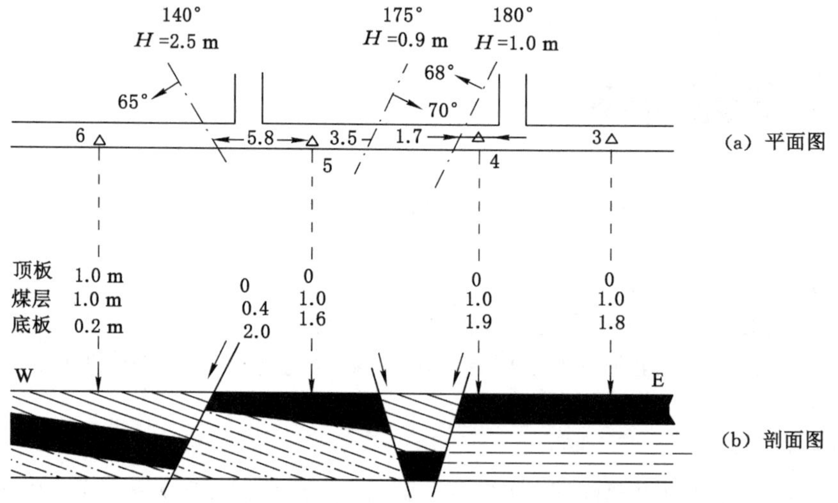

图 5-28　在巷道平面和剖面图上加注数字记录断层示意图

4. 断失翼煤层的寻找方法

井下巷道遇到落差较大的断层时,必须确定断层的性质和断距,为巷道掘进指明前进方向,这一工作称为断失翼煤层的寻找。通常采用下列方法寻找断失翼煤层。

(1) 层位对比法

层位对比法是根据巷道揭露的断层另一盘煤(岩)层的层位,结合断层的产状来判断断层性质和地层断距,以达到寻找断失翼煤层的一种方法。当标志层明显时,它是一种既经济又简便的方法,在煤矿中被广泛地应用。河北某矿在 4 号煤层掘进巷道时,遇一断层,过断层面后,与巷道对接的是位于 4 号煤层上部 12 m 的一层白色砂岩,厚 0.5 m,距巷顶 0.4 m。据此可以确定该断层断距大约为 12.9 m,断失翼煤层所在的断盘为下降盘,结合断层的产状,断失翼煤层所在的断盘为上盘,故该断层为正断层(图 5-29)。

在开采煤层群的矿井中,由于断层常把不同煤层错接在一起,在沿煤层掘进巷道时,断层不易识别,巷道容易窜层。在这种情况下,要特别注意掌握各种煤层的特征,时刻留意煤层的结构、厚度、煤岩特征、结核、包裹体及顶底板岩性的变化,准确鉴定巷道的掘进层位。

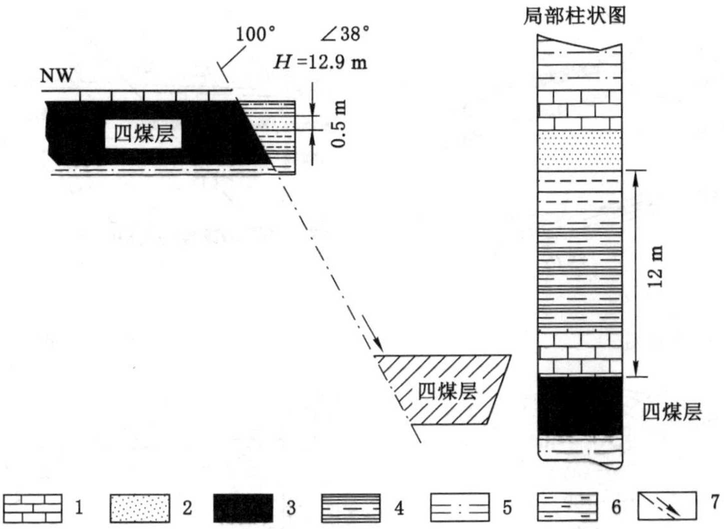

1—石灰岩；2—砂岩；3—煤层；4—泥页岩；5—砂质泥岩；6—泥岩；7—错动方向。

图 5-29　某矿利用层位对比确定断层性质和断距

只有这样，才能及时发现断层并确定断层的性质和断距，找到断失翼煤层。

(2) 构造形迹判定法

构造形迹判定法是利用在断层附近与断层伴生或派生的小型或微型构造，判断断失翼煤层断失方向的一种方法，主要有牵引褶曲、断层擦痕、伴生小断层、羽状节理等。这些小型或微型构造与断层有成因联系，并能指示断层两盘相对运动方向，它们既是断层的存在标志，又可作为确定断层性质、推断断失翼煤层断失方向的依据。

(3) 规律类推法

随着矿山地质资料的积累，对出现的断层会得出某些规律性的认识，并据此指导断失翼煤层的寻找。如河南焦作矿区和内蒙古扎赉诺尔矿区，自开采至今，未发现过逆断层，所揭露的断层均为正断层。据此规律，只要查明断层的倾向，一般就可以指明断失翼煤层的寻找方向。又如河北峰峰矿区绝大多数为正断层，只有 NE30°方向才出现过逆断层。因此，只要查明断层的走向，一般就可以确定断层的性质和断失翼煤层的方向。

(4) 作图分析法

作图分析法是根据地质制图的原理，结合断层的各种特征进行断层对比连接，确定断层的性质和断距，进而确定断失翼煤层的一种方法。一般的做法是：将新揭露的断层点位置准确地填绘在剖面图、煤层底板等高线图、水平切面图和立面投影图上，并根据断层的产状进行上下左右对比连接，如果已经查明新揭露的断层点与附近断层产状一致、特征相似并能自然连接，那么新揭露的断层就是已知断层的延续，由此可确定该断层的性质和大致的断距(图 5-30)，从而可进一步确定断失翼煤层的位置。

应注意，在煤层底板等高线图和煤层立面投影图上，断层应按照断煤交线延伸；在水平切面图上，断层应按照走向线延展；在剖面图上，断层应按照倾角推延。只有这样，才能得到正确的结论。考虑到断层产状的变化，推延断层只能在近距离内进行。

(5) 生产勘探

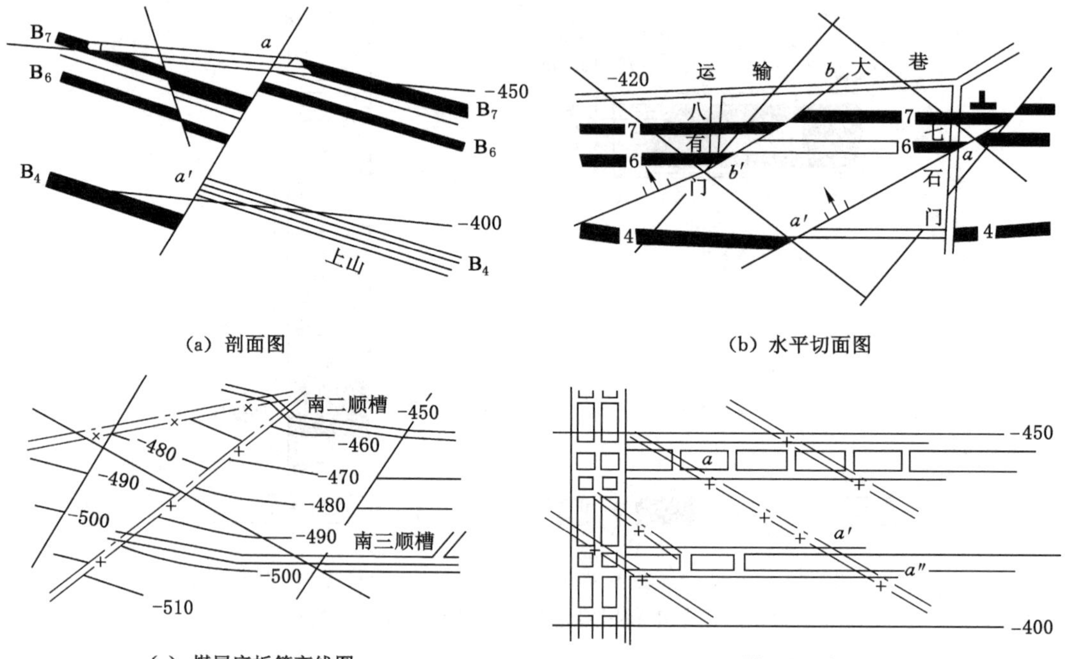

(a) 剖面图　(b) 水平切面图　(c) 煤层底板等高线图　(d) 煤层立面投影图

a,b—已查明的断层点;a',a'',b'—新揭露的断层点。

图 5-30　利用作图分析法确定断层性质和断距示意图(单位:m)

生产勘探的手段主要是钻探和巷探。一般情况下,当断层的性质已经确定,生产上又要掘进过断层的巷道时,宜采用巷探,以确定断层的准确位置、断距及断失翼煤层(图 5-31)。

(a) 煤层倾角较大时　(b) 煤层倾角较小时

图 5-31　利用巷探寻找断失翼煤层

当断层性质及断距均不明确,生产上又需要先查明断层再确定断层掘进方向时,宜采用钻探。钻探原则上采用井下钻探,可以选用水平、倾斜、铅直和扇形群孔等方式,以达到勘探的目的(图 5-32)。

(四) 断层的处理

1. 开拓设计阶段对断层的处理

(1) 井筒位置的选择

断层易造成煤层和含水层接近甚至接触,如果井筒布置在断层带上,不但压力大、施工

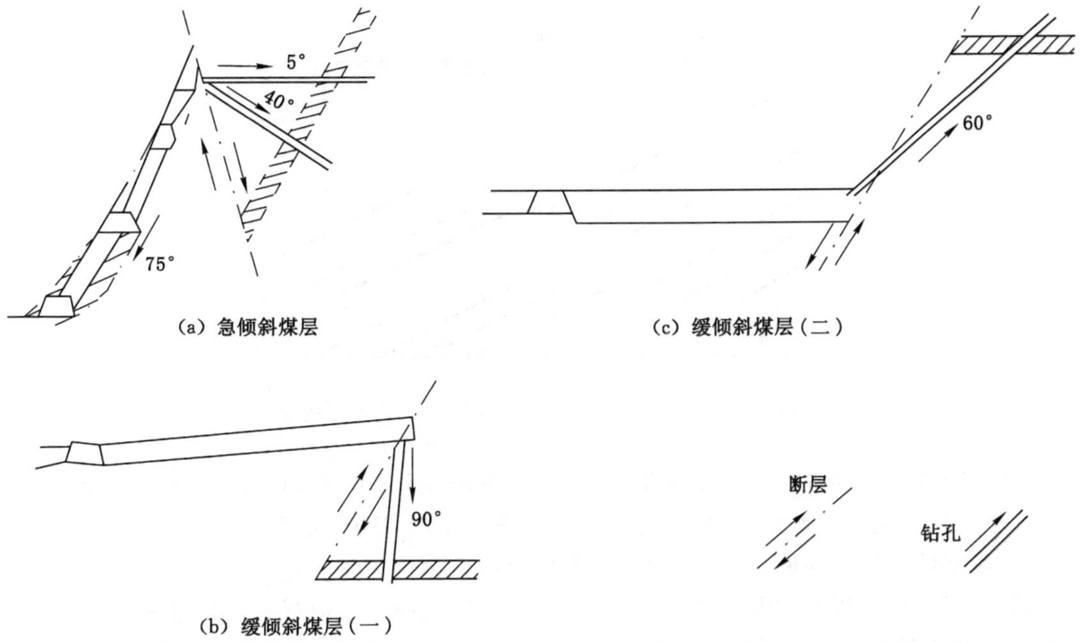

图 5-32　利用井下钻探寻找断失翼煤层

困难，而且易发水害，给井筒延伸带来困难。因此，井筒特别是井底车场应尽量避开大的断层带。对于倾角较大的断层，竖井井筒应布置在断层的下盘，距离断层 30～50 m 甚至更远为宜(图 5-33)。

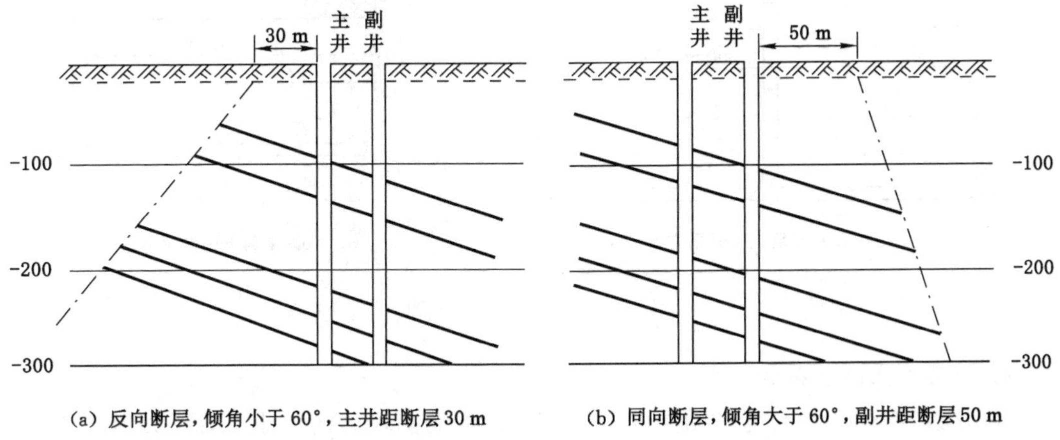

图 5-33　根据断层特点选择井筒位置

对于倾角较小的断层，当竖井井筒无法避开断层带时，应选择从煤层层数较少的部位穿过断层，但井底车场的位置应避开断层带(图 5-34)。斜井井筒位置的选择也按照同样的原则处理。

(2) 井田边界和采区边界的确定

井田边界划分时，最好以大型断层作为井田边界，以便把井田边界煤柱与断层保安煤柱

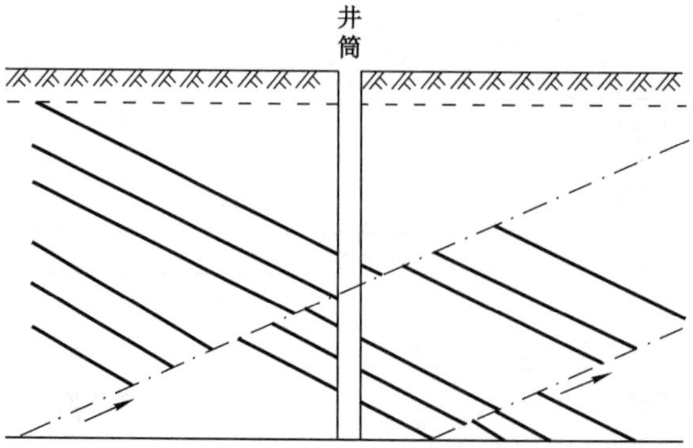

图 5-34　井筒位置选择在穿过煤层层数较少的地带

合为一体，减少大量煤柱造成的煤炭损失，同时又可避免留三角煤，提高煤炭资源的回收率。在水文地质条件复杂的矿区，过断层时容易造成突水事故，因此我国许多矿区常以大断层为边界，尽量不使巷道横穿断层，以减少突水事故及避免掘进大量岩巷。

划分采区时，应以倾向断层作为采区边界，但采区走向长度应尽量与正常采区走向长度近似。一般当两条断层之间的走向长度为 800～1 000 m 甚至以上时，可以这两条断层为界，划分为一个采区，采用双翼上山开采[图 5-35(a)]；当断层间的走向长度为 400～500 m 时，可考虑以断层为界，划分采区，采用单翼上山开采[图 5-35(b)]。

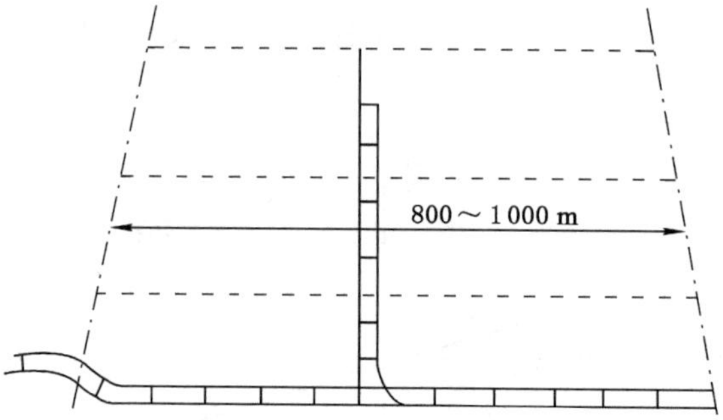

(a) 双翼上山开采方案

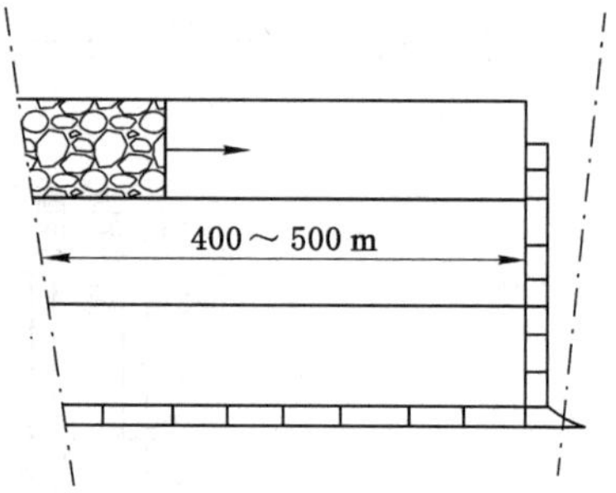

(b) 单翼上山开采方案

图 5-35　划分采区示意图

(3) 回采工作面的布置

在断层发育区，应综合考虑断层的位置、落差，被切割块体的大小、形态，以及已有生产系统来布置采面。为避免断层对回采影响，应尽可能将较大断层留在采面与采面之间的煤柱内。

(4) 开拓方式的确定

选择井田开拓方式时，要考虑各种地质因素的影响，其中断层占重要地位。在缓倾斜煤层中，用斜井开拓较好[图 5-36(a)]；但若煤层遭受断层的破坏，产状发生变化，则应采用竖井开拓方式[图 5-36(b)]。

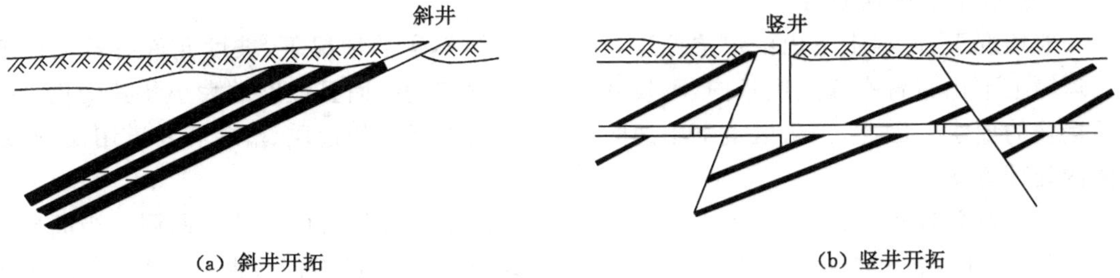

图 5-36 井田开拓方式示意图

2. 掘进阶段对断层的处理

在巷道掘进过程中，常会遇到过去没有发现的落差较小的断层。处理这些断层时，要先及时查明断层的产状、性质和落差，再与掘进巷道的目的、用途紧密结合起来，根据不同的地质条件和生产要求，分别采用不同的处理方法。

(1) 煤平巷遇断层

当煤平巷遇断层后，要求不改变巷道坡度而改变巷道方向过断层。一般的处理方法是掘进石门联络两盘的煤层，可以采用破顶[图 5-37(a)]或卧底[图 5-37(b)]的方法过断层。至于具体采用哪种方法，应根据水文地质条件，考虑有利于施工和少丢煤等因素确定。

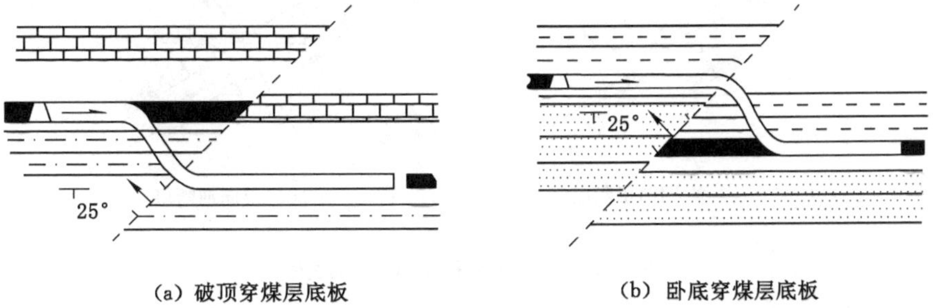

图 5-37 在煤平巷中用石门联络断层两盘煤层

当断层带地压不大，又无瓦斯和水害威胁时，也可沿断层掘进联络石门(图 5-38)。

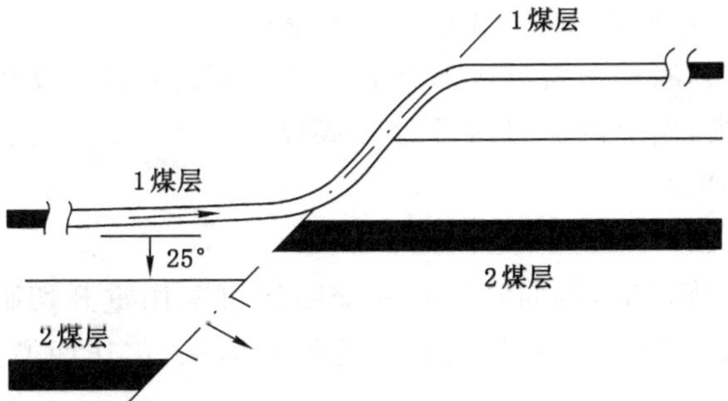

图 5-38 煤平巷沿断层掘进联络巷过断层

(2) 采区上下山遇断层

一般情况下,回风上下山沿煤层掘进,在巷道方向不变的情况下,坡度允许有较大的变化。运输上下山布置在煤层底板内,不仅巷道方向不能改变,而且坡度的大小及其变化必须满足运输的要求。因此,当采区上下山遇断层时,应根据断层的性质、落差和巷道用途,确定具体的处理方案。

当断层落差较小时,采区上下山可采用挑顶、卧底或二者结合的方式过断层。当断层落差较大时,对于反向正断层或同向逆断层,采用变缓坡度或掘进石门过断层;对于同向正断层或反向逆断层,采用加大坡度过断层(图 5-39)。

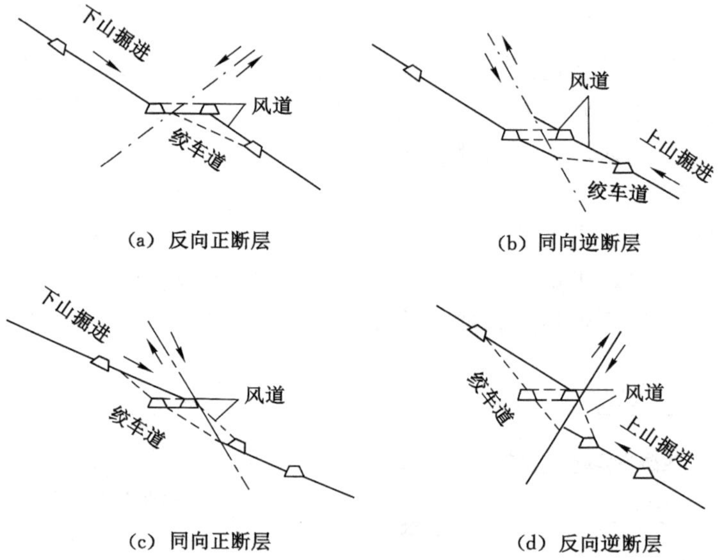

图 5-39 倾斜巷道过断层示意图

3. 回采阶段对断层的处理

(1) 强行通过的方法

当断层落差较小并满足下列条件之一时,可以采用强行通过的方法。

① 在普采及炮采工作面内,煤层落差小于煤厚;

② 在综采工作面内,断层两盘对接部分的煤厚大于支架最小支撑高度;

③ 在综采工作面内,断层两盘对接部分的煤厚小于支架最小支撑高度,并且煤层顶底板岩性较软,采煤机能切割。

(2) 重开切眼的方法

当断层的落差大于煤厚时,倾向断层和斜交断层可采用重开切眼的方法。即提前在断层另一侧重新开一切眼,待工作面推进到断层处停止回采,工作面搬到新切眼内,再继续开采(图 5-40)。

(3) 划小工作面的方法

当断层的落差大于煤厚时,走向断层可采用划小工作面的方法处理。即在断层两侧补掘中间平巷,把原来的一个工作面划分为两个工作面分别回采(图 5-41)。

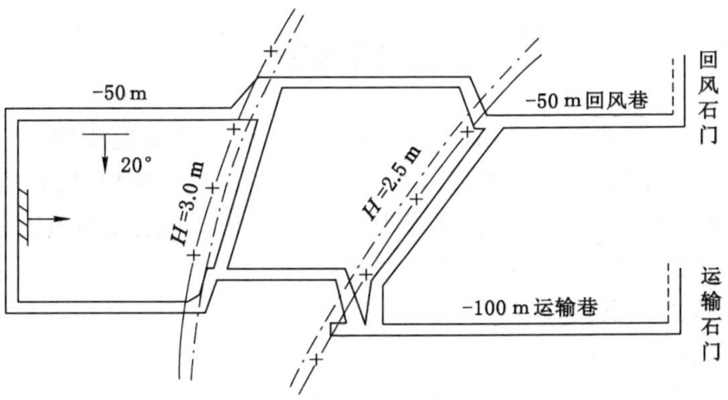

图 5-40　采用重开切眼的方法处理工作面内的倾向和斜交断层

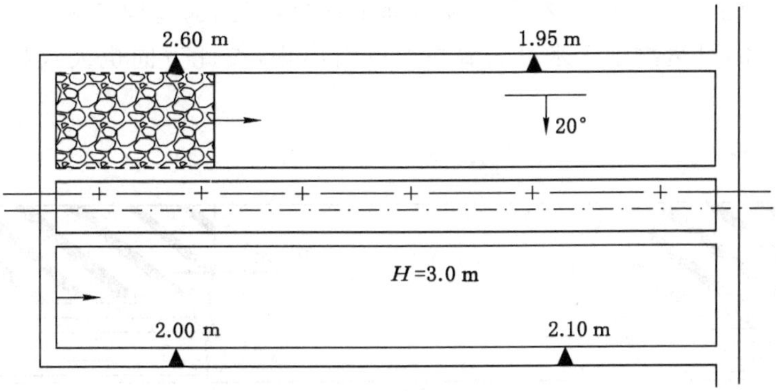

图 5-41　采用划小工作面法处理采面内的走向断层

对于落差一端大、另一端小的斜断层，可采用合采与分采相结合的方法(图 5-42)。在 AB 线以南，断层落差很小，采用强行通过的方法，把断层上下盘合起来开采；在 AB 线以北，因断层落差增大，断层上下盘不能合采，需要在断层上盘增掘运输平巷，在断层下盘增掘回风平巷，分为两个工作面开采。

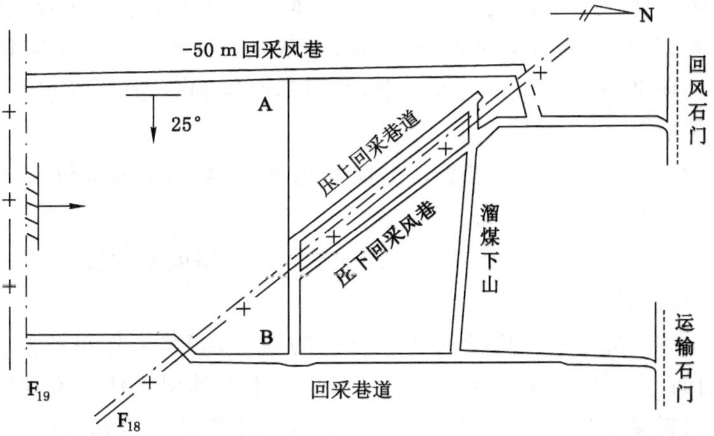

图 5-42　采用合采与分采相结合的方法处理落差有变化的断层

第三节 岩浆侵入体

井田含煤地层中存在的岩浆侵入体是影响矿井生产的主要地质因素之一。据统计，我国有近 1/3 的煤矿在煤层中发现岩浆侵入体。如山东的坊子、枣庄、临沂等矿区，侵入体分布相当普遍，有些矿区的岩浆侵入体甚至成为制约煤矿生产的主要地质因素。因此，查清侵入体的特征和分布规律，是煤矿地质工作的重要内容。

一、岩浆侵入体的主要特征

（一）岩浆侵入体的产状

煤矿生产中见到的侵入体主要有岩墙和岩床两种。

(1) 岩墙

岩墙是岩浆侵入体呈平板状并与岩（煤）层大致垂直或斜交的墙状侵入体（图 5-43）。其厚度从几十厘米至几米不等。在平面及剖面上均呈条带状，延伸长短不等，短的在一个井田内即可消失，长的可达数十千米。岩墙往往成组出现，彼此方向也大致相同，并与主要断裂线方向一致。

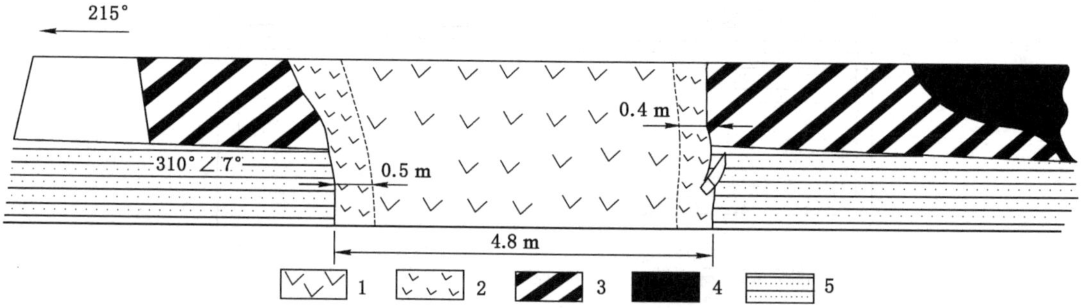

1—辉绿岩；2—微晶辉绿岩；3—天然焦；4—煤层；5—细砂岩。

图 5-43 淄博某矿煤平巷岩墙素描图

(2) 岩床

岩床是岩浆顺岩（煤）层层面侵入的层状侵入体。其厚度由十几厘米至数十米不等。岩床的平面形状不规则，常见的有圆饼状、椭圆状、舌状及其他形状。边缘不规则，与煤层的接触界线参差不齐。在剖面上的形态也很复杂，按照其厚度和分布，大致可分为层状、似层状、串珠状和树枝状等形态。

① 层状侵入体：是指煤层全部被岩浆熔蚀同化，煤层空间全部被侵入体所占据，侵入体厚度稳定，在较大面积上呈层状分布。

② 似层状侵入体：是指岩浆部分取代煤层，侵入体的厚度变化较大，但在平面上还是大致连续的，且分布面积较大。

③ 串珠状侵入体：发育在距离侵入通道较远的地区，岩浆岩体呈孤立的浑圆状或其他不规则形状，在剖面上岩体之间互不联系（图 5-44）。也有的侵入体呈不规则的树枝状。

一个区域内的岩墙和岩床往往不是孤立存在的，通常是以岩墙-岩床-岩墙的组合形态出现。这是因为岩浆在沿断裂侵入形成岩墙的过程中，也可顺断裂两侧的软弱层位侵入形

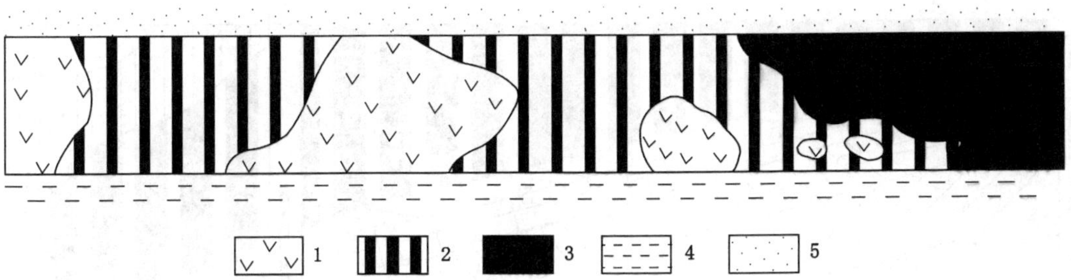

1—辉绿岩；2——级天然焦；3—煤层；4—泥岩；5—砂岩。

图 5-44　串珠状侵入体示意图

成岩床；同样，岩浆顺层侵入形成岩床的过程中，又可沿顶底板断裂形成岩墙。

（二）岩浆侵入煤层引起的变质作用

岩浆侵入煤层的接触变质作用，在很大程度上是在区域变质的基础上进行的。煤由于对温度的增高特别敏感，当岩浆侵入或接近煤层时，在高温、挥发物质和动压的作用下，会发生变质。侵入体周围煤的变质程度和变质带的宽窄主要受下列因素控制。

(1) 侵入体的产状

侵入体的产状决定岩浆与煤层接触面积的大小，对煤层接触变质的强弱有重要影响。岩墙垂直或斜交于煤层，与煤层的接触面积小，因而对煤层影响较小，仅局限于煤层两侧数米范围内；岩床顺煤层分布，与煤层大面积接触，因而对煤层不仅破坏强烈，而且影响范围大。

(2) 侵入体的大小

侵入体的厚度反映侵入煤层的岩浆数量及蕴藏热量的多少。侵入体越大，变质越深，影响范围越广。在其他因素相同的条件下，侵入体的厚度与煤的变质程度和变质带宽度呈正相关关系。

(3) 侵入体在煤层中的位置

侵入体对其上部的煤层影响较大，对其下部的煤层影响较小。这是由于岩浆中的气体和煤层变质过程中产生的挥发分易于携带热量向上扩散。因此，侵入体位于煤层顶部，对下部煤分层影响较小；处于煤层底部，对上部煤分层影响较大；岩浆侵入体居于煤层中部，对煤层影响最大，易形成上厚下薄的变质带。

(4) 煤层距侵入体的距离

岩浆侵入煤层形成一个热力变质带，变质带中煤的变质程度与距侵入体的距离有关。一般距侵入体近者变质深，距侵入体远者变质浅(图 5-45)。

(5) 侵入体的岩性

煤系中的岩浆侵入体，多为中性岩或基性岩，酸性岩很少。由于中性和基性岩浆黏度小、易流动，所以，中性岩和基性岩的分布面积较大，对煤层破坏较严重。

（三）岩浆侵入体对煤矿生产的影响

岩浆侵入体对煤矿生产的影响主要表现在以下几个方面。

① 吞蚀了部分煤层，使矿井的煤炭资源储量减少，缩短了矿井的服务年限。

② 使煤质变差(灰分增高，挥发分降低，黏结性遭到破坏)，降低了煤的可利用性。如河

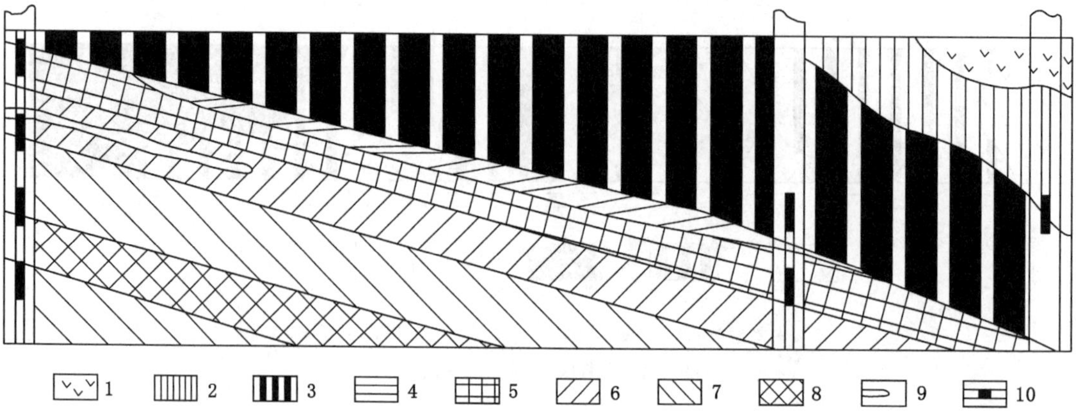

1—辉绿岩；2—二级天然焦；3——级天然焦；4—无烟煤；5—贫煤；
6—瘦煤；7—焦煤；8—焦肥煤；9—夹矸；10—采样点。

图 5-45　安徽某矿三采区轨道上山素描图

北井陉一矿，由于岩浆的侵入，导致原来的主焦煤变为劣质煤，甚至失去工业价值。

③ 使连续完整的可采煤层被分割成若干块段，或出现不可采地段，给采面布置、回采及巷道掘进等造成很大的困难。特别是当未查清岩浆侵入体时，常常出现废巷，严重影响煤矿的经济效益。

（四）岩浆侵入体的活动特征

（1）岩浆上冲通道

地下岩浆上冲到煤系中必须要有通道，煤系中先存断层和裂隙就是岩浆活动的良好通道。一般情况下，张性和张扭性断层更有利于岩浆的侵入。

（2）岩浆侵入层位

岩浆活动具有选择层位的特点。煤系为一套刚柔相间的岩性组合，页岩和黏土岩压缩比大，而煤层本身松软，具有机械强度低、化学稳定性差、易受热分解等特点。因而岩浆总是沿煤层、泥岩等软岩层侵入。

煤层是否受到岩浆的侵入，主要取决于煤层的特征。岩浆侵入主要受以下因素的影响。

① 受煤层厚度的影响。在其他条件相同的情况下，煤层厚度越大，煤层中侵入体的厚度就越大，分布也越广。

② 受煤层结构的影响。煤层中夹矸的导热性和透气性差，化学稳定性较高，可起隔热和屏蔽作用，限制岩浆在煤层中的活动。因此，煤层的结构越简单，越易受岩浆的侵入。

③ 受煤的物理化学性质的影响。一般情况下，低灰分、物性较软和变质程度较低的煤层或煤分层，因其抵抗熔蚀和侵入的能力较小，故易于侵入。

④ 受通道断层规模和煤层产状的影响。一般情况下，作为岩浆上冲通道的断层越大，则岩浆源越丰富；沿断层侧向侵入煤层的岩浆深入越远，则分布面积越大。岩浆沿断层侵入煤层，朝煤层上山方向比朝下山方向更易扩散，因此，上山方向的煤层通常会被破坏得更严重（图 5-46）。

（3）岩浆侵入的分区

岩浆侵入体在煤层中的分布具有明显的分区规律。根据侵入体的特征和煤层被破坏的

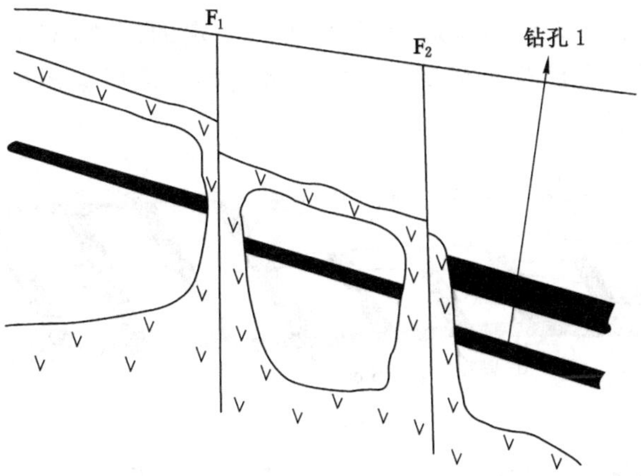

图 5-46　岩浆朝煤层上山方向侵入

程度，将煤层中岩浆侵入分为 3 个区。

① 上冲区：指岩浆通道及其附近的区域。该区岩浆活动剧烈，侵入体在较大面积上呈层状或似层状，厚度大，岩墙发育，煤层几乎全部被熔蚀同化，被岩浆岩所取代。偶见少量的天然焦，但混杂大量的岩浆物质，煤层基本失去工业价值。上冲区范围一般较小，一个矿区往往不止一个上冲区。

② 扩散区：指岩浆离开侵入中心，向外扩散的区域。扩散区岩浆的熔蚀能力和变质作用各处差别很大，岩浆侵入体的形态多呈串珠状或树枝状。在岩浆扩散较弱的地带，往往残留可采煤层。

③ 波及区：指扩散区外围，一般见不到侵入体，仅受岩浆高压热气波及的区域。该区只见煤的变质程度有不同程度的升高，很少见到岩浆侵入体。

二、岩浆侵入体的观测与研究

（一）岩浆侵入体的观测

在井下巷道见到侵入体的地点，要对侵入体进行详细的观测和描述，以便掌握侵入体的第一手资料。观测内容主要有以下几个方面。

① 观测岩浆侵入体岩石的颜色、矿物成分、结构和构造，初步判断岩石类型并命名。采集岩石标本，在室内磨片，进行显微镜下鉴定。

② 测定岩浆侵入体的产状、形态特征、厚度及延展的范围等。着重观测侵入体的形态、分布范围和大小，侵入体的原生构造、与围岩的接触关系，侵入体之间的穿插关系等，以确定侵入体是岩墙还是岩床。

③ 井下应着重观测侵入体延展的方向性、断裂构造的力学性质和展布方向、侵入体与断裂构造的关系。

④ 观测煤层被破坏的情况，如岩浆岩与煤层的接触关系、天然焦的宽度、煤的变质程度等。

（二）对侵入体的探测

由于侵入体形态复杂，为指导采掘工作的顺利进行，在岩浆侵入体分布区，要专门布置一些探巷或钻孔，以查明侵入体的分布范围。

当岩浆侵入厚煤层时，在巷道掘进的同时，每隔一定的距离，应探测一次侵入体和煤层的厚度变化，并从顶板到底板获得完整的煤岩柱状资料。最后编制出剖面图，以反映煤层、岩层的分布情况(图 5-47)。

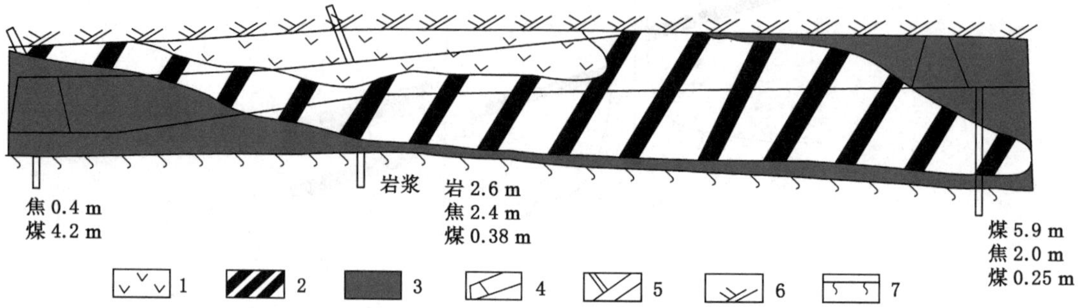

1—岩浆岩；2—天然焦；3—煤层；4—巷道；5—钻孔；6—煤层顶板；7—煤层底板。

图 5-47　根据钻探编录的煤层素描图

对于一些中厚及薄煤层，可在同一煤层中布置钻孔或探巷，查明岩浆侵入体的分布范围(图 5-48)；也可从邻近煤层的巷道中布置钻孔，圈定侵入体的分布范围(图 5-49)。

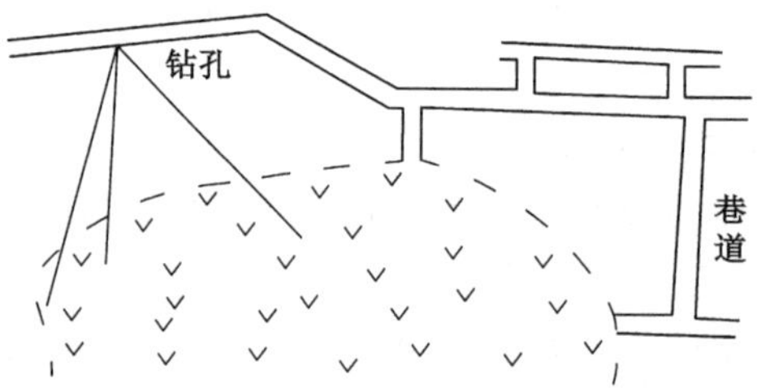

图 5-48　同一煤层中布置钻孔和探巷

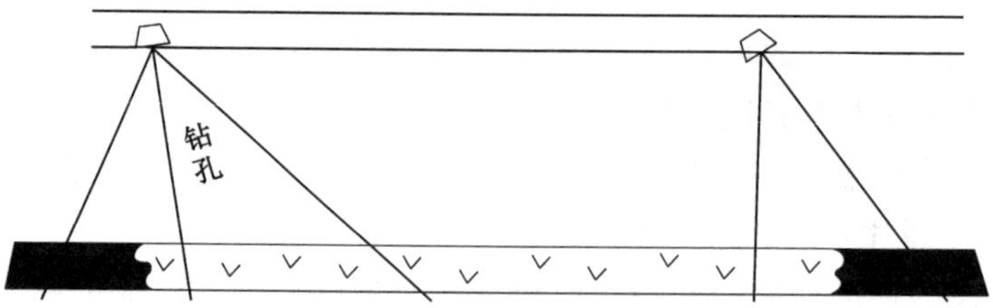

图 5-49　从邻近煤层的巷道中布置钻孔

为了查明侵入体附近的煤变质情况，应加强取样化验工作。一般根据岩浆侵入体的形态特征和煤的变质情况布置取样点，也可根据煤变质的规律预测侵入体的分布范围。

（三）对侵入体资料的整理

首先应对揭露侵入体的钻孔、巷道及取样化验资料加以系统整理和综合分析；其次编制出能反映岩浆侵入体分布规律和煤层变质情况的综合图件，如侵入体分布图、煤质等值线图、相应的剖面图和素描图等；最后绘制侵入体分布及煤层煤质预测图。

三、岩浆侵入体的处理

在有岩浆侵入的矿井，首先要查明岩墙和岩床的特征，然后根据具体情况，确定处理方案。

一般情况下，在运输巷、回风巷、上下山的掘进过程中，遇到岩墙时，可按照原计划直接穿过。回采时，可根据岩墙的大小和分布情况，决定是重开切眼还是分面回采。如果岩墙是沿倾向或斜向分布的，回采至岩墙后，重开切眼，继续回采（图 5-50），这种处理方法类似于对倾向和斜向断层的处理。在回采工作面，当遇到沿走向分布的岩墙时，可将工作面分成上下两个小面回采（图 5-51），这也类似于回采面对走向断层的处理方法。

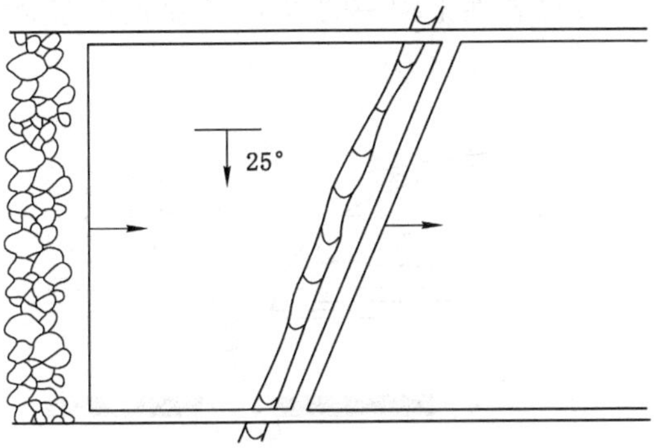

图 5-50　工作面遇倾向岩墙重开切眼

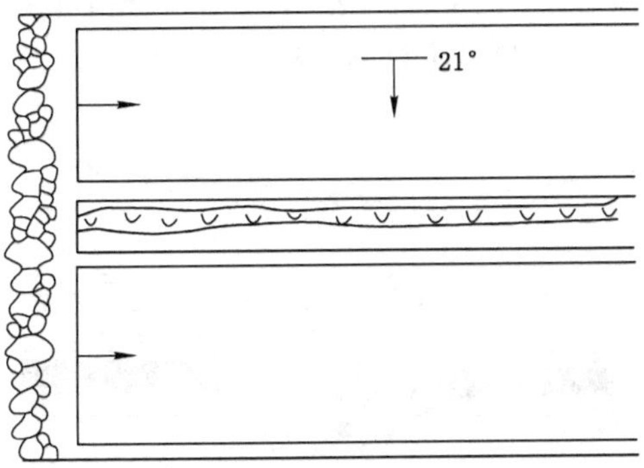

图 5-51　工作面遇走向岩墙分面回采

对于岩床，则要求先用巷探或钻探圈定其范围，再确定回采方案。对于串珠状的侵入体，如果煤层破坏不严重，工作面可直接推过，但要增加采面处理岩浆岩的工序。对有大面积岩浆侵入体的分布区，要设法避开采区和采面布置。

第四节　岩溶陷落柱

岩溶陷落柱又称为喀斯特陷落柱，是岩溶洞穴塌陷的产物。它是地下可溶性岩（矿）层经地下水强烈溶蚀形成大量的溶洞，在上覆岩层的重力作用下，产生塌陷形成的。由于塌陷体在剖面上呈柱状，所以称为岩溶陷落柱。在煤矿俗称“矸子窝”“无炭柱”等。

陷落柱在我国华北石炭-二叠纪煤田中普遍分布，其中以山西、河北等地区最为发育。陷落柱是影响煤矿生产的特殊地质条件之一。在陷落柱发育的矿区，煤层遭受严重破坏，这不仅影响采面的正规布置，限制采掘机械的有效使用，而且会造成煤炭资源的大量损失，降低煤矿的经济效益。

在水文地质条件复杂的矿区，陷落柱有可能成为地下水的通道，造成矿井突水。如 1984 年 6 月 2 日，开滦范各庄煤矿 2171 综采面因陷落柱沟通奥陶纪石灰岩强含水层而导致矿井发生特大突水，矿井被淹。

一、陷落柱的特征

（一）陷落柱的基本形态

（1）陷落柱的平面形状

陷落柱的平面形状是指陷落柱与地面、水平面或煤岩层面的交线形态。一般呈似圆形和椭圆形，也有的呈鞋形或其他不规则形状。山西阳泉三矿已揭露的 133 个陷落柱的平面形状统计结果显示，椭圆形的 92 个，约占 69%；圆形的 13 个，约占 10%；其他形状的 28 个，约占 21%。不论其平面呈什么形状，陷落柱一般都有长轴和短轴之分，且在同一个矿区发育的陷落柱长轴方向基本一致。

(2) 陷落柱的剖面形态

陷落柱的剖面形态是指沿陷落柱中心轴垂直切面的形态，它与所穿过的岩层性质有关。在第四系松散沉积物或含水较多的松软岩层(如裂隙发育的泥岩)中，陷落柱呈上大下小的漏斗状[图 5-52(a)]。在坚硬岩层(石灰岩、砂岩、砾岩)中发育的陷落柱呈上小下大的锥状，柱面与水平面的夹角为 60°～80°[图 5-52(b)]。若穿过岩性不均一的岩层，则剖面形态会很不规则，但总体呈柱状[图 5-52(c)]。

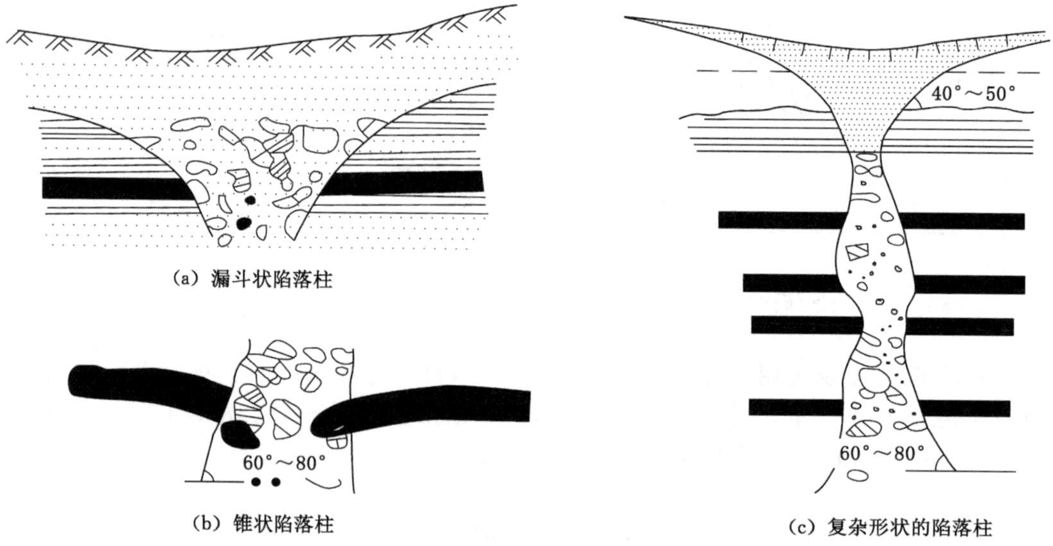

图 5-52　陷落柱剖面形状示意图

(3) 陷落柱的高度

陷落柱的高度是指从溶洞底到塌陷顶的垂直距离。它与溶洞的大小、地下水的排泄条件、岩层的物理力学性质、裂隙的发育程度等密切相关。一般高度从几十米到数百米，如肥城某矿一直立陷落柱的高度为 130 m(图 5-53)。

(4) 陷落柱的中心轴

陷落柱各平面中心点的连线称为陷落柱的中心轴。中心轴通常垂直于所穿过的岩层层面。由于陷落柱穿过的各岩层产状、岩石性质和裂隙发育程度常有变化，因此中心轴大多不是直立的，而是歪斜的，有的甚至呈扭转状态(图 5-54)。

(二) 陷落柱的地表出露特征

陷落柱在地表出露时，常呈现如下几种地貌特征。

(1) 盆状塌陷坑

在基岩裸露区，陷落柱常以盆状凹坑的形状出露于地表。塌陷坑常呈圆形或椭圆形，坑内岩层遭受破坏，混杂堆积着上覆不同层位的大小岩块，或为黄土所掩盖。坑外岩层层位正

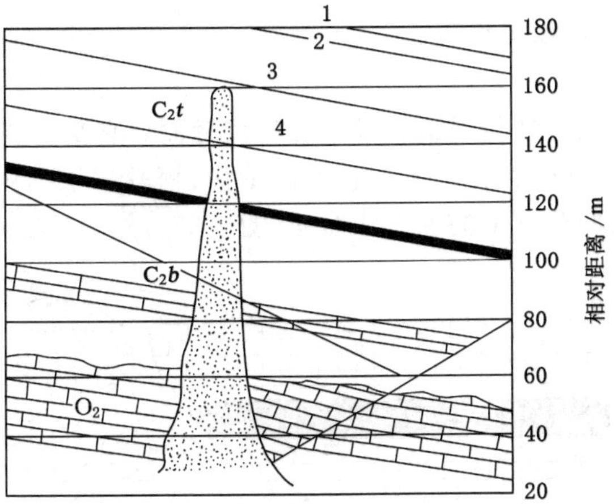

图 5-53 肥城某矿陷落柱示意图

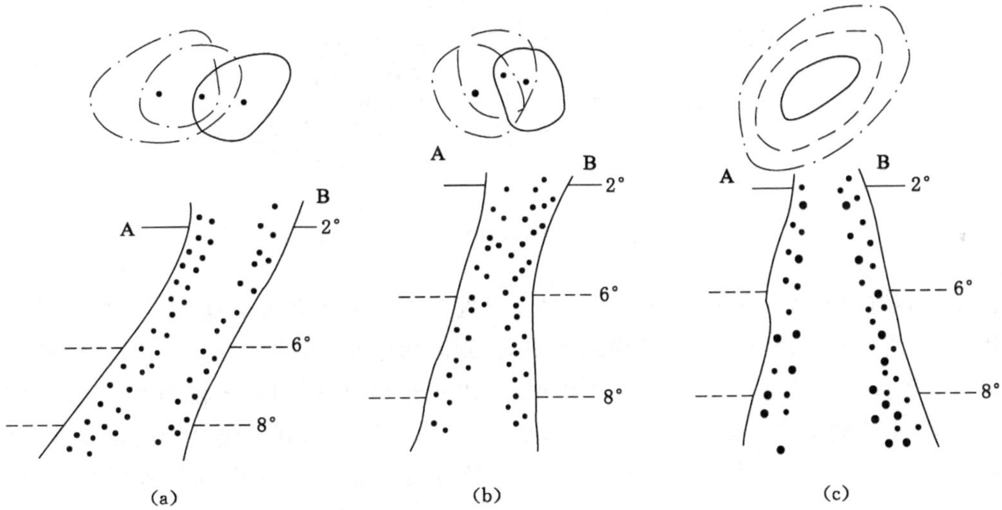

图 5-54 陷落柱中心轴变化示意图

常，裂隙发育，岩层产状略微向坑中心倾斜。

(2) 丘状突起区

在石炭-二叠纪煤系分布区，由粉砂岩和泥岩组成的山西组中，常可见到由上覆石盒子组或石千峰组砂岩局部堆积而成的丘状突起，砂岩的岩块大小不一，岩性混杂，外围岩层层位正常。这是由于塌陷区内砂岩耐风化，而外围山西组易风化，从而造成了差异风化地貌景观。

(3) 柱状破碎带

在沟谷两侧的自然剖面或公路、铁路两侧的人工剖面上，常可见到一些柱状破碎带，这是陷落柱在地表的一种出露形态。

(4) 特殊地貌形态

在黄土覆盖区，基岩中的陷落柱可导致地表黄土产生圆形或弧形阶梯状裂缝。裂缝窄者仅为几厘米，宽者可跌进耕牛，山西人称“跌牛缝”。

（三）陷落柱的井下出露特征

（1）柱面特征

陷落柱的柱面是指陷落柱与周围正常岩层的接触面。它受岩层的岩石性质和结构构造的控制。岩性均一的坚硬岩层，柱面多呈直立的平面；松软岩层与坚硬岩层互层，软岩层凹入，硬岩层凸出，柱面为凹凸不平的锯齿状曲面(图 5-55)。

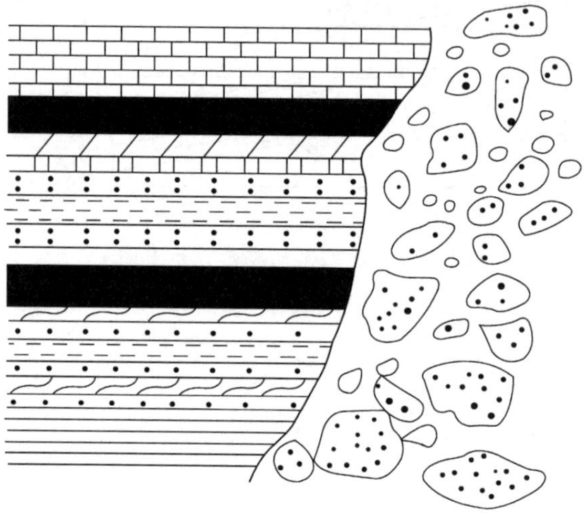

图 5-55　陷落柱柱面形状

柱面与巷道顶面或底面的交线常为弧线。根据弧线的曲率和方向变化，可以判断陷落柱的形状、大小及相遇所处位置。若弧线的曲率大，则陷落柱小；若弧线的曲率小，则陷落柱大。若巷道沿陷落柱长轴穿过，则两弧线强烈内凹；若沿短轴穿过，则两弧线较平直。若巷道穿过陷落柱边部，则两侧交线的延长线夹角较大；沿陷落柱中部穿过，则两侧交线的延长线夹角较小。根据上述情况，结合长轴方向和长短轴比值，就可推测出陷落柱的平面形态(图 5-56)。

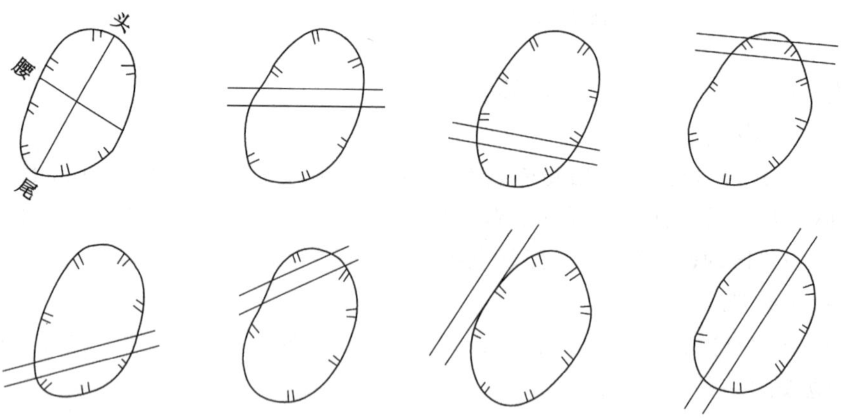

图 5-56　根据巷道与陷落柱面交线确定陷落柱形状、大小和相遇部位

（2）柱体特征

陷落柱由塌陷岩块堆积而成。与周围正常岩层相比，塌陷岩形成时代较晚，并有大小悬殊、棱角明显、混杂堆积，常为松软岩屑、煤屑和粉粒所充填等特点。陷落柱内岩块的胶结程度，与陷落柱形成的时间、地下水活动情况和塌陷岩块的岩性有关。形成早的陷落柱一般已经胶结，形成较晚的陷落柱一般胶结程度较差。

（3）陷落柱内的沉积物

在陷落柱的柱面及柱体内裂隙面上，常可见到红色的铁质、白色的钙质或高岭土质沉淀物，有时也可见到新生界的泥质沉积物。

二、陷落柱的成因

（一）岩溶发育的地质条件

岩溶发育必须具备下列4个条件，缺一不可。

① 煤系或其下伏地层中含有可溶性岩层、矿层，如石灰岩、白云岩或石膏等。这些岩层易被地下水溶蚀形成溶洞。

② 煤系分布范围内发育有良好的地下水通道，主要包括断层和节理，尤其是透水性好的张性和张扭性断裂。它们可沟通地面水系、地下富水层段与可溶性岩层、矿层之间的水力联系，因此，陷落柱常沿岩溶化断裂带、褶曲轴部特别是断裂交会处分布。

③ 地下水源丰富，具有溶蚀性较强的酸根和较大的侵蚀“掏空”能力。

④ 有流畅的地下水排泄口，地下水动力条件好，水的交替循环强烈。岩溶发育最有利的地带是地下水面以下、侵蚀基准面以上的饱水带。此带地下水向侵蚀基准面做水平运动，易形成水平连通的溶洞。因此，陷落柱一般集中分布在地下水强径流带内。

（二）溶洞塌陷机理

岩溶洞穴是形成陷落柱的前提条件，但并不是所有的溶洞都会塌陷形成陷落柱。目前，关于陷落柱的成因，较具代表性的有如下两种假说。

（1）重力塌陷说

持这种观点的人认为，岩溶洞穴的塌陷是重力作用的结果。随着岩溶洞穴的不断发育，洞穴顶部不足以承受上覆岩层的重力，导致上覆岩层的塌陷。随着岩溶洞穴不断扩大，上覆岩层不断垮落，最终形成较大的陷落柱。

（2）真空吸蚀塌陷说

持这种观点的人认为，岩溶洞穴的塌陷是真空吸蚀作用的结果。在相对密封的承压溶洞内，随着地下水的排泄、局部地壳升降运动的发生，溶洞盖层底面由承压转为无压，甚至形成负压。在溶洞溶腔内不断下降的地下水有强烈的抽吸作用，使上面盖层向下陷落，此过程反复进行。同时，由于溶腔内外地压差效应，溶腔外部大气压力对盖层表面产生冲压作用，降低岩层强度，加速盖层宏观平衡的破坏。当溶腔内真空积累达到临界值时，盖层便失去平衡，出现瞬间塌陷。

三、陷落柱对煤矿生产的影响

① 破坏可采煤层，减少煤炭资源储量。陷落柱内的可采煤层遭受严重破坏，失去开采价值，导致井田内的煤炭资源储量减少，进而带来矿井服务年限缩短或井巷报废的严重后果。

② 影响正规采煤，妨碍机组使用。在走向长壁回采工作面内采用机械化采煤工艺时，对走向长度和倾向斜长有一定的尺寸要求。但在陷落柱发育的地区，很难布置出内部无陷

落柱的长壁回采工作面。

③ 降低采掘效率，提高生产成本。陷落柱的存在不仅会使巷道施工困难，而且会给巷道的支护和管理带来困难，同时还会增加巷道的维修费用。在回采过程中，如遇到陷落柱，须先用巷探查清其范围，再行开采，因而增加了巷道掘进工程量；同时常将工作面分成几块进行回采，不仅影响采煤工作的正常进行，而且降低了生产效率，也给工作面的运输、通风和顶板管理带来很多困难。

四、陷落柱的观测、研究和处理

（一）巷道遇陷落柱的前兆

(1) 煤(岩)层产状发生变化

一般情况下，在接近陷落柱时，煤(岩)层产状稍有变化，倾向陷落中心，倾角变化多在3°～6°，个别可达10°。影响范围一般在15～20 m，少数可达30 m。

(2) 裂隙和小断层增多

在岩溶塌陷过程中，由于受到重力或真空吸蚀作用的影响，在陷落柱周围的煤(岩)层中会形成一系列张性裂隙和小型正断层(图5-57)。这些断裂面大多倾角较陡，走向平行柱面的切线方向，倾向陷落柱中心，断层落差较小，延伸不长。

图5-57　陷落柱周围小断层示意图

(3) 煤出现风氧化现象

在靠近陷落柱周围的煤层中，煤常不同程度地遭受风氧化作用。氧化后，煤的光泽变暗、灰分增高、强度降低，重者则风化成粉末。煤的风氧化程度和影响范围与陷落柱的大小、裂隙发育程度和地下水的活动有关。

(4) 煤层中挤入煤岩碎块

在靠近陷落柱的煤层中，因局部煤质松软，在水的侵蚀和掏空作用下，陷落柱岩块常被挤入煤层。

(5) 地下水涌出量增大

陷落柱既可聚集地下水，又是连接富水岩层的良好通道。在陷落柱发育的矿井内，采掘前方涌水量增大，往往是邻近充水陷落柱的先兆。

（二）陷落柱的观测内容

对井下揭露陷落柱的点要仔细进行观测，观测内容可概括为“五查”“五看”“五定”。

(1) 五查包括：查陷落柱周围煤(岩)层中裂隙的发育情况和充填物性质；查陷落柱周围煤质的变化范围和风化程度；查邻近陷落柱水和瓦斯的变化情况；查陷落柱周围小型断层的发育情况和产状特征；查矿区范围内陷落柱的发育和分布规律。

(2) 五看包括：看陷落柱与煤(岩)层接触面的形态；看陷落柱与煤(岩)层接触带的充填物性质和特征；看陷落柱内岩块的性质、形状、大小、排列方式和形成时代；看陷落柱周围煤(岩)层的产状变化；看陷落柱柱面与巷顶交线的弯曲方向和曲率。

(3) 五定包括：定巷道遇陷落柱的部位；定陷落柱的形状；定陷落柱的大小；定巷道穿过陷落柱的距离；定处理陷落柱的措施。

(三) 陷落柱的探测

通过观测和判断，仍不能确定陷落柱的位置、形状、大小和充水特征时，必须采用多种探测技术手段予以查明。目前，探查陷落柱的主要手段有钻探、物探和巷探。

(1) 钻探：是目前生产矿井探查陷落柱最常用的手段，其使用范围广。在地表可用钻探验证异常区是否有陷落柱，在井下可用钻探查明掘进前方和回采工作面内部有无陷落柱。

(2) 物探：目前，用于探查陷落柱的物探仪器主要有地电仪、无线电波坑透仪、槽波地震仪等。

(3) 巷探：为了查清某个陷落柱的确切位置、形状、大小及对煤层的破坏程度，对没有突水危险的陷落柱，可以利用小断面巷道进行探测。由于巷探工作量大、费用高，安排巷探时，应尽可能一巷多用。

(四) 陷落柱的处理

(1) 在采掘设计中，应根据陷落柱的发育情况和分布规律，选择合理的巷道布置和采矿方法，把陷落柱留设在各种煤柱内。

(2) 若巷道掘进时遇到陷落柱，应根据巷道的用途确定处理方案。如矿井主要巷道(开拓巷道、采区运输巷道等)遇到陷落柱，应按照原设计施工，直接穿过陷落柱，但要注意安全，防止水害和瓦斯事故。其他巷道(如风巷)可绕过陷落柱。

(3) 回采工作面遇到陷落柱，应根据陷落柱的部位、形状、大小和采矿方法等因素，确定处理方法。通常采用强行通过、缩短工作面、重开切眼等措施。

假设工作面内有 3 个陷落柱，其长轴方向与煤层倾向一致(图 5-58)。图 5-58 左下角的陷落柱位于运输巷与开切眼交叉处，采用开斜切眼，回采时，采用“摆尾式”开采，逐渐将工作面调整到正常位置。对于工作面中部的陷落柱，若面积不大，则可强行通过陷落柱；若面积较大，则需要预先开掘新切眼，当工作面推进到陷落柱时，倒面搬家，跳过陷落柱，继续回采。当陷落柱位于风巷和上山交叉处时，可采用缩短工作面长度或减小溜尾进尺的办法避开陷落柱。

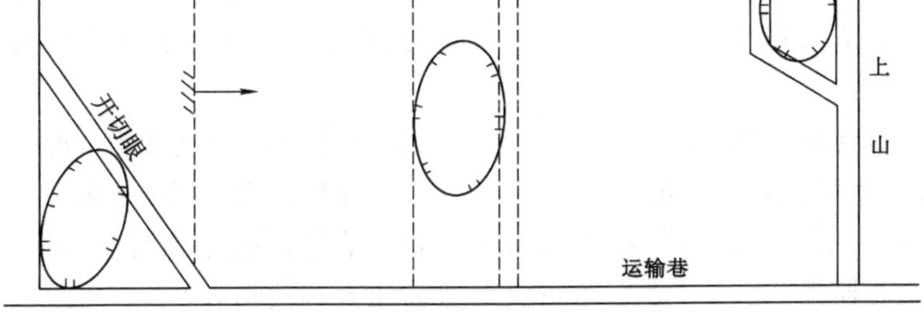

图 5-58 回采工作面陷落柱处理示意图

第五节　智能开采对地质条件的要求

在我国的能源结构中，煤炭始终是支撑经济发展的主体能源，在国民经济建设中有着举足轻重的地位。在未来相当长时期内，煤炭仍然是我国经济高速增长的重要保障，以煤炭为主的能源消费格局在未来很长时间内都无法改变。随着我国国民经济的快速发展，对煤炭的需求量逐年加大，导致近年来煤炭开采速度加快，开采深度加大，煤炭开采所面临的地质条件越来越复杂，开采难度也在不断加大。传统的煤矿开采技术，已无法满足现阶段的煤矿开采需求，应充分发挥现代科学技术作用，利用计算机信息技术、智能技术，创新煤矿开采技术，逐步实现智能化，提高煤矿开采工作效率，建立健全的煤矿生产体系，保障煤矿智能化开采的安全性。

现阶段，煤矿智能化开采技术在推广应用中仍然存在一定的问题、受到制约，智能化开采技术对复杂煤层条件的适应性差，综采设备群智能协同控制效果有待提升。现有工作面智能化开采技术对西部矿区赋存条件简单煤层适应性较好，但对大倾角、高瓦斯煤层以及顶底板松散破坏等围岩条件的适应性较差。

地质探测技术与装备的智能化，探测信息的数字化、模型化以及地质信息与工程信息的有效融合，是打造“透明地质”或“透明工作面”的基础。目前，受地质探测理论、技术与装备发展水平的限制，透明地质技术保障支撑能力明显不足。这主要表现在：地质数据尚未全部实现数字化，地质探测技术的探测精度和范围尚难以满足煤矿智能化建设要求，地质体三维高精度建模技术有待提升，现有技术难以建立高精度“透明地质”模型，地质信息与工程信息尚未实现融合，地质探测技术与装备的智能化程度较低。

上述煤矿智能化发展各个痛点中，矿井透明地质条件是煤炭精准开采智慧化的重要基础，开展矿井透明地质研究迫在眉睫。结合矿井静态地质要素大数据信息库、多灾害源全程信息感知与监测、动态地质要素虚拟现实展示、特殊地质因素动态评判与风险判识、预警等智慧模块的交互应用，从静态与动态地质模型角度提出实现煤炭精准生产全过程地质条件透明化的思路，具体要求为以下两点。

其一，静态地质模型通过采集“空-天-地-井-孔”全方位立体化探测模式数据，融合井巷建设基础地质信息，重构地下空间地质特征数字模型，为资源、构造、井巷等静态因素浏览、计算、评价等提供基础。

其二，通过动态地质模型获取采掘工程扰动效应影响下，原生静态地下空间地质条件发生变形与破坏引起的应力应变场、地质地球物理场、渗流场、温度场、浓度场等状态发生改变的参量特征；以及工程动力学作用下，生产环境周边岩层的离层、裂隙、垮落、围岩失稳、底鼓、冲击地压显现、应力集中与释放、煤与瓦斯涌突、突水溃沙等多种灾害源现象的动态地质信息变化量值。

特别针对动态地质模型发生与发展过程中状态及参数的显现不同，通过进一步加强多介质、多相、多态、多维、多源数据的有机融合，进行多参数联合反演，搭建井上下复合源信息监控平台，构建耦合信息、致灾因素、灾害前兆等多元信息数据库和时空四维地质信息系统，进行实时连续动态监控；通过对静态地质模型参数注入和改造，反演地质及灾害源条件的变化状态，实现对煤层精细赋存条件、多灾害源受采掘影响致灾过程的透明化；同时，结合采掘要素对特殊地质条件进行探测与评价，从而实现整个矿井地质条件的透明重构。

【知识拓展】

虽然我国智能化开采起步晚且处于初级阶段，但近几年发展迅速，目前正进入技术创新发展的关键阶段。诸多专家和煤炭企业把握技术发展新趋势并提出了一系列的理论、技术和成套装备等研究成果，为我国智能化采矿提供了重要机遇。另外，在国家“863”计划（国家高技术研究发展计划）、“973”计划（国家重点基础研究发展计划）、国家重点研发计划及国家自然科学基金支持下，我国智能化开采取得了一系列的创新成果。与此同时，在生产地质条件较好的采煤工作面积极进行了智能化开采实践探索，为全面推进煤矿智能化发展积累了宝贵的经验。因此，可查阅学习智能采矿的研究现状及发展趋势方面的知识内容，进一步加深对矿井透明地质条件技术的理解。

【知识点拨】

本章主要知识点包括：

① 煤厚变化的原因及对煤矿生产的影响和相应处理方法；

② 矿井地质构造对煤矿生产的影响及矿井地质构造的处理方法；

③ 断失翼煤层的寻找方法及断层的处理方法；

④ 岩浆侵入体的探测和陷落柱的处理方法；

⑤ 矿井透明地质构建要求。

第六章 影响煤矿安全的地质条件

本章导读：我国煤层赋存环境多样，地质条件复杂，重特大事故频发，对煤矿的可持续发展造成严重影响。煤矿开采作业是一种高危险性的职业，虽然在国家高度重视下，通过深化煤炭安全整治和贯彻实行“先抽后采、监测监控、以风定产”的12字方针，实现了安全生产状况的总体稳定，但煤矿仍是我国工矿企业中事故发生最频繁、安全生产形势最严峻的工业部门。统计表明，我国每年因煤矿事故导致伤亡的人数占全国工业伤亡人数的60%以上，占全世界煤矿死亡总人数的70%左右，而煤矿发生的事故70%都与地质有关，当属地质灾害。因此，消除物的不安全状态（即地质因素），实现本质安全化，是煤矿事故预防的重点。在煤矿事故中，局部冒顶、瓦斯窒息、采空区自燃、冲击地压事故约占总事故的95%以上。造成这些事故的地质因素有：① 岩石的性质、强度等；② 瓦斯的含量、涌出量、涌出规律、梯度等；③ 煤层的自燃倾向；④ 煤层的冲击倾向性。认真研究这些地质因素，找出规律，制定有效的防治措施，对指导煤矿安全生产具有十分重要的意义。通过本章的学习，应该掌握影响瓦斯含量以及瓦斯突出的因素、瓦斯定义及矿井瓦斯分类等级，煤尘爆炸的条件，煤自燃发火的因素、特点、防治措施，煤层顶底板研究方法，冲击地压防治措施，运用地球物理手段勘查地质灾害的方法等内容。本章重点是矿井瓦斯分布特征，瓦斯灾害的类型及主要特征；矿区地下温度带的划分与影响因素；煤层顶底板类型的划分以及对矿井安全的影响。难点是瓦斯的形成与分带、瓦斯灾害的防治措施；矿井环境对煤尘爆炸性的影响；运用地球物理手段对矿井地质灾害进行勘查。

第一节 瓦　　斯

一、瓦斯及其赋存状态

（一）瓦斯的成分与性质

瓦斯是指煤矿生产过程中，由煤层和围岩释放出的一种多成分的混合气体。其主体成分是甲烷，其次是氮气和二氧化碳，还有少量的一氧化碳、硫化氢等。甲烷是矿井瓦斯的主要成分，因此瓦斯的性质主要取决于甲烷的性质。

甲烷俗称沼气（CH_4），为无色、无味、无嗅、无毒、可燃和具有爆炸性的气体。在标准状态下，1 m^3 的甲烷质量为0.716 kg，对空气的相对密度为0.552，比空气轻，聚集在巷道的上部。它的化学性质稳定，微溶于水，易于扩散，渗透岩体的能力为空气的1.6倍。当空气中混有5%～16%的甲烷时，遇高温或明火能引起爆炸。可能引起瓦斯爆炸的甲烷最低浓度称为爆炸下限，最高浓度称为爆炸上限。甲烷虽然无毒，但在空气中的含量较高时，会使人头痛、呕吐，丧失行动能力。当甲烷的浓度超过40%、氧气的含量低于12%时，可使人窒息死亡。

（二）瓦斯的赋存状态

煤中存在的瓦斯主要有游离和吸附两种状态。以气体分子状态自由运动于煤层孔隙和裂隙中的瓦斯，称为游离状态的瓦斯；受分子引力作用，呈薄膜状吸附于煤层孔隙或裂隙表面的瓦斯，称为吸附状态瓦斯（图 6-1）。煤体内微孔隙相当发育，1 g 无烟煤的比表面积可达 200 m^2。因此，煤中的瓦斯是以吸附状态为主、游离状态为辅的。据测定，开采深度 1～1.2 km 以内，煤层中甲烷的吸附量占 70%～95%，而游离甲烷量只占 5%～30%。

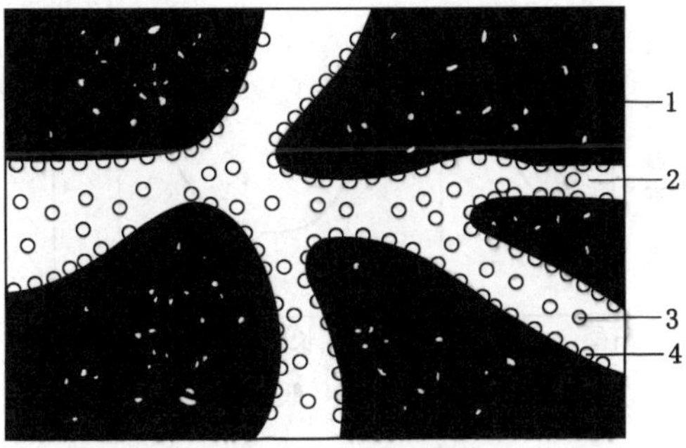

1—煤体；2—孔隙；3—游离瓦斯；4—吸附瓦斯。

图 6-1　瓦斯在煤层中的赋存状态示意图

游离瓦斯和吸附瓦斯在一定的温度与压力状态下，处于动平衡状态。当压力增大、温度降低时，部分游离状态瓦斯可转变为吸附状态，称为瓦斯的吸附过程；反之，当压力降低、温度升高时，部分吸附状态的瓦斯又可转变为游离状态，称为解吸过程。

（三）瓦斯的成因

瓦斯主要是在成煤过程中，由有机质的演化而产生的。保存在煤层中的瓦斯主要是煤变质阶段产生的。在泥炭化作用阶段，有机质分解，产生大量的甲烷和二氧化碳，但因缺少必要的保存条件，绝大部分已自然逸散，煤体中很少保存下来。在煤变质阶段，受地压和地热影响，成煤物质化学成分发生一系列的变化，氧、氢、硫、氮等元素含量降低，碳相对富集，并产生大量的瓦斯和重烃，保存在煤体中。

二、瓦斯含量及其影响因素

（一）瓦斯含量及其测定方法

煤层瓦斯含量是指单位质量的煤中所含有的瓦斯体积，单位是 mL/g 或 m^3/t。

煤层中瓦斯含量的测定方法有以下两种。

① 直接测定法：包括密闭式岩芯采取器法、集气式岩芯采取器法、气测井法和解吸法等。

② 间接测定法：根据煤层已知的瓦斯压力和在实验室对煤样进行的吸附实验，确定煤层的瓦斯含量。

（二）瓦斯含量的影响因素

煤层中的瓦斯含量既取决于产气量，又受埋藏条件等诸多因素的影响。

（1）煤的变质程度

煤的变质程度一方面决定了煤的产气量，变质程度越高，产气量越大，瓦斯含量就越高；另一方面决定了煤内微孔隙的发育程度，会影响煤对瓦斯的吸附能力。吸附实验结果表明，随着变质程度的升高，煤的吸附能力有规律性地变化（图 6-2）。在褐煤阶段，煤体结构疏松，孔隙率大，吸附能力也大，但因产气量小，瓦斯含量低。从长焰煤到无烟煤，煤体的微孔隙有规律性地增加，其吸附瓦斯的能力随之增加。到半无烟煤阶段，产气量大，吸附能力最强，因此瓦斯含量最大。在无烟煤、超无烟煤阶段，因微孔隙收缩，吸附能力下降，瓦斯含量降低。

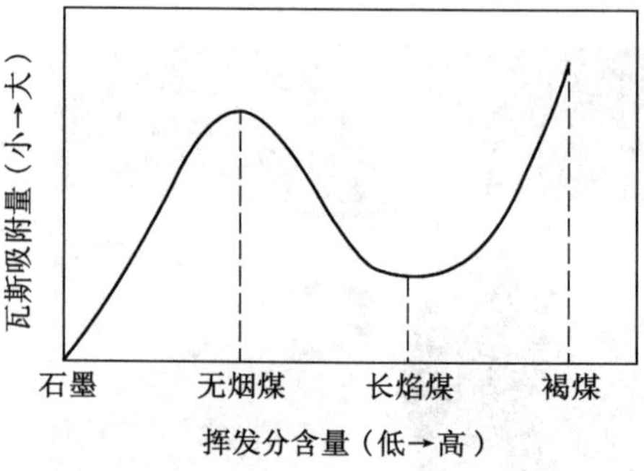

图 6-2 不同变质程度的煤对瓦斯的吸附能力

（2）围岩的透气性

煤层和围岩的透气性决定了瓦斯的储存条件与瓦斯在煤层内的活动特征。煤层和围岩的透气性好，有利于瓦斯的运移和散失，煤层瓦斯含量低，分布均匀；反之，煤层和围岩的透气性差，有利于瓦斯的保存，煤层瓦斯含量高，瓦斯分布不均匀。

（3）地质构造

地质构造对瓦斯的聚积和逸散有制约作用。对褶皱而言，在煤层顶底板岩性致密、透气性差且未受断裂破坏和剥蚀的条件下，背斜顶部比向斜槽部瓦斯含量高，瓦斯压力大；相反，在受断裂破坏和严重剥蚀的条件下，背斜顶部比向斜槽部瓦斯含量低，瓦斯压力小。对断层而言，一般情况下，张性和张扭性断裂对瓦斯起逸散作用，因此瓦斯含量较低；而压性和压扭性断裂对瓦斯起一定的封闭作用，瓦斯含量较高。在同一地区内，瓦斯含量的差别主要是由地质构造差异造成的。

（4）煤层的埋藏深度

根据瓦斯的成分变化，自煤层露头由浅至深，依次分为氮气二氧化碳带、氮气带、氮气沼气带、沼气带。前三带称为瓦斯风化带。尽管瓦斯风化带深度在各地有很大的差别，但在风化带以下，煤的瓦斯含量、瓦斯压力和瓦斯涌出量随着煤层埋藏深度的增加而有规律地增加，二者常呈线性关系。在同一矿区，它们各自的变化率基本一致（图 6-3）。

为说明瓦斯含量随着深度变化的规律，引出瓦斯梯度、瓦斯含量梯度和瓦斯压力梯度的概念。

① 瓦斯梯度：是指矿井相对瓦斯涌出量每增加 1 m^3/t 时，深度增加的米数。

② 瓦斯含量梯度：是指同一矿井内，瓦斯含量每增加 1 m^3/t 时，深度增加的米数。

③ 瓦斯压力梯度：是指同一矿井内，瓦斯压力每增加 100 kPa 时，深度增加的米数。

（5）地下水的活动

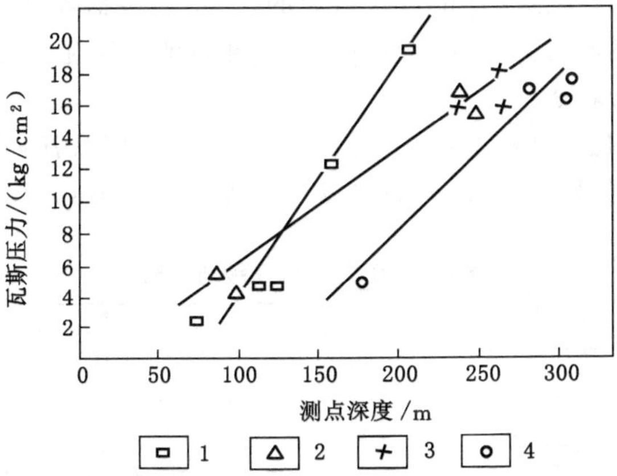

1—四角田矿；2—六枝矿；3—地宗矿；4—大用矿。

图 6-3　贵州部分煤矿瓦斯压力与垂深关系

在其他条件相同的条件下，地下水活动强烈的矿区瓦斯含量低，地下水活动弱的矿区瓦斯含量高。这是因为地下水的存在，一方面占据了瓦斯的储存空间，排出了部分游离瓦斯；另一方面水的存在减弱了煤对瓦斯的吸附能力，地下水在运动的过程中带走了部分瓦斯。

(6) 煤田的暴露程度

暴露式煤田因含煤地层出露于地表，易于瓦斯的排放，瓦斯含量相对较低；隐伏式煤田因含煤地层埋藏较深，不利于瓦斯的排放，瓦斯含量相对较高。

三、矿井瓦斯涌出量及矿井瓦斯等级

(一) 矿井瓦斯涌出

在采矿过程中，煤层和围岩内的瓦斯向采掘空间散放的现象称为瓦斯涌出。按照瓦斯不同散放方式，可分为普通瓦斯涌出和特殊瓦斯涌出。

① 普通瓦斯涌出：是指瓦斯从煤(岩)层的孔隙和裂隙中长期缓慢逸出的现象。首先逸出游离瓦斯，然后吸附瓦斯通过解吸作用转变成游离瓦斯涌出。普通涌出是瓦斯散放的主要形式。

② 特殊瓦斯涌出：分为瓦斯喷出和煤与瓦斯突出两类。瓦斯喷出是指大量承压的瓦斯从煤(岩)层的裂隙中快速喷出的现象，喷出时伴有“嗞嗞”的声响，但不产生煤和岩石抛出的动力现象。煤与瓦斯突出是指在采掘过程中，从采掘面内部向采掘空间突然喷出大量的煤岩块和瓦斯的现象。

(二) 矿井瓦斯涌出量

矿井瓦斯涌出量是指矿井生产过程中实际涌入采掘空间的瓦斯数量。它有两种表示方法。

① 绝对瓦斯涌出量：是指矿井在单位时间内涌出的瓦斯数量，单位为 m^3/d 或 m^3/min。

② 相对瓦斯涌出量：是指矿井在正常生产条件下，平均日产 1 t 煤涌出的瓦斯数量，单位为 m^3/t。

矿井瓦斯的来源不仅包括采落的煤炭散放的瓦斯，还包括煤柱、煤壁、围岩和采空区排出的瓦斯。因此，矿井的相对瓦斯涌出量一般要比测定的煤层瓦斯含量高。

（三）矿井瓦斯等级划分

根据瓦斯涌出量和瓦斯涌出的形式，将矿井分为三类，即低瓦斯矿井、高瓦斯矿井和煤与瓦斯突出矿井。划分的标准是我国《煤矿安全规程》(2022 年版)（表 6-1）。

表 6-1　矿井瓦斯等级划分表

矿井瓦斯等级	相对瓦斯涌出量/(m^3/t)	绝对瓦斯涌出量/(m^3/min)
低瓦斯矿井	≤10	≤40
高瓦斯矿井	＞10	＞40
煤(岩)与瓦斯(二氧化碳)突出矿井	发生过煤(岩)与瓦斯(二氧化碳)突出	

四、煤与瓦斯突出

煤与瓦斯突出是发生在煤矿井下的一种复杂的动力现象，是煤矿井下严重的自然灾害之一。它具体表现为在很短的时间内，在地应力和瓦斯压力作用下，大量的煤和瓦斯由煤体向采掘巷道喷出，伴随着强大的冲击力，破坏煤壁，摧毁巷道，可使风流逆转，煤流埋人，甚至造成严重的爆炸事故。

（一）煤与瓦斯突出的类型和特征

1. 按照突出的力学特征分类

(1) 煤与瓦斯突出

造成突出的基本能源为高压瓦斯的压缩能。突出具有如下特征（示例见图 6-4）。

① 突出的煤或岩石由采掘工作面瞬时猛烈冲出，并产生巨响。抛出物具有一定的分选性。

② 突出物表面被一层极细的如同水泥一样的煤粉铺盖，称为微尘或狂尘，厚度由内向外变薄。

③ 突出物由气流搬运，可随巷道拐弯。

④ 抛出物前沿的安息角小于煤的自然安息角。

⑤ 在抛出物堆满的巷道内，顶部有一瓦斯通道。

⑥ 煤层内的突出孔洞常呈口小肚大的梨形。

⑦ 突出时，有大量的瓦斯喷出，瓦斯可以逆风流前进。由于突出的强度不同，逆风流的距离有大有小，从数十米到几千米不等，能严重破坏矿井的通风系统。

(2) 煤与瓦斯压出

造成压出的基本能源为煤层和围岩中积聚的弹性应变能。其特征如下（示例见图 6-5）。

① 在一声或几声巨响下，工作面煤壁整体向外移动，或破碎垮落，或底板隆起。

② 压碎的煤和岩石呈大小不等的碎块，就地堆积，没有分选现象。

③ 压出点往往形成袋形、楔形或缝形孔洞，外大内小，外宽内窄。

④ 压出时，有大量的瓦斯涌出，有时瓦斯从裂缝中喷出，但极少见到瓦斯逆风流现象。

⑤ 压出可拆断支架，推走采掘设备。

(3) 煤与瓦斯倾出

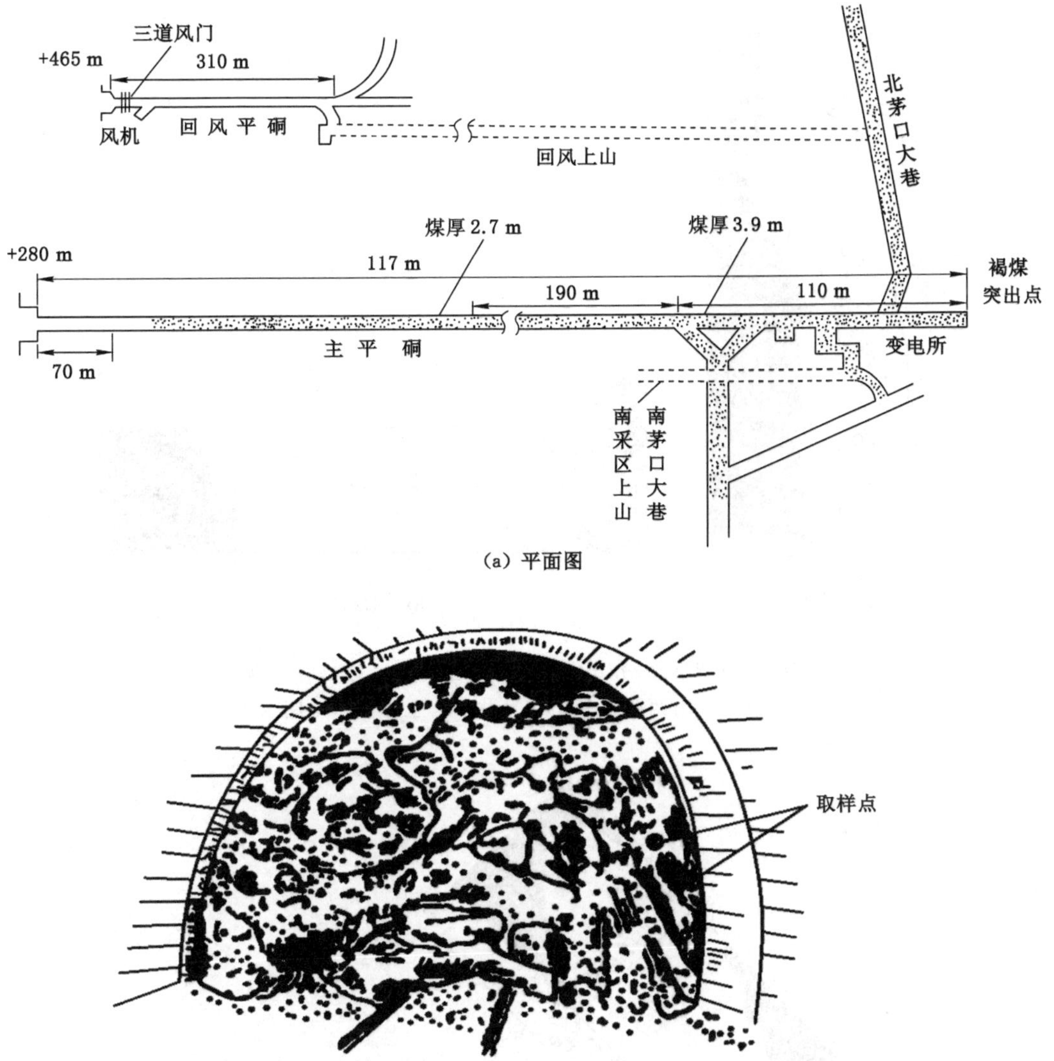

(a) 平面图

(b) 距突出点 10 m处的素描图

图 6-4　1975 年 8 月四川华蓥山南段一井主平硐突出图

造成倾出的基本能源为重力位能。其基本特征如下(示例见图 6-6)。

① 倾出煤堆积在原来位置的下方,煤堆积角度为自然安息角。

② 倾出煤呈大小不等的碎块。

③ 只发生在倾角大于 45°的煤层内,形成舌形、梨形或袋形孔洞。孔洞沿煤层倾向延伸,深度从几米到几十米不等。

④ 伴随大量的瓦斯涌出。

2. 按照突出的强度分类

突出强度是指每次突出抛出的煤(岩)数量(以 t 为单位)和突出的瓦斯数量(以 m^3 为单位),通常以煤(岩)数量作为划分突出强度的主要依据。按照突出强度,可划分为:小型突出,小于 25 t;中型突出,25～99 t;大型突出,100～999 t;特大型突出,大于 1 000 t。

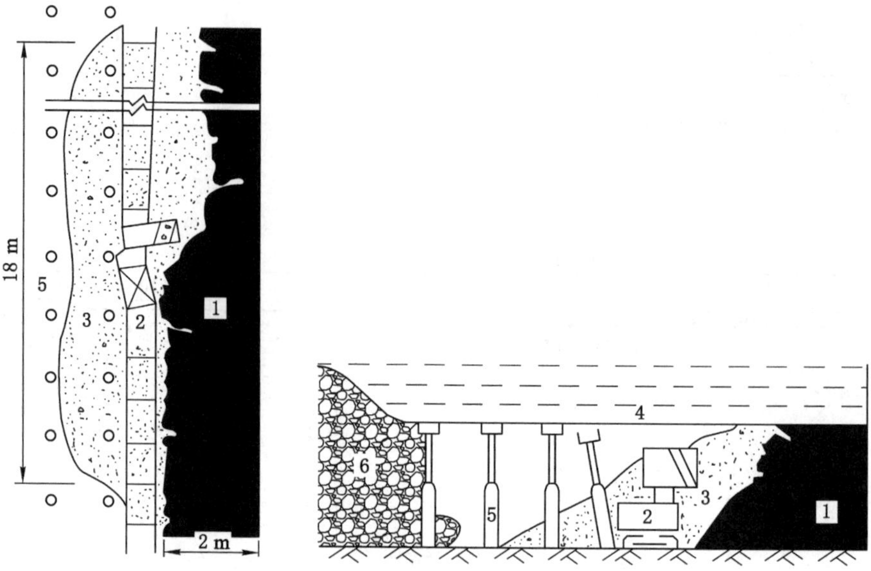

(a) 俯视图　　(b) 纵剖面图

1—煤层；2—采煤机；3—压出煤堆；4—顶板；5—金属支架；6—冒顶区。

图 6-5　山西阳泉三矿一号井 402 工作面压出图

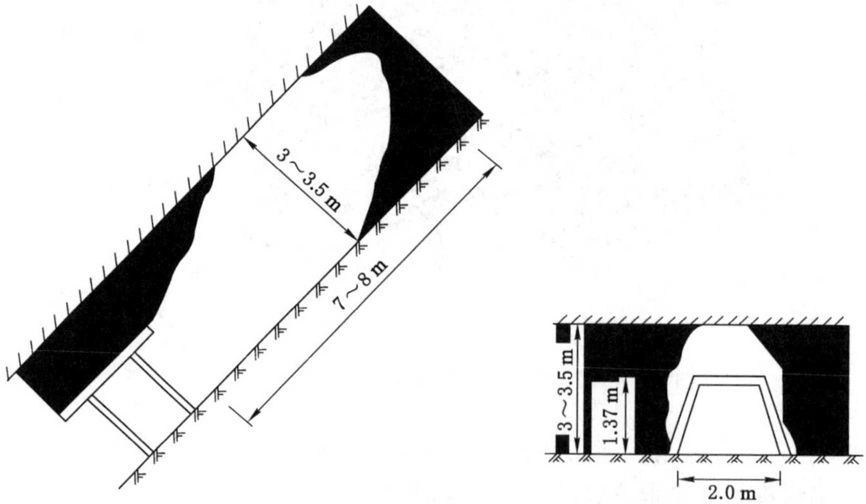

(a) 纵剖面图　　(b) 横剖面图

图 6-6　辽宁北票台吉一井六水平四号上山倾出图

3. 按照突出的发生地点分类

按照突出的发生地点，一般分为石门突出、平巷突出、上山突出、下山突出和回采工作面突出。

(二) 煤与瓦斯突出的影响因素

关于煤与瓦斯突出的机理，存在种种假说，概括起来可分为 3 类。第一类是瓦斯作用说，认为煤与瓦斯突出主要是煤内存在的大量高压瓦斯作用的结果；第二类是地应力作用说，认为煤与瓦斯突出主要是地应力作用的结果；第三类是综合作用说，认为瓦斯突出是地应力、瓦斯压力和煤体结构性能综合作用的结果。国内外多数学者拥护综合作用说。不论持何种观点，大家都承认，煤与瓦斯突出受若干地质因素的控制。

(1) 煤层的埋藏深度

煤与瓦斯突出一般发生在矿井一定深度以下。首次发生煤与瓦斯突出的深度称为始突深度。地层的静压力随着埋藏深度的加大而增大，静压力越大，瓦斯突出的危险性也越大。

(2) 构造应力

煤与瓦斯突出受地质构造控制，表现为突出主要发生在某些特殊地质构造带内。如在强烈挤压的褶皱带、扭折带、倾角变化的转折点、断裂带附近，构造应力集中，容易引起煤与瓦斯突出。

(3) 煤体结构破坏程度

发生煤与瓦斯突出的煤层，多表现为煤体的原生结构受到破坏，成为构造煤。构造煤在宏观上表现为煤的原生条带状结构遭到破坏，层理紊乱，破碎严重，具滑动镜面，煤体松软易碎等特征。随着构造煤的机械强度降低，煤的孔隙空间和内表面积增大，为瓦斯的聚积创造了条件，使突出的危险程度增高。

(4) 煤的变质程度

变质程度高的煤比变质程度低的煤瓦斯含量和瓦斯压力大，煤与瓦斯突出的可能性也增大。

(5) 煤厚变化

煤厚变化带往往是煤与瓦斯突出的地带。我国大多数发生煤与瓦斯突出的矿井都发生在厚煤层或中厚煤层中，特别是厚煤层中发育软煤分层增厚的地带，更容易发生瓦斯突出。

在煤与瓦斯突出的众多因素中，高压瓦斯是突出的必要条件，地应力是保持瓦斯高压的前提条件，煤体结构遭受破坏是突出的便利条件。

(三) 煤与瓦斯突出的规律

根据我国部分突出矿区突出资料的分析结果，发现突出具有如下规律。

(1) 突出一般发生在一定深度以下。随着开采深度的增加，突出次数增加，强度增大；突出煤层数增多，突出危险区扩大。

(2) 突出次数和强度随着煤层厚度特别是软煤分层厚度的增加而增加。突出最严重的煤层往往是最厚的主采煤层。

(3) 突出与地质构造的性质、形式和部位有关，特别是构造应力集中的封闭型构造，突出危险性大大增加。

(4) 突出瓦斯的主要成分为沼气，少量为二氧化碳。突出煤层的相对瓦斯涌出量一般在 10 m^3/t 以上，发生突出的瓦斯压力一般在 0.7～1.0 MPa 以上。同一煤层瓦斯压力越高，突出危险性越大。

(5) 突出与围岩的层厚和坚硬性有一定的关系。当煤层顶板厚度大、硬度高时，突出危险性增大。

(6) 突出煤层的特点是力学强度低，软硬不均，透气性差，瓦斯放散速度较高，湿度小，煤原生结构遭受强烈的构造破坏，层理紊乱，揉皱和滑动镜面发育。

(7) 突出的动力作用方向大都是由上而下的，突出的危险性常随着煤层倾角的增大而增加。

(8) 突出与采掘形成的集中应力有关。在采动应力集中的地区施工，突出危险性剧增，不仅突出次数增多，而且突出强度加大。这些地区是指邻近层的煤柱上下，相向采掘接近区，巷道开口处或两巷道贯通的煤柱内，采煤工作面的集中应力带内掘进上山等。

(9) 突出绝大多数发生在落煤时，尤其是爆破震动煤体，常为诱发突出的动力因素。

(10) 突出危险性最大、发生次数最多的是在石门揭穿煤层的过程中，其间突出强度极高，危险性极大。

(11) 突出前，一般都有一些可被人们直接感觉到、细心观察到或被仪表测定到的先兆。这些先兆主要表现为：在地压显现方面，有煤炮声、支架声响、煤岩开裂、掉渣、底鼓、岩煤自行剥落、煤壁颤动、钻孔变形、垮孔顶钻、夹钻杆等；在瓦斯突出方面，有瓦斯涌出异常、瓦斯浓度忽大忽小、煤尘增大、气温异常、气体异常、打钻喷瓦斯、喷煤、哨声、风声、蜂鸣声等；在煤层结构构造方面，有层理紊乱、煤强度松软或不均、煤暗淡无光泽、煤厚增大、倾角变陡、挤压褶皱、波状隆起、煤体干燥、顶底板阶梯状凸起等。

五、瓦斯灾害的防治

目前，瓦斯灾害的防治手段主要是进行煤与瓦斯预测、预防和瓦斯抽放。

(一) 煤与瓦斯突出的预测

煤与瓦斯突出预测的基础是人们对突出过程及其影响因素的认识。各国的研究者经过不懈的努力，提出了各种各样的突出预测方法。

突出预测根据不同预测范围和精度要求，大致可分为区域预测和局部预测两类。前者的任务是确定矿井煤层和煤层区域的危险性，这种预测也可称为长期预测；后者的任务是在前者的基础上，及时预测局部地点即采掘工作面的突出危险性，这种预测又可称为日常预测或工作面预测。

根据突出预测过程及其连续性，日常预测又可分为静态(或不连续)和动态(或连续)两类预测方法。静态法是指从现场工作面含瓦斯煤体中提取煤体或瓦斯在某一时刻所处状态的某种量化指标，从而确定危险性的方法；动态法是指通过动态连续监测能够综合反映含瓦斯煤体所处应力(或变形)状态的某种指标，从而确定工作面附近煤层危险性的方法。

另外，还有突出警报预测等。

① 区域预测：简称预测。它根据地质和瓦斯资料，在分析突出发生规律的基础上，预测矿井不同煤层和不同区域的突出危险程度，为合理制定瓦斯突出分区管理方案提供依据。

② 局部预测：简称预报。它在区域预测的基础上，根据钻探、采掘和专门测试资料，进一步预测矿井或采区内局部地带(或地点)的突出危险程度，作为制定防灾措施、检验措施效果的依据。

③ 突出警报：简称警报。它是在预测预报的基础上，根据突出前的预兆及仪表信息指示而发出的突出危险警报。

突出预测、预报的准确程度，取决于地质、瓦斯资料的可靠程度和对突出规律的认识程度。突出受多种因素的控制，因此在进行突出预测和预报时，应全面而不是片面地、关联而不是孤立地、发展而不是静止地研究这些因素，只有这样，才能做出切合实际的判断，把突出预测和预报工作做好。

（二）煤与瓦斯突出的预防措施

预防煤与瓦斯突出的措施可分为区域性措施和局部性措施两类。

（1）区域性措施

目前，被广泛应用的区域性防突措施是开采保护层。在煤层群的开采条件下，首先开采无突出危险性或突出危险性较小的煤层。借助它的采动影响，突出危险性煤层对应区域内的地应力和瓦斯压力大大降低，从而减小和消除突出煤层采掘过程中的突出威胁，故将先采煤层称为保护层。

为了保证保护层的安全开采和突出煤层瓦斯的迅速释放，还可预先布置钻孔抽放邻近煤层的卸压瓦斯。被抽出的瓦斯可供综合利用。

（2）局部性措施

局部性防灾措施较多，如水力冲孔、煤层注水、震动放炮、松动放炮等。这些措施的主要作用是在采掘工作面前方形成一个人工控制的卸压带和瓦斯排放区，以消除采掘过程中的突出危险。

（三）瓦斯抽放

煤层瓦斯抽放一般是指当用通风方法不能将回采工作面涌出的瓦斯稀释到《煤矿安全规程》规定的最高允许浓度时，利用瓦斯泵或其他抽放设备，抽取煤层中高浓度的瓦斯，并通过与巷道隔离的管网，把抽出的高浓度瓦斯排出到地面或抽送至矿井总回风巷中。煤矿瓦斯抽放不仅是降低矿井瓦斯涌出量、防止瓦斯爆炸和煤与瓦斯突出灾害的重要措施，而且抽出的瓦斯还可变害为利，作为煤炭的伴生资源加以利用。

第二节　煤　　尘

一、煤尘特征

煤尘指矿井生产过程中产生的含细微颗粒的煤炭粉尘。

（1）煤尘浓度

煤尘浓度（煤尘体积质量）指巷道空气中的含煤尘量。飞扬在巷道中的煤尘达到一定浓度就可能发生煤尘爆炸。一般情况下能引爆的煤尘浓度为 30～2 000 g/m^3，当煤尘浓度为 300～400 g/m^3 时爆炸力最强。

（2）煤尘粒度

粉煤与氧的接触面大，有助于燃爆，但极微小的煤尘（直径小于 10 μm 时）易分裂成许多化学成分不同的粒子，很快氧化成灰烬而不易燃爆。参与燃爆的煤尘其直径大小可由几微米到 1 mm，其中最有爆炸危险性的是通过 80 号筛孔（孔密度为 6 400 个/cm^2）的煤尘，煤尘中这种粒级的煤尘越多，爆炸的危险性越大。

（3）煤尘的挥发分

挥发分（V_{daf}）是影响煤尘燃爆的最主要因素。挥发分越高，其爆炸性越强，因此，V_{daf}值可视为煤尘爆炸指数。据此划分的煤尘爆炸性等级如下：当 $V_{daf}<10\%$时为非爆炸性煤尘；当 V_{daf}为 10%～15%时为弱爆炸性煤尘；当 $V_{daf}>15\%$时为强爆炸性煤尘，且值越大，爆炸性越强。

由此不难推知，高变质煤（V_{daf}值一般小于 10%）特别是无烟煤，一般不会引起煤尘爆炸；中、低变质煤（特别是低变质煤）煤尘易发生爆炸。

（4）煤中的水分和灰分

煤中水分的存在可降低煤尘的爆炸性和爆炸强度，这是因为水分可提高煤尘颗粒之间的黏附性，从而减少煤尘的飞扬，起着阻燃和阻爆的作用。

煤中的灰分能增加煤尘的密度，因而降低了煤尘的飞扬能力；它和水分一样，在煤尘引燃时能吸收部分热量，因此，灰分的存在也可降低煤尘的爆炸性。

二、矿井环境对煤尘爆炸性的影响

这里所说的矿井环境是指煤尘所在现场的空气组成、空气温度等。

当巷道空气中含瓦斯时，煤尘爆炸的危险性增高，即煤尘爆炸的最小含尘量降低，一般是每增加1%的瓦斯，其最小含尘量降低12 g/m^3。有时可形成瓦斯煤尘混合流，其爆炸的危险性最大。

煤尘燃爆时本身也放出大量的可燃气体，如1 kg烟煤粉末加热时可放出200～300 L可燃气体，这就增加了煤尘的燃爆性。

煤尘一般在700～800 ℃（有时可达1 100 ℃）时可以引燃或爆炸；在遇火源时由于迅速的连锁反应，短时间即可达燃爆温度。

综上所述，煤尘的引燃和引爆只有当煤尘特征和周围环境都达到一定指标时才会发生。

三、煤尘地质研究的主要内容和任务

（1）研究煤尘的产生原因和条件。煤尘的产生除生产因素外，与煤层结构、煤岩组分、煤的物理力学性质、煤层的埋藏深度有关。资料表明，随着埋藏深度的增加，煤尘产率逐渐增加，其爆炸性逐渐增强；但煤尘产率不会一直增加下去，到一定深度增加幅度将会减弱，以至达到常值。各种不同的煤层其地质条件不同，煤尘产率也就不同。

（2）研究防治煤尘的地质条件。为使煤尘防治建立在科学的基础上，必须研究那些可利用的地质条件。例如，对煤层顶底板岩石性质、煤层及其顶底板裂隙性质（发育程度、延展方向、存在部位等）的研究结果，可为煤层注水防尘提供依据。

（3）研究影响煤尘燃爆的地质因素。内容包括煤的挥发分、水分和灰分，以及煤尘浓度和煤尘粒度等。

（4）研究煤尘和瓦斯之间的各种关系。煤尘和瓦斯存在着内在联系，煤和瓦斯突出将产生大量煤尘，煤尘燃爆又可产生大量的瓦斯，两者关系十分密切。

（5）研究适于做岩粉的材料。岩粉带和岩粉棚要用大量岩粉，岩粉选择不当可减弱煤尘防治效果，甚至带来危害。因此，对岩粉有如下基本要求：岩粉中可燃物质的质量分数不大于5%；游离 SiO_2 的质量分数不大于10%；不含有毒有害物质；飞扬能力强，在湿空气中10 d后仍保持飞扬能力。通常可做岩粉的有黏土泥岩、石灰岩、石膏等。

（6）研究和确定煤尘爆炸指数和煤尘爆炸性等级。矿方应组织研究煤尘爆炸指数，并依此确定煤尘爆炸性等级。

第三节　煤自燃与地温

一、自燃发火

煤的自燃发火现象在我国煤矿生产中经常出现。据统计，我国发生煤自燃的矿井高达

47%。煤自燃是引起井下火灾的主要原因。井下火灾不仅会造成煤炭资源的巨大损失，而且容易引起其他矿井灾害，如煤尘和瓦斯爆炸。防治煤层的自燃发火是煤矿安全地质工作的一项重要内容。

（一）煤层自燃发火的因素

煤自燃发火是一个十分复杂的过程，它受多种因素的控制。归纳起来，大体分为内在因素和外在因素两类。

（1）煤自燃发火的内在因素

① 煤的变质程度：煤的自燃倾向性随着煤变质程度的增高而降低，其原因是随着变质程度的增高，煤的燃点有规律性地升高，自燃的可能性随之降低。根据我国36个煤矿煤层燃点的统计（表6-2），上述规律显示得十分清楚。

表6-2　煤的变质程度与燃点的关系

牌号	燃点/℃	牌号	燃点/℃	牌号	燃点/℃
褐煤	260～290	肥煤	340～350	贫煤	390～395
长焰煤	290～300	焦煤	360～370	无烟煤	400
气煤	300～340	瘦煤	370～380		

② 煤岩组分：煤岩组分的类别、含量和相互关系是影响煤自燃的根本因素。实验结果显示，不同煤岩组分的吸氧量、氧化速度和燃点明显不同。按照丝炭、镜煤、亮煤、暗煤的顺序，其吸氧量和氧化速度依次降低，燃点依次升高，自燃发火的倾向性逐渐减弱。因此，煤中丝炭组分增多且与镜煤互层时，煤的自燃发火倾向性增大。

③ 黄铁矿含量：煤中黄铁矿含量是影响煤自燃的重要因素。黄铁矿在与氧和水的化学反应中生成硫酸而从煤中消失；同时，硫酸的溶蚀作用使煤层变得疏松，促进了煤的氧化进程。当煤层中含有大量的黄铁矿时，煤层的自燃发火倾向性增强。

④ 水分含量：煤中的水分不仅可使煤的吸氧能力增强，加快煤的氧化速度，而且可改变煤体结构，使煤变得疏松易碎。因此，含水较多的煤，其自燃发火的倾向性增强。

（2）煤自燃发火的外在因素

① 裂隙的发育程度：裂隙发育、破碎严重的煤体，水分和空气很容易渗入，增加了煤与空气的接触面积，使煤的吸氧量增多、氧化速度加快。因此，在断裂带、褶皱带和煤层厚度强烈变化带内，煤的自燃发火倾向性增强。

② 煤层厚度和产状：厚度大、倾角陡的煤层，在开采中丢煤多，地压大，与采空区的隔离条件差，容易形成局部的生热和储热条件，自燃发火的倾向性增大。

③ 煤层顶底板的性质：发育坚硬顶板的煤层，强烈的周期性来压使煤体破碎，容易形成局部的生热和储热条件，易发生煤层自燃。

④ 开采技术因素：井下煤的自燃在很大程度上取决于采矿技术和管理水平。因此，合理选择开拓方式、采区布置方式和开采方法，正确进行顶板管理、煤炭损失量管理和通风管理，是防止煤层自燃的基本措施。在煤层具有自燃发火倾向性的矿井，巷道布置应该简单，采区走向不宜过长，应采用后退式快速采掘，要保证采面与采空区的隔离，采空区要降低丢煤量，应加强通风，使氧化产生的热量不断扩散。

（二）煤层自燃发火区的特点和井下防火措施

(1) 煤层自燃发火区的特点

① 煤厚和煤质的变化：自燃发火区的煤层厚度变薄，煤层烘烤变色。与正常煤层相比，煤质变化较大，表现为煤体变得松散，煤的水分、灰分和挥发分升高，发热量降低，次生腐殖酸含量较高。

② 受煤层结构和地理条件的控制：在多煤层矿区，厚煤层的自燃区范围通常大于薄煤层的自燃区范围。若为结构复杂的煤层，夹矸上部的发火区面积大于夹矸下部的发火区面积，迎风面发火区面积大于背风面发火区面积。

③ 自燃发火的强度：按照煤层自燃发火的强烈程度，可分为3级，即强烈自燃区，煤层全部燃烧，煤层层位仅残留白色灰烬；中等自燃区，煤层已全部或大部分燃烧，有时在煤层底部残留有较薄的煤分层；微弱自燃区，煤层仅部分燃烧，仍残留较厚的煤分层。

(2) 井下自燃发火的防治措施

① 预防措施：通过煤层自燃发火机理的研究及对矿井内煤层自燃时空的统计分析，找出煤层自燃发火倾向性存在的差异；对煤层自燃发火倾向性强弱进行区域性预测，划分出自燃强弱不同的煤层、煤分层和块段；根据自燃发火期的长短，有针对性地采取预防措施。预防措施主要是加强管理，避免井下大量丢煤，防止向采空区漏风，选用适宜于易自燃煤层的开采方法。

② 灭火措施：煤层自燃引起的井下火灾，一般起源于采空区、邻接采空区的煤柱和冒顶处的煤堆。火灾发生前，可通过测定空气成分和岩石温度等手段，尽早发现火灾隐患，将火灾消灭在萌芽状态。发生火灾之后，应围绕切断风火接触这一核心问题，制定综合的灭火措施。

目前，行之有效的灭火方法主要有以下几种：

① 直接灭火法。最常用的是用水灭火和挖除火源。

用水灭火不仅方便易行，而且水的比热为4 186.8 J/kg，可以吸收大量的热，使燃烧的煤炭降温冷却；同时，水汽化产生的大量水蒸气包围着燃烧的煤层，又可起到临时隔绝氧气的作用。该方法适用于扑灭火区范围不大的煤田露头火和煤层浅部火。

挖除火源是直接灭火最有效的方法。对于近期计划开发、开采的煤田中的火区，可结合生产工程，同时规划、设计和施工。挖除火源除采用机械设备（推土机、电铲）外，也可因地制宜地采用深层洞穴爆破、裂隙爆破和钻探爆破等方法。

② 间接灭火法。该方法的本质是阻断着火区的氧气供给，降低着火区的温度。目前常用如下3种方法。

a. 黄（砂）土覆盖法：就是利用覆盖的黄（砂）土层断绝火区的供氧而扑灭火区的。主要适用于处于戈壁或平原地区、燃烧蔓延速度快、火源较深和近期未列入开采计划煤田中的火区。这种方法灭火周期长，温度降低慢。

b. 打钻注水、灌浆法：适用于火区面积大且处在山区、地表龟裂、塌陷严重、裂隙大且近期计划开发、开采煤田中的火区。

c. 封闭火区法：封闭火区后，切断氧气供应，使火区的火缓慢地熄灭。

③ 综合灭火法。它是根据火区的具体条件而选用多种灭火手段的综合灭火措施。它适用性强，满足“因地制宜，就地取材，技术可行，经济合理”的灭火原则。

二、地温

随着煤矿开采深度的增加，井下温度升高，空气湿度增大，井下工作环境恶化，形成矿山热害，从而危害井下作业人员的身体健康，降低生产效率。有些矿区因过高的地温严重影响了煤矿安全生产，如巨野龙固煤矿在井巷掘进过程中，就因高达 48℃的热水而影响了工程进度。

（一）地下温度带的划分

地下因深度不同，地温的状况也不一致，大致分为 3 个地温带。

（1）变温带

变温带的温度主要受太阳辐射热能的影响，温度随着昼夜、季节、地理位置的变化而变化。日变化影响深度为 1～1.5 m，年变化影响深度为 10～20 m。变温带的深度大致为 20～30 m。

（2）恒温带

恒温带位于变温带以下，是地表所受太阳辐射热与地球内热的平衡点。带内温度常年保持一定的数值，大致接近于当地年平均地表温度，但略高于当地年平均气温。一般海面附近约高出 0.8 ℃，海拔标高 500～2 000 m 地区一般高出 1～2 ℃。恒温带的深度和温度主要受地理位置、气候条件、植被情况、太阳光照强度、地形起伏程度、地下水活动强弱和岩石热物理性质等因素的综合影响。同一地区恒温带的实测深度和温度不可能完全一致，表 6-3 所示是我国部分地区恒温带的特征。

表 6-3　我国部分地区恒温带的深度与温度

地区	深度/m	温度/℃	当地年平均气温/℃	当地年平均地温/℃
抚顺	20～30	10.5	7.4	8.3
怀来	14	9.0	8.5	10.6
唐山	35	12.7	10.7	12.9
天津	32	13.6	12.8	13.5
徐州	25～30	16.6	14.0	15.1

（3）增温带

增温带位于恒温带以下，带内温度主要受地球内热控制，表现为温度随着深度增加而增加。

在增温带内，温度随着深度的变化率在各地是不同的。增温带中温度随着深度的变化率用地温梯度或地温级来表征。从增温带开始，深度每增加 100 m，温度增加的数值叫作地热增温率（G），又叫作地温梯度，单位为℃/（100 m）；其倒数称为地热增温级（S），单位为 m/℃。

（二）矿区地温的影响因素

矿区地温状况主要与所处大地构造部位、岩层岩性、构造形态、深大断裂和水文地质条件等有关。

（1）岩层的岩性

一般来说，高热阻、热导性低的岩层具有较大的地温梯度。在沉积地层中，岩性较为单一时，地温梯度基本不变，近于一个常数；岩性多样时，各种岩性的热物理性质差异较大，因而地温梯度的变化也较大。煤层的热阻最大,因而使地温梯度变大。

(2) 基底起伏与构造形态

基底隆起区,相邻坳陷区部分热能流向隆起区并积聚,造成基底隆起区地温高、梯度大,如图 6-7 所示。构造隆起区和背斜部位地温高、梯度大,构造坳陷区和向斜部位地温低、梯度小,如图 6-8 所示。

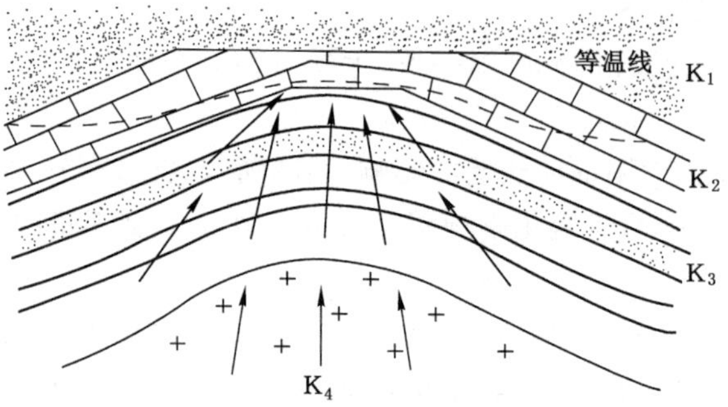

图 6-7 背斜或隆起区热流集中示意图

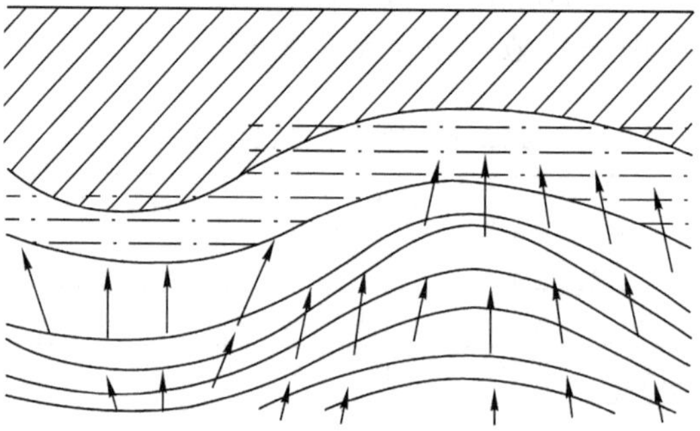

图 6-8 构造形态与地温场生态系统剖面图

(3) 断裂带

高角度的断裂带发育时,地下深部的热水沿断裂带上涌,把热量带到浅部或地表,使浅部或地表温度增高。如广西里兰煤矿,在断层带水温达 30～32 ℃,个别高达 35 ℃,构成井下热害。深大断裂是地下深部热载体(如水、气和岩浆)通达地表的良好通道,邻近深大断裂,热流值偏高。如我国东部郯庐断裂带是一条长期多次活动的深大断裂,在断裂带附近,地温普遍偏高。

(4) 地下水

矿区地下水的活动对地壳浅部地温场的影响分为以下两种情况。

① 地下水的补给、径流、排泄条件好。这类矿区地下水对围岩起到降温作用,属于低温低梯度矿区。如太行山东麓和南麓的峰峰、鹤壁、焦作,燕山南麓的北京西山、开滦,泰山北麓的淄博等矿区,煤系下伏有巨厚灰岩含水层,地下水的强烈流动起到降温作用,因此,这些矿区的平均地温梯度为 1～2 ℃/(100 m)。在巨厚的灰岩段内,地温梯度有时小于 1 ℃/(100 m)。

② 地下水交替不强烈。该区地下水长期停滞,循环交替较弱,地下水与围岩热交换已

经平衡，水温等于岩温，形成地温和地温梯度均为异常地区。如淮南、淮北、兖州等矿区，深部开采时，热害比较明显。

(5) 局部热源

岩浆侵入体的余热、放射性元素的富集、硫化矿床的氧化热等，都可以导致矿区地温异常。

(三) 矿区地温地质工作

(1) 矿区地温地质工作的任务

① 查明矿区地温状况和致热因素，确定恒温带的深度、温度及其异常值，进行矿区热流值和井巷通风降温圈层(调热圈)的测算。

② 收集和提供降温设计部门所需的气象、地温、围岩热物理性质、水文地质等资料。具体包括矿区历年各月、冬夏最冷最热旬的平均气温、气压和相对湿度等气象资料。

此外，还要采制可采煤层及围岩的热物理性质试验样，测试岩石的热导率、比热和密度，计算导温系数；查明矿区附近地表水和浅层地下水的水量、水温和水质，为井下空调降湿提供冷却水源；预测深部地温，为水平延伸设计提供地温资料。

③ 查明地下热水的成因，水量、水质、通道及其对矿区地温场的影响，观测热水动态，为制定封堵、疏干和排放热水，进而综合利用热水提供依据。

(2) 矿区地温地质工作的方法

在矿区地温地质研究中，主要还应利用地面钻孔、井下钻孔和炮眼进行测温。在分析测温资料时，必须与矿区地质、水文地质、地球物理和地球化学背景条件相结合，采用综合的研究方法。

(3) 井田热害类型分类

在地热、地质综合研究的基础上，应对井田或不同地段进行热害分类。一般可简明地划分为水热型、岩热型和混合型 3 类。每类都应指出致热地质因素、原始岩温、热害程度、岩石热物理性质、地下水特征，为通风降温设计、制定地质工程降温对策提供依据。

第四节　顶　底　板

一、煤层顶底板层序

煤层顶板是赋存在煤层之上的邻近岩层。煤层底板是赋存在煤层之下的邻近岩层。

煤层顶底板的岩性(图 6-9)、岩相及其与煤层的接触关系，是阐明煤层形成的沉积环境及其演变过程的地质依据，也是评价煤层开采技术条件的工程指标。

(1) 顶板

伪顶指直接位于煤层之上极薄、松软的随采随落的极不稳定岩层，通常由强度低、易垮落的碳质泥岩组成。其厚度一般在 0.5 m 以下。

直接顶指位于伪顶之上或直接覆盖于煤层之上的一层或几层岩层，通常由砂质页岩、泥岩、粉砂岩等比较易垮落的岩层组成。其在开采过程中常随回柱或移架而自行垮落，有时则需要人工放顶。

基本顶指位于直接顶之上，或直接覆于煤层之上，通常由厚(大于 2 m)而坚硬的砂岩、砾岩、灰岩等组成。在采空区，基本顶能维持很大的悬露面积而不随直接顶垮落。

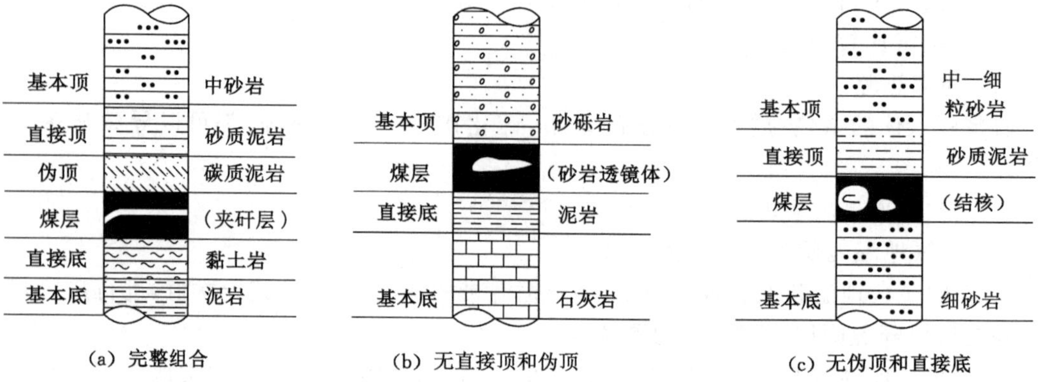

(a) 完整组合 (b) 无直接顶和伪顶 (c) 无伪顶和直接底

图 6-9 煤层顶底板岩性组合形式

(2) 底板

直接底指直接位于煤层之下强度较低的岩层，通常由泥岩、碳质页岩、黏土岩组成，遇水常易滑动或吸水膨胀，支承力较弱。

基本底指位于直接底板之下，也有直接位于煤层之下的，通常由比较坚硬稳定的砂岩、石灰岩等组成，支承力较强。

二、煤层顶底板对煤矿安全的影响

(1) 影响采煤工作面正常生产

采煤工作面遇断层后一般采用挑顶或挖底的方式通过断层，如果断层使得煤层与坚硬的砂岩、砂砾岩顶板或底板接触，不仅采煤机组很难通过，甚至连炮采工作面也不得不终止推进而另开开切眼。

(2) 导致突水事故

如果煤层顶底板含有石灰岩等富水含水层，煤层开采后，其顶底板会遭受破坏变形（如顶板破碎垮落、断裂、弯曲及底板隆起），可能导致地下水分布变化，诱发突水事故。

(3) 影响支护密度、支护形式及支护性能

顶板的类型直接影响其支柱密度和支护形式；而底板岩石的刚度则直接影响到支架的支护性能。如单体支柱的底面积仅为 100 cm^2，在底板比较松软的情况下支柱很容易插入底板（俗称插针），从而失去对顶板的支撑作用。若底板为泥岩时则会遇水膨胀变软，甚至呈泥状，使采煤、运输机械下沉，使支架失去对顶板的控制，从而影响生产。

三、煤层顶底板条件类型

(1) 直接顶分类

缓倾斜煤层采煤工作面按直接顶在开采过程中的稳定程度，即参考顶板岩性和节理（裂隙）发育情况、分层厚度及岩石单向抗压强度等，将直接顶板划分为 4 类（表 6-4）。

表 6-4 中 l 为直接顶初次垮落距，是指垮落高度超过 0.5 m、沿工作面方向垮落长度超过工作面总长度 1/2 时，工作面煤壁到开切眼煤壁之间的距离；若已采多个工作面，则求其算术平均值 $\bar{l}_{\tau}$。

表 6-4　直接顶分类指标及参考要素

类别	1类		2类	3类	4类
	不稳定		中等稳定	稳定	非常稳定
	1a	1b			
基本指标	$\bar{l}_{r}\leqslant 4$	$4<\bar{l}_{r}\leqslant 8$	$8<\bar{l}_{r}\leqslant 18$	$18<\bar{l}_{r}\leqslant 28$	$28<\bar{l}_{r}\leqslant 50$
岩性和结构特征	泥岩、泥页岩，节理裂隙发育	泥岩、碳质泥岩，节理裂隙较发育	致密泥岩、粉砂岩、砂质泥岩，节理裂隙不发育	砂岩、石灰岩，节理裂隙很少	致密砂岩、石灰岩，节理裂隙极少
单向抗压强度 R_c/MPa	$R_c=27.94\pm10.75$	$R_c=36\pm25.75$	$R_c=46.3\pm20$	$R_c=65.3\pm33.7$	$R_c=89.4\pm32.6$

注：(1) 引自《缓倾斜煤层采煤工作面顶板分类》(MT/T 554—1996)。
(2) 单向抗压强度 R_c 为该类顶板各煤层相应参数的平均值加减均方差。

(2) 基本顶分类

按缓倾斜煤层采煤工作面基本顶来压显现强度，将基本顶划分为Ⅰ～Ⅳ级(表 6-5)。

表 6-5　基本顶分级指标及名称

级别	Ⅰ级	Ⅱ级	Ⅲ级	Ⅳ级	
				Ⅳa	Ⅳb
名称	不明显	明显	强烈	非常强烈	
分级指标	$\bar{p}_e\leqslant 895$	$895<\bar{p}_e\leqslant 975$	$975<\bar{p}_e\leqslant 1\ 075$	$1\ 075<\bar{p}_e\leqslant 1\ 145$	$\bar{p}_e>1\ 145$

注：引自《缓倾斜煤层采煤工作面顶板分类》(MT/T 554—1996)。

表 6-5 中分级指标 $\bar{p}_e$ 是基本顶初次来压平均当量，初次来压当量 p_e 可由下式确定：

$$p_e=241.3\ln L_f-15.5N+52.6h_m$$

式中　L_f——基本顶初次来压步距，m；

N——直接顶充填系数；

h_m——煤层采高，m。

当 L_f 不超过工作面长度的 1/2 时采用实测值；若超过工作面长度的 1/2 时，则须作一定的修正。如已知基本顶周期来压步距 L_p，可用 $L_f=2.45L_p$ 推算初次来压步距值。N 亦可用 $N=h_i/h_m$(h_i 为直接顶厚度)进行推算。当直接顶厚度小于 6 倍采高时，h_i 取实测直接顶厚度；当直接顶厚度大于 6 倍采高时，取 $h_i=6h_m$，然后计算出初次来压当量，并以其平均值对照表 6-5 判定该煤层基本顶级别。

综合考虑直接顶类别和基本顶级别，可得到表 6-6 中的几种组合。

表 6-6　煤层顶板的类型组合

基本顶级别	Ⅰ			Ⅱ			Ⅲ				Ⅳ
直接顶类别	1	2	3	1	2	3	1	2	3	4	4

注：引自贾喜荣《矿山岩层力学》，1997。

(3) 伪顶分类

根据缓倾斜煤层采煤工作面伪顶自然垮落厚度，将伪顶划分为1～5度(表6-7)。

表6-7　缓倾斜煤层工作面伪顶分类

类别	1度	2度	3度	4度	5度
伪顶自然冒落厚度 i/cm	$i<20$	$20\leqslant i<30$	$30\leqslant i<40$	$40\leqslant i<50$	$i\geqslant 50$

注：引自贾喜荣《矿山岩层力学》，1997。

(4) 煤层底板分类

根据缓倾斜采煤工作面底板的压入特性，将底板划分为Ⅰ～Ⅴ类(表6-8)。

表6-8　缓倾斜煤层工作面底板分类

<table>
<tr><td rowspan="2">底板类别及代号</td><td rowspan="2">极软Ⅰ</td><td rowspan="2">松软Ⅱ</td><td colspan="2">较软Ⅲ</td><td rowspan="2">中硬Ⅳ</td><td rowspan="2">坚硬Ⅴ</td></tr>
<tr><td>Ⅲa</td><td>Ⅲb</td></tr>
<tr><td>一般岩性</td><td>充填砂、泥岩、软煤</td><td>泥页岩、煤</td><td>中硬煤、薄层状页岩</td><td>硬煤、致密页岩</td><td>致密页岩、砂质页岩</td><td>厚层砂质页岩、粉砂岩、砂岩</td></tr>
</table>

注：引自《缓倾斜煤层采煤工作面底板分类》(MT/T 553—1996)。

四、煤层顶底板的研究方法

(1) 分析特征变化。根据钻孔、井巷和采场揭露的顶底板资料，分析煤层顶底板的岩石性质、分层厚度、组合特征、层理和裂隙发育程度及横向变化情况，编制煤层顶板岩性分布图，分区建立顶板岩性组合柱状图，为煤层顶板条件预测评价提供资料。

(2) 分析研究井田地质构造展布规律及其对顶板条件的影响。小褶皱、小型断层、节理裂隙、层间滑动及层面擦痕等都会使顶板条件恶化，应将这些由于构造因素而使顶板条件恶化的范围圈定出来。

(3) 测试岩性。由于机械化采煤要求地质研究定量化，因此，应尽量分区分类采集顶底板岩石样品，进行物理力学性质测试和微观鉴定，以了解岩石的坚固性、可塑性和吸水膨胀性等特征。

(4) 进行相似对比。收集开采过程中各类顶板的矿压显现及稳定状况资料，通过相似对比对未采区的顶板类型和稳定性作出预测评价。

(5) 编制顶板条件类型预测图和顶板地质险情分析图。顶板条件类型预测图主要显示直接顶厚度、直接顶厚度与煤层采高比值、直接顶岩性、断裂带分布、地下水的压力及运动情况等，有条件的可以通过与相邻已采区类比确定顶板类别。顶板地质险情分析图反映不同险情指数的分布及顶板条件好坏的分区位置。

第五节　矿压与冲击地压

井巷开挖之前，天然岩体中的应力称为原岩应力。开挖后，井巷周围一定范围内岩体(围岩)的应力重新进行分布，而重新分布后的岩体应力状态称为围岩应力。在重分布应力作用下，井巷围岩将发生变形和破坏，因位移和破碎而作用在支护上的压力称为围岩压力或矿井地压。

通常，将矿井地压分为井巷地压、采场地压和冲击地压3种类型。其中，冲击地压对煤矿生产的影响较大。

矿井冲击地压是由于井巷的开挖、矿层的采动而改变了原岩的应力状态，引起井巷、采场围岩应力的重新分布而呈现出变形和破坏的地压现象。它主要表现为井巷围岩的膨胀、蠕变、开裂、滑移、坍塌、冒落；采场顶板的下沉、垮落；煤壁的片帮、掉块；底板的隆起、冲溃；煤、岩、水、瓦斯的突然抛出与冲击等。

一、冲击地压及其显现征兆

冲击地压是煤(岩)层中积聚的巨大的弹性能，以突然释放的形式显现出来，它是矿井开拓开采过程中地压活动的一种突发形式。

冲击地压的主要特征有：类似爆炸的巨声，巨大的冲击波，强烈的弹性振动，煤体挤压移动或粉碎，顶板下沉、底板鼓裂等。

二、冲击地压的影响因素

冲击地压的形成，与煤岩的力学性质和岩体应力状态及瓦斯的赋存状况有关。

(1) 煤与岩石的力学性质

受压物体单位体积内应变能与压应力的平方成正比，与弹性模量成反比。在地应力作用下，呈粒状结构、强度较小且性脆的煤(岩)层，其弹性应变超过全部应变的7%时，容易发生冲击地压。冲击地压多集中发生在构造变动剧烈特别是新构造活动强烈地段，以及高应力区的煤(岩)层、邻近坚硬岩层或硬煤层的松软煤体中。

(2) 岩体应力状态

根据岩体内原始应力分布及应力应变的关系，在岩体应力集中、应力变化大的区段，容易发生冲击地压。冲击地压发生次数与强度随着开采深度的加大而增加。大多数冲击地压发生在地质构造剧烈变化的地带，包括邻近相邻煤层的回采、相向工作面的回采、采动影响下的煤柱留设部位，放炮落煤与回柱放顶的平行作业期间等。可以看出，当应力叠加、应力集中、应力急剧变化时，极易触发冲击地压。

(3) 瓦斯赋存状况

根据瓦斯赋存地质条件的分析，一般在围岩透气性差、瓦斯含量高、瓦斯压力大、瓦斯压力梯度大的煤层中，以及煤层瓦斯的集聚部位，都是构造变动的应力集中位置，容易发生煤与瓦斯突出。如在石门掘进中揭露瓦斯煤层时，经常引起突出。

根据上述因素的分析可以断定，诱发冲击地压的物质条件是由煤(岩)层的物理力学性质决定的，而其动力因素则为原岩应力(包括自重力与构造应力)的活动，或伴有瓦斯压力的作用。由此可知，冲击地压的发生，与煤(岩)层所处的深度、地质构造的部位、地应力大小及方向、地下作业的采动影响、开拓设计与采掘工艺等密切相关。

三、冲击地压的防治措施

冲击地压会给矿井的安全生产造成极大的危害，必须通过地质调查分析诱发原因，掌握其发生规律；在此基础上，开展地压预报，做好预防和治理工作。目前，主要采用以下具体措施。

(1) 开采解放层。该方法适用于煤层群开采。在开采煤层群时，首先开采无冲击地压和危险性较小的煤层。开采解放层前，应超前于被解放层掘进工作面，促使解放层最大限度地卸压。

(2) 震动放炮。该方法适用于石门揭开危险层。在掘进过程中,邻近危险层前,增多炮眼,加大炸药量,利用强烈震动的方法,诱发冲击能量释放。

(3) 钻孔卸压。该方法适用于石门穿过危险层。在石门掘进到危险层前,向危险层打一定密度的钻孔,利用钻孔削弱集聚在煤体内的能量,防止突出。

(4) 水力冲孔。该方法适用于煤体松软和瓦斯压力大的煤层。揭露危险层前,向危险层打钻孔,利用钻孔送入高压水,冲刷煤层,引导喷煤卸压。

(5) 煤层注水。该方法适用于透水性较好的煤层。在工作面打注水钻孔,注入高压水,使煤体均匀湿润,增加含水量,使煤体成塑性变化,降低应力梯度,降低瓦斯涌出量,减少煤尘,防止冲击。

(6) 强制放顶。该方法适用于顶板坚硬的工作面。利用爆破的方法,向采空区不易冒落的顶板打眼放炮,强制顶板垮落卸载,防止大面积突然冒落。

(7) 改进开采方法和开采顺序。对于具有冲击地压危险的矿井,应研究其发生规律,改进开采方法和开采顺序。如采场不留设煤柱,支架齐整,回采彻底,尽可能有利于顶板冒落;选择合理的回采顺序,避免相向回采和煤的三面邻空,防止支撑压力叠加、应力集中和应力变化等。

第六节　煤矿地质灾害的勘查

物探方法在寻找矿产资源、探明隐伏矿床等资源勘查领域应用非常广泛。由于煤矿地质灾害的发生往往造成地下介质层间的物性差异,因此,可以将物探方法用于煤矿地质灾害的勘查,包括电法勘探、磁法勘探、地震勘探、放射性勘探等。

(1) 电法勘探

电法是以自然界的岩(土)层由于其种类、成分、结构、温度和湿度等不同,而具有不同的电性差异为前提,通过获取的电参数来解决相关地质问题的。该方法通过装置的变换可以导出多种解决不同地质问题的方法。目前,地质灾害调查中使用较多的是电测深法和在其基础上利用多路电极转换器来实现对供电与测量电极自动转换的高密度测量系统,它们在岩溶、土洞、塌陷、滑坡、堤坝渗漏等地质灾害勘查中发挥了较好的作用。除反映灾害地质体与周围介质的电性差异外,往往由于溶洞或断裂破碎带充水(泥)而引起了低阻变异,在电测深曲线和断面图上均呈现电阻率曲线扭曲和梯度变化,这些信息很容易被人们捕捉,它是勘查岩溶、土洞、塌陷和滑坡的主要异常标志;尤其是高密度测量系统,其分辨率和效果均优于其他方法,它具有较好的分层和探测细小目标的能力,非常适合于堤坝隐患探测和浅部岩溶、采空区、塌陷、滑坡等地质灾害探测。

(2) 磁法勘探

电磁法是一种基于电磁感应原理的物探方法,利用不接地回线或接地线源向地下发送一次场,在一次场的间歇期间,测量地下介质的感应电磁场以及电压随时间的变化情况。根据二次场衰减曲线的特征,就可以判断地下地质体的电性、性质、规模和产状等,间接解决如陷落柱、采空区、断层等地质问题。由于该方法属于二次场观测,故与其他电性方法相比,具有体积效应影响小,对地形、地物条件要求低,抗干扰能力强,纵、横向分辨率高,对低阻反应敏感等特点。同时,电磁勘探对地下良导电介质具有较强的响应能力,适用于进行煤层顶底板含(隔)水层划分、煤层陷落柱探测、断层及裂隙发育带导(含)水性评价等工作,是一种高效、快捷的物探方法。

(3) 放射性勘探

采煤活动使得地下地质体的横向连续性遭到破坏,岩石中氡元素的运移和集聚作用发生异变,在地表面能测到氡值的异常。氡气元素向采空区运移,在采空区积聚,在地表形成一个与采空区形态相应的氡异常区。因此,可以通过测量地表氡元素的浓度(实际上是测量氡衰变所释放的 α 射线的强度)来准确圈定煤矿采空区的位置与范围。此外,根据氡气异常的峰值状态还可以确定岩溶陷落柱的位置和范围。由于地下的氡气通过构造、裂隙、地下水搬运由深部向地表迁移,测量氡气的浓度可间接反映地质体的裂隙系统的情况,并可分析其开启度、连通性及破碎程度,对预测滑坡能起到一定的指示作用。氡及其子体可以在地层中长距离运移,并且随温度的升高,煤岩中氡的析出量有规律地增加。因此,能够通过地面同位素测氡技术精确定位地下火源位置和推算火源温度。

此外,二维和三维地震方法凭借其丰富的信息量、较高的分辨率、较高的信噪比和准确的空间归位,在煤矿地质灾害勘查中的应用日益广泛。虽然物探方法众多,但适用条件各不相同,在实际工作中应该结合煤矿特殊的地形地质条件、勘探对象的地球物理特征等,选取适当的方法,以最小的经济投入获取最好的勘查效果。实践证明,在煤矿地质灾害防治中使用综合地球物理勘探方法对引起地质灾害的地质原因进行查明,只要物性前提具备,工作方法选择恰当,在理论上就是可行的。实际工作成果表明,物探方法的应用可为煤矿防治地质灾害与地质风险提供可靠的地质资料。

【知识拓展】

我国是世界上煤炭资源极其丰富的国家之一,煤炭储量和产量均居世界前列,但煤层赋存环境各不相同,地质条件复杂多样,尤其是随着煤炭开采深度的增加,各种灾害频繁发生。影响煤矿安全开采的条件很多,单独强调和预防任何一种诱发因素都是片面的。因此,综合考虑各种影响因素,加强对各种因素的重视,对预防煤矿事故具有重要指导意义。在学习过程中应该综合考虑各种危险因素之间的联系,多查阅地球物理方法等高新技术类书籍,了解学习复杂环境下利用新兴科技手段勘查矿井地质灾害的方法。

【知识点拨】

本章主要知识点包括:

① 影响瓦斯含量的地质因素及瓦斯灾害防治措施;

② 矿井瓦斯涌出量及矿井瓦斯等级划分;

③ 煤尘的特征及矿井环境对煤尘爆炸性的影响;

④ 煤层自燃发火区特点及防治措施;

⑤ 矿井地下温度带的划分及影响因素;

⑥ 煤层顶底板类型划分;

⑦ 冲击地压影响因素及防治措施;

⑧ 利用地球物理技术勘查煤矿地质灾害的方法。

第七章 矿井水文地质与水害防治

本章导读：矿井水是危害煤矿建设和生产的主要因素之一。水文地质条件的复杂性，造成有些地区煤层不能开采；有些矿井由于水大，不仅大大增加了原煤生产成本，而且威胁到煤矿的安全生产。为保证煤矿安全生产，改善井下劳动条件，同时为了合理利用地下水资源，有必要了解矿井水文地质的基础知识和矿井水害的防治方法。通过本章学习应该掌握地下水的基本概念、分类方法及不同类型地下水的特点；矿井充水水源及其影响因素；水文地质观测内容和方法；基于微震监测、钻孔瞬变电磁探测技术的新型水害探测方法与原理等内容；矿井水害治理方法和原理。本章重点是地下水的分类及各类地下水的特点；矿井水害综合治理方法。难点是潜水和承压水等值线图的理解；探放水的方法及原理。

第一节 地下水基本知识

一、自然界中的水循环

自然界的水在太阳辐射热和重力的作用下，不断循环着。水在太阳的照射下，从海洋、河流、湖泊表面，岩、土表面及植物叶面上不断蒸发，变成水蒸气上升到大气圈中，在高空凝结并形成各种不同形式的降水（雨、雪、雹等）而降落到地面上。降落下来的水一部分就地蒸发，另一部分通过地表和地下径流回归到河流、湖泊、海洋中，而后再度从其表面蒸发。

水的循环可分为大循环和小循环（图 7-1）。

图 7-1 自然界水的循环

大循环也称为外循环，是指在全球范围内水分从海洋表面蒸发，上升的水汽随着气流运移到陆地上空，遇冷凝结，以雨、雪等形式到达地表。其中，一部分形成地表径流，或渗入地下形成地下径流，最终都流归海洋。

小循环又称为内循环，是指水从海洋表面蒸发，又落到海洋表面；或水从陆地上的湖泊和河流表面、地面、植物叶面蒸发，又在当地降落。

形成水循环的内因是水在通常环境条件下具有气态、液态、固态易于转化的特性；外因是太阳辐射和重力作用，为水循环提供了水的物理状态变化和运动的能量。地球上的水分布广泛，储量巨大，是水循环的物质基础。由于地球上太阳辐射的强度不均匀，不同地区水循环的情况也各不相同。如在赤道地区，太阳辐射强度大，降水量一般比中纬度地区多，比高纬度地区更多。

水循环的地理意义有以下 5 个方面。

① 在水循环这个庞大的系统中，水不断地运动和转化，使水资源不断更新(更新水循环，在一定程度上决定了水是可再生资源)。

② 水循环维护全球水的动态平衡。

③ 水循环可进行能量交换和物质转移。陆地径流向海洋源源不断地输送泥沙、有机物和盐类；吸收、转化和传输地表太阳辐射，缓解不同纬度间热量收支不平衡的矛盾，对于气候的调节具有重要意义。

④ 水循环可产生侵蚀、搬运、沉积等外力作用，不断塑造地表形态。

⑤ 水循环可以改善土壤的土质。

二、地下水的存在形式

地下水是指存在于地壳岩石裂缝或土壤空隙中的水。它主要以气态水、吸着水、薄膜水、毛细水和重力水等形式存在于岩石裂缝或土壤空隙中。其各存在形式叙述如下。

① 气态水：是以气体状态存在于岩土空隙中的水蒸气。

② 吸着水：岩土颗粒表面具有电荷，把水分子牢固地吸附在岩土颗粒表面，形成一层极薄的水膜。由于吸着水紧附于岩土颗粒表面的结合力最牢固，故也称为强结合水。吸着水具有极大的黏滞性与弹性，不受重力作用，也不能传递静水压力。

③ 薄膜水：指包围在吸着水外层的水膜，是由岩土颗粒表面与水分子之间的静电引力形成的。因为吸着力随着水分子与岩土颗粒表面距离的增大而减弱，所以薄膜水受静电引力作用远远小于吸着水，故称其为弱结合水。

④ 毛细水：土体中受毛细管力作用保持在自由水面以上的水。它通常分布在潜水面以上，与潜水直接连通，形成毛细水带。

⑤ 重力水：岩土中在重力作用下能自由运动的地下水。它能传递静水压力，有溶解能力，易于流动。泉水、井水和矿坑涌水都是重力水，是水文地质学研究的主要对象。

三、透水层、含水层与隔水层

(1) 透水层

透水层是指能够透过并给出地下水的岩土层。其透水能力的大小可用渗透系数来衡量。渗透系数是指在各向同性介质中，单位水力梯度下的单位流量。一般情况下，渗透系数大于 10 m/d 的岩土层可认为透水，呈层状称透水层，呈带状称透水带。渗透系数小于 0.01 m/d 的岩土层称为不透水层，渗透系数介于 0.01～1 m/d 的称为半透水或弱透水层。

(2) 含水层

充满地下水的层状透水岩土层，是地下水储存和运动的场所。

只有透水层才有可能成为含水层。疏松的砂卵石层，半固结而富空隙的砂砾岩，富有裂隙的基岩，喀斯特发育的碳酸盐岩，既能容水又能透过和排出重力水，都具备成为含水层的条件。透水层要成为含水层，只有在透水层下部有不透水层或弱透水层存在的储水构造，才能保证渗入透水层的水聚集和储存起来。

(3) 隔水层

重力水流不能透过的土层或岩层称为隔水层，如黏土、亚黏土和致密完整的页岩、火成岩、变质岩等。隔水层的存在，使上下两层含水层没有水力联系。因此，在有多层不同水质和水量的含水层地区，需要分层开采地下水时，必须确定隔水层的厚度和位置。在地下水位以下开采矿产时，为防止含水层中地下水突入矿井，必须保持隔水层的完整性。

四、地下水分类

地下水的分类方法很多，可以根据不同的分类目的、分类原则与分类标准，区分为多种类型体系。其中，对煤矿生产有直接意义的有以下两种分类。

(一) 按照地下水的埋藏条件分类

(1) 上层滞水

一般认为，上层滞水是指埋藏在离地表不远的包气带中局部隔水层之上的重力水(图 7-2)。其特点是：一般分布范围小，储量不丰富，受气候影响大，雨季获得补给，补给区与分布区一致，对煤矿生产几乎无影响。

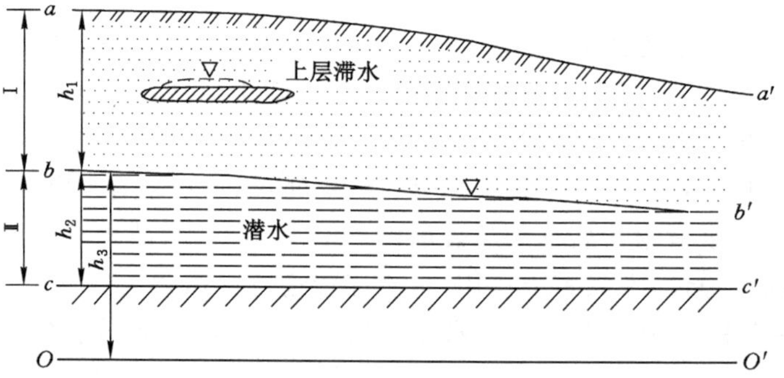

图 7-2　上层滞水与潜水示意图

(2) 潜水

潜水是地表以下，第一个稳定隔水层以上具有自由水面的地下水。其特点是：没有压力，只能从水位高的地方向水位低的地方流动；分布广，分布区与补给区基本一致，主要接受大气降水的补给；受季节和气候的影响较大，水量和水位等的变化具有明显的季节性；埋藏浅，开采方便。但易受污染，污染后相对易于治理。

潜水有自由水面，称为潜水面。其形状与地形密切相关，但潜水面坡度总是小于地面坡度。地表至潜水面间的距离称为潜水埋藏深度；潜水面至其底板隔水层顶面间的距离称为潜水含水层厚度；潜水面上任意一点的标高称为潜水位。

潜水面的形状可用等水位线图表示(图 7-3)，通过潜水等水位线图可以判断地表水与潜水的补给关系。潜水等水位线通常是具有一定倾斜度的曲面，潜水等水位线图就是潜水面等高线图，它是根据潜水面上各点的水位标高绘制成的，一般绘制在地形图上。

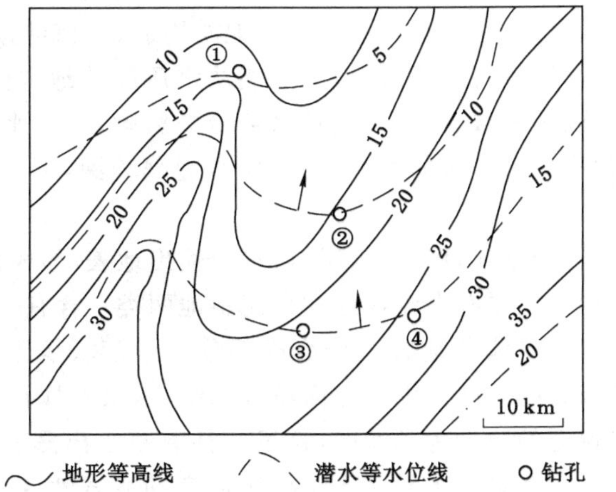

图 7-3 潜水等水位线图

根据潜水等水位线图可以解决一些相关的实际问题。如确定潜水流向——垂直等水位线由高水位流向低水位,确定潜水的水力坡度——任意两条等水位线的水位差与相应等水位线间流长的距离比,确定地表水与潜水的相互补给关系(图 7-4),确定潜水埋藏深度,确定引水和排水工程的位置等。

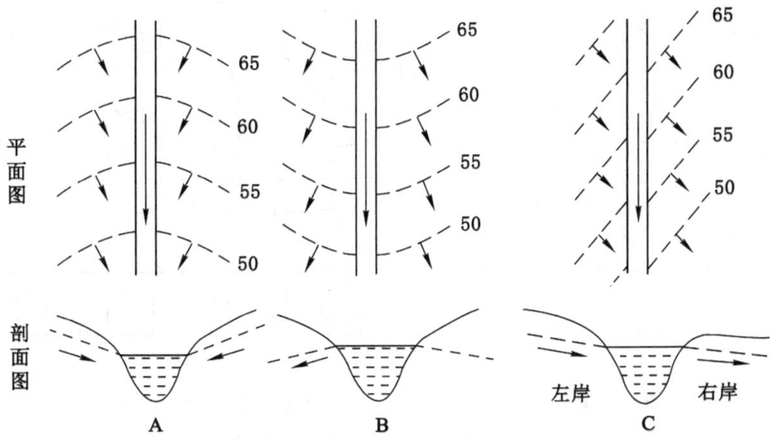

图 7-4 地表水与潜水补给关系示意图

对煤矿来说,潜水是矿坑充水的重要水源之一,因此,在煤矿生产中应加以重视。

(3) 承压水

充满于上下两个稳定隔水层之间的含水层中的重力水称为承压水。形成承压水的埋藏条件首先是上下均有隔水层,中间是透水层,其次是水必须充满整个透水层。

下面几种岩层组合都可形成承压水:黏土覆盖在沙层上,页岩覆盖在砂岩上,页岩覆盖在溶蚀灰岩上,致密不纯的灰岩覆盖在裂隙和溶隙发育的灰岩上,致密熔岩覆盖在多孔熔岩上。

承压水的形成与地质构造有密切关系，只要有适合的地质构造，无论是松散沉积物，还是基岩，都可形成承压水。最适宜于承压水形成的地质构造是向斜构造和单斜构造。

承压水的特点是：含水层具有承压水头，水只能从水压高的地方向水压低的地方流动；分布较广，分布区与补给区不一致，不受大气降水补给的影响；承压水不受季节和气候的影响，水量和水位等的变化不具有明显的季节性；承压水埋藏较深，不易开采，不易受污染，污染后不易治理。

在适宜的地形条件下，当钻孔打到含水层时，水便喷出地表，形成自喷水流，故承压水又称为自流水。承压含水构造主要有自流盆地和自流斜地两类。含有一个或多个承压含水层的构造盆地称为自流盆地。自流盆地有 3 个组成部分：补给区、承压区和排泄区（图 7-5）。补给区在盆地边缘位置较高的地区。由于上面没有隔水层，水不具有承压性质，实际上这里的地下水是潜水。位置较低的边缘为排泄区，这里往往有泉水出露。承压含水层之上有隔水层覆盖的区段为承压区。单斜含水层在下端因构造变动或岩性变化而使水流受阻，便构成自流斜地。

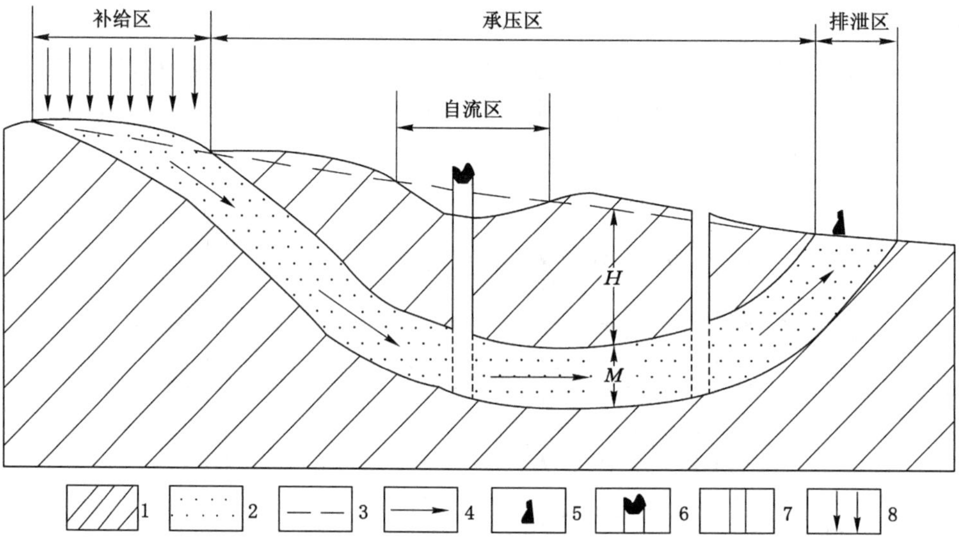

1—隔水层；2—含水层；3—地下水位；4—地下水流向；5—上升泉；6—自流井；
7—钻孔；8—大气降水补给；H—压力水头高度；M—含水层厚度。

图 7-5　自流盆地中的承压水

承压水含水层的水面特征可用等水压线图来描述（图 7-6）。根据等水压线图可以测定承压水的流向、水力坡度和每个点的承压水位，判断承压含水层之间及与潜水的相互补给关系，为矿井疏干降低承压水头提供依据。

大量的矿井突水资料表明，我国北方地区煤矿床充水的典型特点是高压水作用下的煤层巷道或工作面底板突发性突水，矿井突水水量往往较大且比较稳定（因奥陶系灰岩丰富的静储量和补给量）。矿井突水的主要特点是突发性强，破坏力大，造成人员生命和财产损失比较严重。因此，必须重视对承压含水层水的研究。

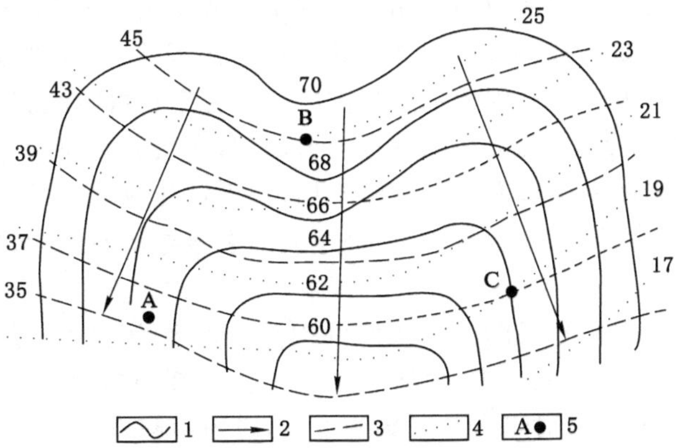

1—地形等高线；2—承压水流向；3—等水压线；4—含水层顶板等高线；5—钻孔。

图 7-6　承压水等水位线示意图

（二）按照岩土空隙的差异分类

1. 孔隙水

孔隙水是赋存在松散沉积物颗粒间孔隙中的地下水。孔隙水的分布、补给、径流和排泄取决于沉积物的类型、地质构造和地貌等。在不同成因的沉积物中，存在不同的孔隙水。一般情况下，沉积物颗粒大而均匀，则含水层孔隙大、透水性好、水量大、渗透速度快、水质好；反之，含水层孔隙小，则透水性差、水量小、渗透慢、水质差。

孔隙水对煤矿的影响主要取决于孔隙含水层厚度、沉积物颗粒大小及与每层的相互关系。一般来说，沉积物颗粒大而均匀，则含水层孔隙大、透水性好、水量大、渗透速度快，建井时只有加大排水能力才能通过；颗粒细而均匀的砂层，易形成流沙，大量流沙涌入井内，会使整个井筒报废。

在浅层开采时，煤层顶板垮落带常常波及富水性很强的砾石含水层，这时会有大量的孔隙水涌入井下，造成突水事故。

2. 裂隙水

赋存于岩体裂隙中的地下水，按照含水介质裂隙的成因，可分为风化裂隙水、成岩裂隙水与构造裂隙水。

（1）风化裂隙水

风化裂隙水赋存于岩体的风化带中。风化作用与卸荷作用决定了岩体的风化裂隙带在近地表处呈壳状分布，通常厚数米至数十米。裂隙分布密集均匀，连通良好的风化裂隙带可构成含水层，未风化或风化程度较轻的母岩可构成相对隔水层。因此，风化裂隙水一般为潜水。被后期沉积覆盖的古风化壳也可赋存承压水。风化裂隙水通常分布比较均匀，水力联系较好，但含水体的规模和水量都比较有限。

（2）成岩裂隙水

成岩裂隙水赋存于各类成岩裂隙中。成岩裂隙是沉积岩固结脱水及岩浆岩冷凝收缩形成的裂隙。一般情况下，成岩裂隙多闭合，不构成含水层。陆地喷溢的玄武岩裂隙发育且张开，可构成良好的含水层。

（3）构造裂隙水

构造裂隙是固结岩石在构造应力作用下形成的常见裂隙。构造裂隙水以分布不均匀、水力联系不好为特征。在钻孔、平硐、竖井及各种地下工程中，构造裂隙水的涌水量、水位、水温与水质往往变化很大。这是因为构造裂隙的分布密度、方向性、张开性和延伸性极不均匀。一般来说，在层状岩层中，构造裂隙发育较为均匀，在层面裂隙的沟通下，构造裂隙水的水力联系较好。块状岩体中构造裂隙发育极不均匀，当钻孔或坑道进入微裂隙岩体时，水量微不足道；遇到裂隙网络时，水量通常较大；触及大的裂隙导水通道，水量十分可观。

3. 岩溶水

岩溶水是储存在喀斯特岩层的溶洞或溶蚀裂隙中的重力水。如我国华北石炭-二叠纪煤田，在煤系下伏的奥陶纪石灰岩中，岩溶承压水十分发育；在淄博煤田、焦作煤田、峰峰煤田等处，均有岩溶水。岩溶水对煤炭开采影响很大，应当引起重视。

五、地下水的物理性质和化学成分

（一）地下水的物理性质

地下水的物理性质主要指水温、颜色、透明度、嗅和味等。

（1）温度

地下水的温度变化范围很大，其变化与自然地理条件、地质条件、水的埋藏深度等有关。在变温带的地下水，温度呈现周期性日变化和周期性年变化，但水温变化比气温变化幅度小；在恒温带的地下水，温度接近于当年平均气温；在增温带的地下水，温度随着埋藏深度的增加而升高。

（2）颜色

地下水的颜色取决于水中的化学成分及其悬浮物。地下水一般是无色的，当其含有某种化学成分或悬浮杂质时，地下水则具有不同的颜色。如含 FeO 的水呈浅蓝色，含 Fe_2O_3 的水呈褐红色，含悬浮杂质的水的颜色取决于悬浮物的本色。

（3）透明度

水的透明度是指水的清澈程度。将水注入特制的玻璃管中，以玻璃管下部白瓷板上的黑点刚刚消失，而十字尚能看见时的水位高度(cm)为该水样的透明度。

水的透明度由其所含悬浮物的多少决定，因此透明度基本上可以表征水样中悬浮物含量的多少。水中悬浮物含量大，水的透明度低；水中悬浮物含量小，水的透明度高。

（4）嗅

地下水的嗅是指其气味，主要取决于水中所含气体成分和有机物质。若水中含有硫化氢气体，水便具有臭鸡蛋味；若水中含有机物，水便有鱼腥味。

（5）味

通常，地下水是无味的，其味道的产生与水中含有某些盐分或气体成分有关。含有 $NaCl$ 的水具有咸味，含有机质的水具有甜味，含 CO_2 气体的水具有清凉可口之感。

（二）地下水的化学成分

地下水是一种浓度较稀的溶液，通常以离子、化合物和气体状态存在。

离子主要有阳离子(H^+，Na^+，K^+，NH_4^+，Mg^{2+}，Ca^{2+}，Fe^{3+}等)和阴离子(OH^-，Cl^-，SO_4^{2-}，NO_2^-，NO_3^-，HCO_3^-，CO_3^{2-}，SiO_3^{2-} 等)。

化合物有 Fe_2O_3，Al_2O_3，H_2SO_4 等。

气体有 N_2，O_2，CO_2，CH_4，H_2S 等。

地下水中分布较广泛的离子有 Cl^-，SO_4^{2-}，HCO_3^-，Na^+，K^+，Mg^{2+}，Ca^{2+} 等 7 种，因而往往以此来表征地下水的化学类型。若地下水中主要阴离子成分为 HCO_3^-，阳离子为 Ca^{2+}，地下水的化学类型就称为重碳酸钙型水；若地下水中主要阴离子成分为 SO_4^{2-}，阳离子为 Na^+，地下水的化学类型就称为硫酸钠型水。

地下水所含化学成分不同，其化学性质也不同。反映地下水化学性质的常用指标有以下 4 种。

（1）氢离子浓度（pH 值）

水的酸碱度通常用氢离子浓度，即 pH 值来表示。根据 pH 值，可将地下水分为 5 种类型（表 7-1）。

表 7-1　地下水按照 pH 值分类

酸碱性	强酸性	弱酸性	中性	弱碱性	强碱性
pH 值	<5	5～7	7	7～9	>9

我国最新颁布的《生活饮用水卫生标准》（GB 5749—2022）规定，用于饮用的水，其 pH 值的变化范围在 6.5～8.5 之间。

（2）硬度

水的硬度分为总硬度、暂时硬度和永久硬度。总硬度是指水中 Mg^{2+} 和 Ca^{2+} 的含量，它包括暂时硬度和永久硬度。暂时硬度是指水沸腾后，由 HCO_3^- 与 Ca^{2+} 和 Mg^{2+} 结合生成碳酸盐沉淀出来的 Ca^{2+} 和 Mg^{2+} 含量；永久硬度是指水沸腾后，水中残留的 Ca^{2+} 和 Mg^{2+} 含量。

水的硬度取决于溶解于水中的钙和镁的含量，并以折合成碳酸钙的毫克/升为计量单位。饮用水的硬度过高，烧开水时，壶内会结垢并影响口感；水的硬度过低，容易腐蚀管道。我国的饮用水硬度标准限值为 450 mg/L。饮用水硬度对人体健康没有不良影响，大多数研究报告认为，饮用水有较高的硬度对预防心血管病有益处，而且钙一般也是人体需要补充的元素。大多数国家的饮用水硬度标准设为 400～500 mg/L。

（3）总矿化度

水的总矿化度为水中离子、分子和各种化合物的总含量，通常是以水烘干后所得残渣来确定，单位为 g/L。水在蒸发时，部分离子被破坏，有机物被氧化，所以残渣总量与离子总量并不一致。计算时应考虑上述因素，以便对分析结果做出适当的订正。

根据总矿化度的大小，天然水可以分为以下 5 类（表 7-2）。

表 7-2　地下水按照矿化度分类

水的名称	淡水	弱矿化水	中等矿化水	强矿化水	盐水
干涸残余物矿化度/(g/L)	<1	1～3	3～10	10～50	>50

（4）侵蚀性

地下水的侵蚀性取决于水中侵蚀性 CO_2 的含量。当含有侵蚀性 CO_2 的地下水与混凝土接触时，就可能溶解其中的 $CaCO_3$，使混凝土的结构受到破坏。因此，若水中游离的 CO_2

含量超过平衡的需要时，水就具有一定的侵蚀性。

第二节　矿井充水条件

在矿井建设和生产过程中，流入井巷及回采工作面的各类水称为矿井水。影响矿井充水的主要因素很多，但通常所说的矿井充水条件，主要是指矿井水的来源及其渗透通道。在矿井生产过程中，正确判断充水水源及其通道，对于计算涌水量、预测矿井突水的可能性、制定矿井防治水措施等，都具有重要的意义。

一、矿井充水水源及其影响因素

（一）矿井充水水源

一般来说，矿井充水的水源主要有大气降水、地表水、地下水和老窑及采空区积水 4 种。

（1）大气降水

大多数矿井，特别是地势低洼且埋藏较浅的煤层矿井，大气降水是充水的主要水源。降水渗入量的大小与矿井所在区的气候、地形、岩性、构造等因素有关。大气降水对煤矿充水的影响如下。

① 与降水特征有关。降水量大、持续时间长的小雨，会使矿井涌水量增大；降水量大的暴雨，会引发洪水或泥石流，造成淹井事故。一般来说，我国南方矿区受降水的影响大于北方矿区。

② 与季节有关。大气降水造成的矿井充水有明显的季节性。雨季矿井涌水量大，旱季涌水量小。同时，涌水量高峰的出现具有滞后性，一般是在雨后一段时间后，涌水量高峰才出现。

③ 与开采深度有关。大气降水渗入量随着开采深度的增加而减少。

（2）地表水

位于矿井附近的地表水，如果与地下水有水力联系，往往成为经常性的矿井充水水源。

地表水能否进入井下，主要取决于水体与矿井的距离、水体大小、煤层开采深度、构造和开采方法等因素。

以地表水为主要充水水源时，矿井充水有如下特点。

① 与地表水体的距离有关。矿井距地表水体越近，充水越严重，矿井的涌水量越大。

② 与水体大小有关。当地表水为常年性充水水源时，水体越大，矿井的涌水量越大，并且稳定。

③ 与煤层开采深度有关。有关煤层开采会形成“三带”，即垮落带、裂缝带和弯曲下沉带。若煤层埋藏浅，则只形成垮落带和裂缝带，这时地表水可通过裂缝带涌入井下，造成淹井事故；若煤层埋藏较深，则涌水量受地表水的影响较低，甚至无影响。

④ 与构造有关。若矿井有中型正断层存在，且断层是地表水体进入井下的主要通道，则断层导水会增加矿井的涌水量。

⑤ 与开采方法有关。在掘进巷道布置不合理，或采矿方法不正确和不能很好地排出矿井水的地区，可能有大量的水流入巷道。

（3）地下水

地下水是指在岩土层中储存和运动的各类水，是构成矿井充水的主要水源。它主要包括潜水、含水层水、断裂带中水和岩溶陷落柱水等。

该类地下水具有水量大、水压高等特点，是煤矿生产必须认真研究和处理的主要矿井充水水源。

(4) 老窑及采空区积水

老窑和采空区是指煤层已被采空，或由于涌水量过大等而停采，或已采完的老井或工作面。由于停采或采完，其间存在大量未排出的地下水，当掘进巷道或回采工作面接近老窑或采空区时，这些积水会突然溃入巷道或工作面，造成突水事故。

这种突水的最大特点是水量大、来势猛、时间短、破坏性强。因此，在掘进和回采前，要调查和了解老窑及采空区的分布情况，在掘进和回采过程中，必须按照规范要求进行超前探放水，以确保煤矿生产的绝对安全。

(二) 矿井充水的影响因素

如前所述，充水水源的类型、规模等，都直接控制着流入矿井的水量。除此之外，影响矿井涌水量的还有下面一些因素。

(1) 地形

地形直接控制含水层的出露部位和出露程度，控制着大气降水和地表水的汇集、渗透，因此，地形间接地影响矿井的含水量。当矿井位于当地侵蚀基准面之上时，通常涌水量较小；当开采深度低于当地侵蚀基准面时，涌水量较大。

在同一地质条件下，地表平坦、四周高且中间低洼的地区，雨季积水量大，地表不易排泄，会造成地表积水大量补给地下含水层；反之，在地形较陡的矿区，降水大部分形成地表径流，补给地下含水层的水量较小。

(2) 覆盖层及煤层围岩

大气降水和地表水能否渗入地下，甚至进入矿井中，与煤层上覆岩层的透水性以及围岩的出露程度和透水性有着直接关系。

若煤层上覆盖层透水性好，则补给地下的水量就大，矿井涌水量也大；反之，若上覆盖层为一定厚度的隔水层，则进入矿井的大气降水和地表水少，矿井涌水量就小。

若煤层围岩为透水性岩层，并且出露地表的面积大，则大气降水和地表水渗入地下的水量就大，井下涌水量也大。

(3) 地质构造

地质构造既决定地下水的埋藏条件，又控制地下水的运动，影响着矿井涌水量的大小。尤其是断层对矿井涌水量的影响，在矿区断层密集的地段，裂隙发育，会造成涌水量增大；由于煤层的作用，当煤层与强含水层接触或接近时，会造成突水事故，使矿井涌水量增大。

若矿区存在褶曲，煤层上覆岩层存在含水层，开采位于向斜轴部附近的煤层时，涌水量一般增大；开采位于背斜轴部附近的煤层时，涌水量一般较小。

(4) 不正确的采矿方法

采掘工程必须按照《煤矿安全规程》的要求，按照计划进行。若采掘工程违反规程要求，如开采了防水煤柱，或减小了煤柱的厚度等，就会使水进入矿井，增大矿井涌水量。

二、矿井充水通道

矿井只有充水水源的存在，不能决定矿井是否充水，还必须存在把水源导入井下的通道，即充水通道，矿井才可能充水。矿井充水通道主要有以下4种。

(1) 岩土层的孔隙

这种通道多存在于疏松的沉积物和颗粒大、胶结程度差的砾岩与粗砂岩中。其透水性大小取决于孔隙大小和连通情况。如第四系松散堆积物和砾岩、粗砂岩等含有的孔隙水，如果与井下有水力联系，这些水就会沿着孔隙流入井下，造成井巷充水，增大矿井涌水量。

(2) 岩层的裂隙

赋存于岩体裂隙中的地下水称为裂隙水。风化裂隙、成岩裂隙与构造裂隙等，都可以构成矿井充水的通道。对矿井具有普遍威胁的是构造裂隙，其中包括各种节理、断层等。

(3) 岩层的溶隙

溶隙存在于碳酸盐类等可溶性岩层中。其大小、形状等变化较大，较大的溶隙当连通性良好时，不仅可储存大量的地下水，而且是矿井充水的良好通道。当巷道掘进接近或揭露它们时，易造成突水。

(4) 人为因素产生的通道

① 封闭不良的钻孔造成的通道。钻孔是连通地表水和地下水的人为通道。按照规定，勘探时施工的各种钻孔，在工作结束后都要进行封孔。在开采过程中，遇到或接近封闭不良的钻孔时，会引起涌水或淹井事故。

② 采矿活动造成的断裂。根据岩层移动规律的研究，当煤层开采后，会形成“三带”，即垮落带、裂缝带和弯曲下沉带(图7-7)。

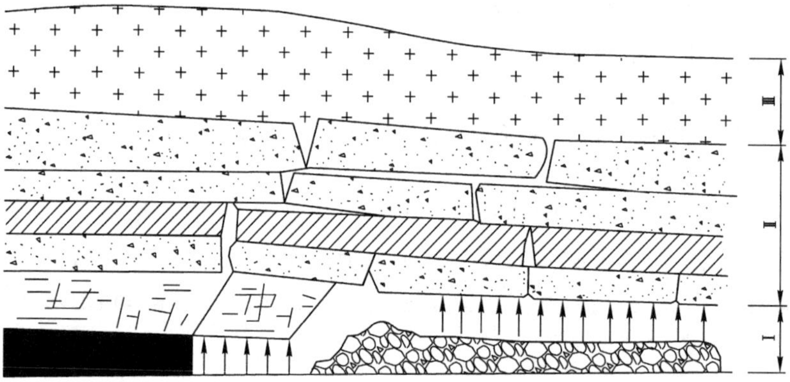

Ⅰ—垮落带；Ⅱ—裂缝带；Ⅲ—弯曲下沉带。

图7-7 采矿活动产生的“三带”示意图

第三节 矿井水文地质观测

一、矿井水文地质观测内容

矿井水文地质观测是矿井水文地质工作的主要项目，一般包括地面水文地质观测和井下水文地质观测。

(一) 地面水文地质观测

地面水文地质观测包括气象观测、地表水观测和地下水观测。

(1) 气象观测

气象观测的内容主要是观测降水量。气象观测方法是搜集矿区附近气象台站的观测资料或设立矿区(井)气象站。观测内容除降水量外,还应包括蒸发量、气温、相对湿度等。气象观测时间和要求,应与气象站一致。

对气象观测资料应整理成气象要素变化图(图 7-8),以说明矿区范围内气象要素变化情况。此外,还应当把气象要素变化同矿井建设和生产实践结合起来分析研究,如编制降水量与矿井涌水量变化关系曲线图,以帮助分析矿井涌水条件。

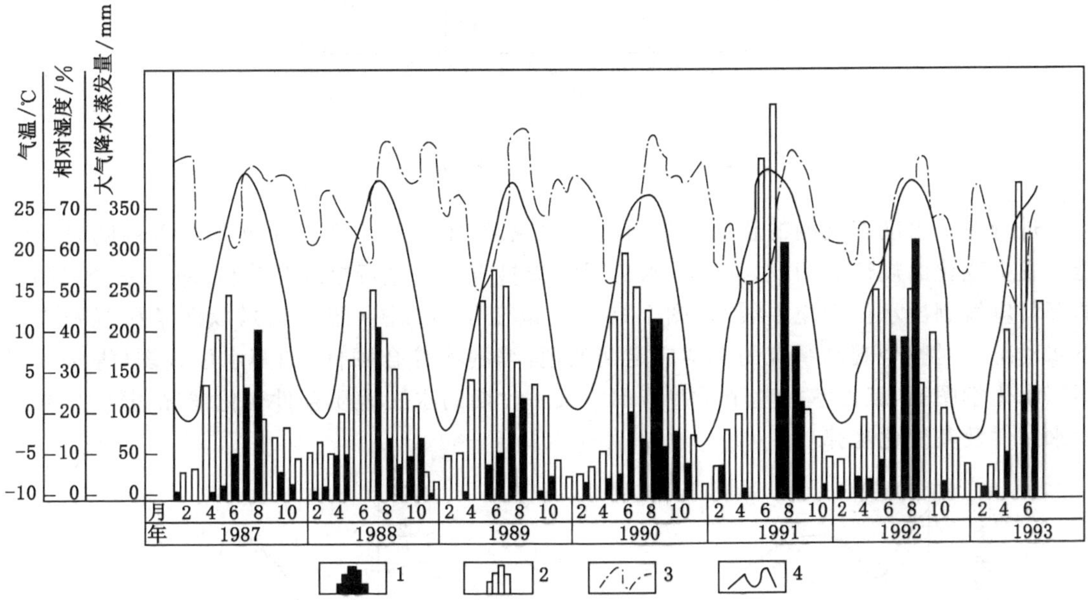

1—降水量;2—蒸发量;3—相对湿度;4—气温。

图 7-8　某地气象要素变化图

(2) 地表水观测

地表水主要是指江河、溪流、大水沟、湖泊、水库、大塌陷坑积水等。对分布于矿井范围内的地表水,都应该对其进行定期观测。

对通过矿井的江河、溪流、大水沟,一般在其出入矿井或采区、含水层露头区、地表塌陷区及支流汇入的上下端设立观测站,定期测定其流量(雨季最大流量)和水位(雨季最高洪水位)、通过构造断裂带和上述地段的流失量、河流泛滥时洪水淹没区的范围及时间等。

对分布于矿井范围内的湖泊、水库、大塌陷坑积水区所建立的观测站,其观测内容主要是积水范围、水深、水量及水位标高等。应将观测所获资料整理成曲线图(图 7-9),以便研究其流量(水量)、水位的变化规律,找出其变化原因,并预测地表水对矿井涌水的影响。此外,还应将河水漏失地段、洪水淹没范围等标在相应的图纸上。

(3) 地下水观测

地下水观测是研究地下水动态的重要手段,在矿井建设和生产过程中,应选择一些具有代表性的泉、井、钻孔、被淹井巷及勘探巷道等作为观测点,与已有的观测点组成观测系统(观测线或观测网)。

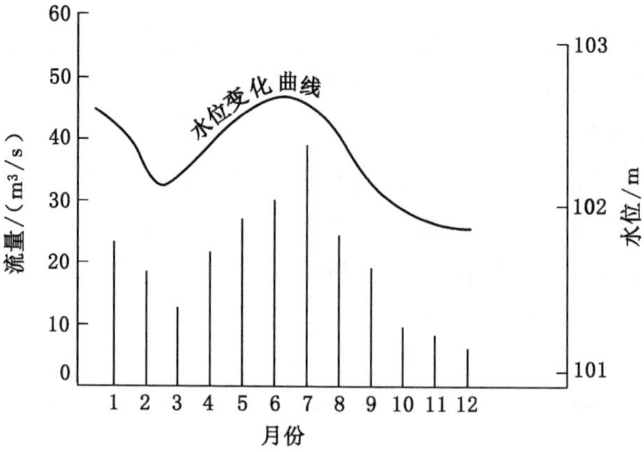

图 7-9　河水流量、水位变化曲线图

进行地下水动态观测的目的在于通过日常观测，了解一个矿井水文地质条件随时间的延续发生变化的规律。为此，对地下水的观测资料应及时进行整理和分析，对每一个观测点的资料应编制出水位变化曲线图(图 7-10)、流量变化曲线图(图 7-11)，以便掌握观测点地下水动态。对整个观测系统的资料应定期整理，编制成综合图件，如等水位线图(等水压线图)、水化学图等，以便掌握整个矿井范围内某一时期的水文地质条件变化情况，分析矿井的涌水条件及其变化规律。

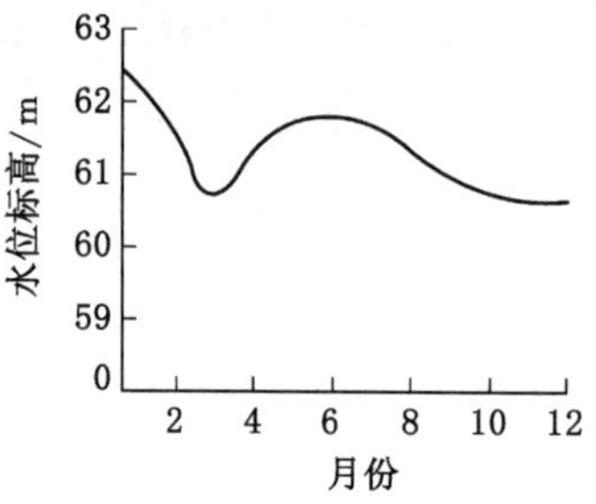

图 7-10　钻孔水位变化曲线图

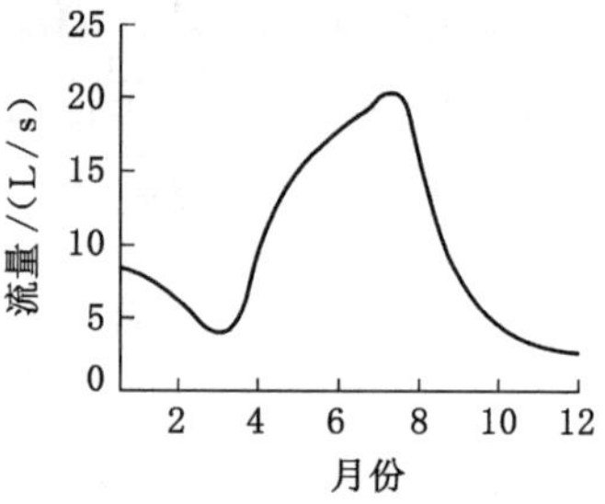

图 7-11　泉水流量变化曲线图

（二）井下水文地质观测

1. 巷道充水性观测

(1) 观测含水层。当巷道通过含水层时，应详细地记录和描述其产状、厚度、岩性、构造、裂隙或岩溶的发育情况，以及揭露点的位置及高程、出水形式、涌水量、水压及水温等，并采取水样进行水质分析。

(2) 观测岩层裂隙发育情况。对巷道穿过的含水层应进行裂隙发育情况观测，测定裂隙产状要素、长度、宽度、数量、形状、尖灭情况、充填程度及充填物等，观察地下水活动痕迹，绘制裂隙玫瑰花图，并选择有代表性的地段测量其裂隙率。

(3) 观测断裂构造。当巷道揭露断层时，首先应确定断层的性质，其次测量断层的断距、产状、断层带宽度、充填物及其充水情况等，并做详细记录。

(4) 观测出水点。随着矿井巷道掘进或采煤工作面的推进，如果发现出水现象，应及时到现场进行观测并分析出水原因及水源。观测的内容包括出水时间、地点，出水层位、岩性、厚度，出水形式、水量、水压，出水口高程，出水点围岩及巷道的变形破坏情况等。分析出水原因及水源，必要时应采取水样进行化学分析。对上述内容必须做出详细的记录，并编制出水点记录卡片（表 7-3）、绘制出水点素描图或剖面图（图 7-12）及出水点水量变化曲线图（图 7-13）。

表 7-3　出水点记录卡片

出水时间	出水地点	出水层位	出水形式	出水口高程/m	水压/MPa	出水量/(m^3/h)	水质分析	出水原因	水源分析	对生产的影响	备注

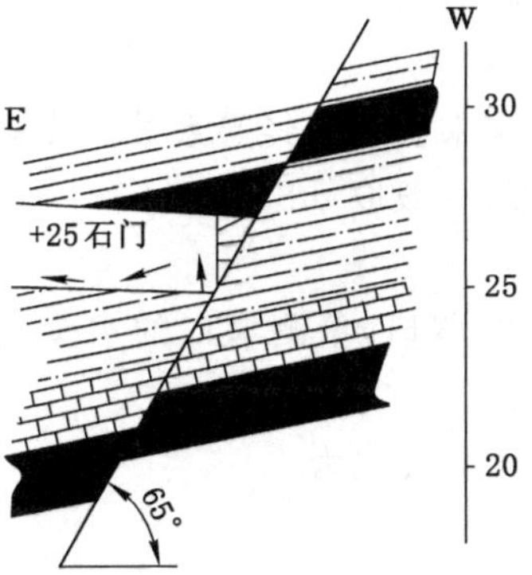

图 7-12　出水点剖面图

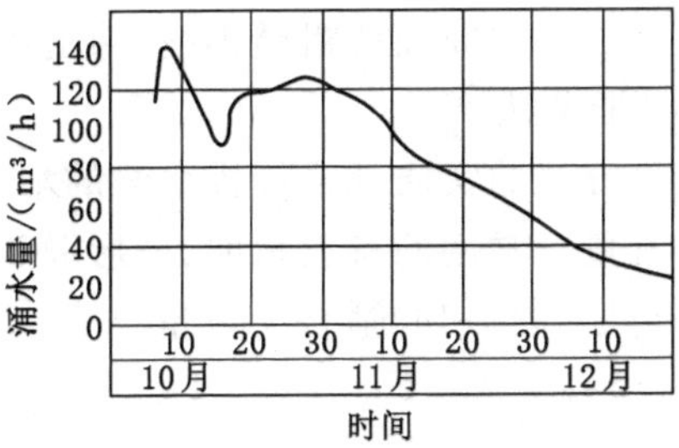

图 7-13　出水点水量变化曲线图

（5）观测出水征兆。随着井下巷道的开拓及采煤工作面的推进，要经常观测工作面是否潮湿、滴水、淋水，以及顶底板和支柱的变形情况，如底鼓、顶板陷落、片帮、支柱折断、岩石膨胀、巷道断面缩小等。这些现象都可能是出水的征兆，在观测时要做出详细的记录。

2. 矿井涌水量观测方法

观测站多布置在各巷道排水沟的出口处、主要巷道排水沟流入水仓处、采区石门排水沟的出口处、井下出水点附近。此外，对一些临时出水点可选择有代表性的地点设置临时观测站。矿井涌水量一般每旬观测 1 次，水文地质条件复杂的矿井，每旬应观测 2～3 次，雨季观测次数还应适当增加。当矿井有数个水平时，则应分水平测定涌水量。

（1）容积法

将一定容积的量水桶放在出水点附近，然后将出水点流出的水导入桶内，用秒表记下流满水桶所需要的时间，其涌水量则为

$$Q=\frac{V}{t}$$

式中　Q——涌水量，m^3/h 或 m^3/min；

V——量水桶的容积，m^3 或 L；

t——流满水桶所需的时间，h、min 或 s。

井筒开凿时常利用掘进头的水窝来测涌水量。其方法是:用水泵将井底水窝内的水位降低一部分,然后停泵,测量水头升高到一定位置所需的时间,其涌水量为

$$Q=\frac{FH}{t}$$

式中 F——水窝断面积,m^2;

H——水位上升高度,m;

t——水头升高到一定位置所用的时间,h、min 或 s。

容积法测定涌水量一般比较准确,但当涌水量过大时这种方法不宜使用。

(2) 浮标法

在规则的水沟上下游选定两个断面,并分别测定两个断面的水面积,取其平均值 F,丈量出两断面之同的距离 L,然后用一个轻的浮标,从水沟上游断面投入水中,记下浮标从上游断面到达下游断面所需要的时间 t,按下式便可算出其涌水量 Q,即

$$Q=\frac{FL}{t}$$

这种方法当水量大时更适用,但精度不太高,一般还需乘上一个经验系数。经验系数的确定须考虑水沟断面的粗糙程度、巷道风流方向及大小等,一般取 0.85。

(3) 堰测法

这种方法的实质就是使排水沟的水通过一固定形状的堰口,量测堰口的水头高度就可以算出流量。常用的有三角堰、梯形堰和矩形堰。

三角堰(图 7-14)适合于流量小于 0.5 m^3/s 的情况,计算公式为

$$Q=0.014h^2\sqrt{h}$$

式中 Q——流量,L/s;

h——堰口水头高度,cm。

梯形堰(图 7-15)计算公式为

$$Q=0.018\ 6Bh\sqrt{h}$$

式中 B——堰口底宽,cm。

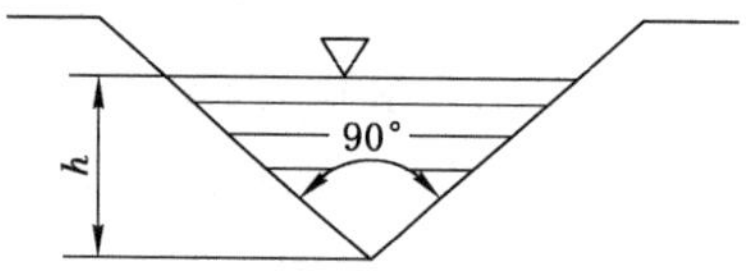

图 7-14 三角堰

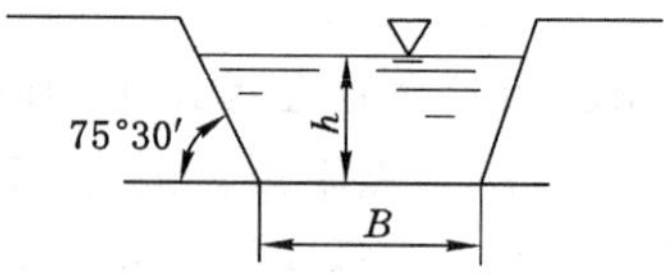

图 7-15 梯形堰

矩形堰如图 7-16 所示,有缩流时(即堰口窄于水沟)计算公式为

$$Q=0.018\ 38(B-0.2h)h\sqrt{h}$$

无缩流时(即堰口与水沟同宽)计算公式为

$$Q=0.018\ 35Bh\sqrt{h}$$

使用堰测法时必须注意堰口的上下游一定要形成水头差(跌水),如图 7-17 所示,否则测量的结果是不准确的。

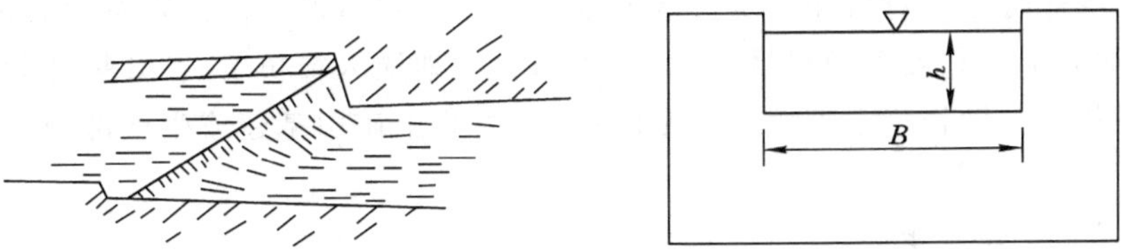

(a) 无缩流时　　(b) 有缩流时

图 7-16　矩形堰

(4) 流速仪法

使用流速仪测定矿井涌水量时，一般在巷道水沟中选定一个断面，然后用流速仪测定水沟过水断面中预定测点的平均流速，从而确定该断面的流量。

(5) 水仓水位观测法

如图 7-18 所示，此法在水仓断面规则、水仓任何水平切面积 F 一定的情况下，根据水仓内水位上升值来计算涌水量。由标尺读出水仓初始水位 H_1，经过 t 时间后再由标尺读出水位 H_2，涌水量 Q 便可由下式计算，即

$$Q=\frac{(H_2-H_1)F}{t}$$

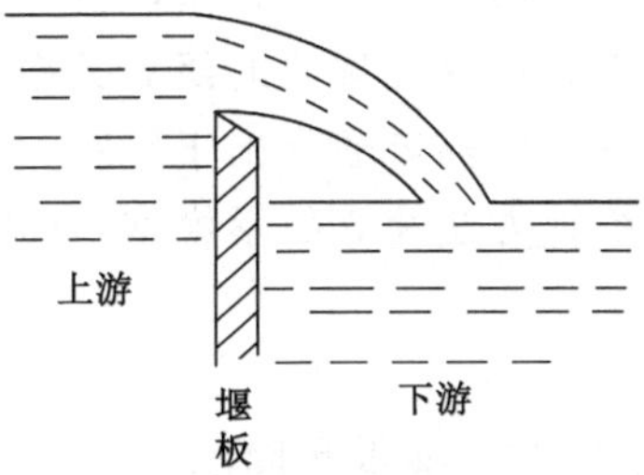

图 7-17　堰口水头跌落示意图

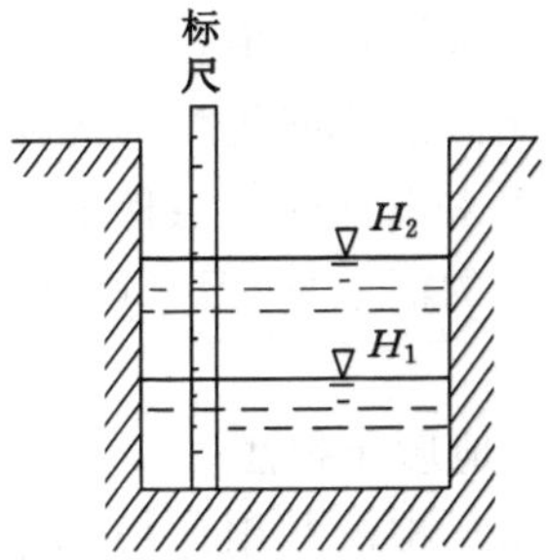

H_1—初始水位；H_2—由标尺读出的水位。

图 7-18　水仓水位观测示意图

(6) 水泵有效功率法

该方法利用水泵铭牌中的排水量和实际效率来换算涌水量。

二、矿井涌水量预计

矿井涌水量是确定矿床水文地质类型、矿床水文地质条件复杂程度和评价矿床开发经济技术条件的重要指标之一，也是进行矿山疏干设计、确定生产能力的主要依据。

(一) 矿井涌水量预计内容与步骤

1. 矿井涌水量预计内容

(1) 矿井正常涌水量：指开采系统达到某一高程(水平或阶段)时，正常状态下保持相对稳定的总涌水量，通常为平水年的涌水量。

(2) 矿井最大涌水量：指正常状态下开采系统在丰水年雨季的最大涌水量。

(3) 开拓井巷涌水量：指开拓各类井巷过程中的涌水量。

(4) 疏干工程排水量：指在设计疏干时间内将水位降至某规定标高时的疏干排水量。

另外，有条件时还应对可能发生突水的地段进行突水量的预测。在各地质调查阶段，以预计矿井正常涌水量和最大涌水量为主，由矿床水文地质人员负责；在开拓井巷和矿井开采阶段，开拓井巷涌水量和疏干工程排水量的计算，主要由矿山基建或生产部门水文地质人员负责。

2. 矿井涌水量预计步骤

(1) 建立预测矿井涌水量的水文地质模型。这包括概化自然条件下的矿床水文地质条件，根据矿床开采的基本方案来确定矿床开采的边界条件；分析未来充水因素，预测不同时期开采时的外边界条件。

(2) 建立相应的数学模型。常用的数学模型有非确定性模型（即统计模型，包括经验方程模型及回归方程模型等）和确定性模型（包括解析法、数值法、均衡法等）。

(3) 解算数学模型，分析结果。代入参数解算数学模型，并对解算结果进行分析评价，如发现解算结果不合理（或用不同方法解算的结果相差悬殊，或与同类型水文地质模型的解算结果相差悬殊），则应认真检查，或修改水文地质模型，或修改参数重新解算，直至合理为止。

（二）矿井涌水量预计方法

矿井涌水量预计方法归纳起来可分为相关比拟法、解析法、水均衡法、数值法等。

1. 相关比拟法

在矿井涌水量预计中，水文地质比拟法和 Q-s 曲线法是两种常用的方法，它们都以研究涌水量与影响因素之间的数学规律为基础，建立某种可以表达这种规律的函数关系，并据此关系来外推未来设计疏干条件下的矿井涌水量。所不同的是，前者通常出于经验，且多用于计算巷道系统的涌水量；后者则基于试验成果利用数理统计方法建立数学模型，常用于井筒涌水量预测。

(1) 水文地质比拟法

水文地质比拟法利用地质和水文地质条件相似、开采方法基本相同的生产矿井（或采区、工作面、巷道系统）的排水量或涌水量观测资料，分析研究涌水量与生产因素的关系，建立经验公式来预测设计矿井（或同矿井设计采区、工作面、巷道系统）的涌水量。

采用该法的前提是新矿井（或采区、工作面、巷道系统）与老矿井（或采区、工作面、巷道系统）的条件基本相似，老矿井（或采区、工作面、巷道系统）要有长期的水量观测资料及生产方面的观测资料，以保证涌水量与影响因素之间数学表达式的可靠程度。

由于水文地质条件完全相同的矿井很少见，再加上开采条件的差异性，因此这是一种近似的计算方法。

① 富水系数法。富水系数是指同一时期（通常为 1 a）矿井的排水量 Q_0 与开采量 P_0 的比值，以 k_p 表示，即

$$k_p = \frac{Q_0}{P_0}$$

在已知富水系数 k_p 值后，根据相似条件，开采量为 P 的设计矿井的涌水量 Q 为

$$Q = k_p P = Q_0 \frac{P}{P_0}$$

不同矿井的富水系数变化范围很大，这是因为富水系数不仅取决于矿井的自然条件，还

与开采条件有关。机械化程度高的矿区富水系数显著变小，因此，采用富水系数法时应充分考虑开采方法、范围、进度等因素的影响。

为了排除生产条件的影响，有些生产单位除采用 k_p 外，还提出了将采空面积富水系数（$k_F=Q_0/F_0$）、采空体积富水系数（$k_V=Q_0/V_0$）、巷道长度富水系数（$k_L=Q_0/L_0$）等的综合平均值作为比拟的依据。

② 单位涌水量法。考虑到疏干面积 F_0 与水位降深 s_0 是矿井涌水量 Q_0 变化的两个主要影响因素，可根据生产矿井（或采区、水平）有关资料求得单位涌水量 q_0，并以此作为预计类似条件下新矿井（或采区、水平）在某开采面积 F 和水位降深 s 条件下涌水量 Q 的依据的一种方法。

单位涌水量的计算公式为

$$q_0=\frac{Q_0}{F_0 s_0}$$

其物理含义是：矿井涌水量随开采深度和开采面积的增大而线性增加，单位涌水量 q_0 为单位开采面积（F_0）和单位水位降深（s_0）条件下的涌水量。

当类似条件下新矿井（或新水平、新采区）涌水量与开采面积的水位降深成正比时，可按下式计算涌水量，即

$$Q=q_0 Fs=Q_0\frac{Fs}{F_0 s_0}$$

式中　Q——新矿井（或新水平、新采区）的涌水量；

F——新矿井（或新水平、新采区）的开采面积；

s——新矿井（或新水平、新采区）的设计水位降深。

如果不呈正比关系，则

$$Q=Q_0\left(\frac{F}{F_0}\right)^m\left(\frac{s}{s_0}\right)^n$$

式中　m,n——待定系数，由实际观测资料利用最小二乘法确定。

水文地质比拟法适用于已有多年开采历史的矿井。使用时，对不同的充水条件可以选择不同的比拟因子（如开采面积、水位降深、掘进巷道长度等）。另外，每个矿井应当建立适合本矿条件的预测矿井涌水量的比拟关系式。

(2) Q-s 曲线法

Q-s 曲线法又称涌水量曲线方程法。勘探阶段及生产矿井所做的抽（放）水试验，取得的涌水量 Q 与相应的水位降深 s 之间具有可用 Q-s 曲线表示的函数关系。Q-s 曲线法就是运用抽（放）水试验得到的 Q-s 曲线方程来预计相似条件下矿井涌水量的。

根据抽（放）水试验所绘制的 Q-s 曲线，由于受各种因素的影响而有不同的类型，但归纳起来大致有直线、抛物线、幂函数曲线、对数曲线及不正确曲线等类型（图 7-19）。

各曲线对应的数学方程为

Ⅰ　$Q=qs$

Ⅱ　$s=aQ+bQ^2$

Ⅲ　$Q=a\sqrt[b]{s}$

Ⅳ　$Q=a+b\lg s$

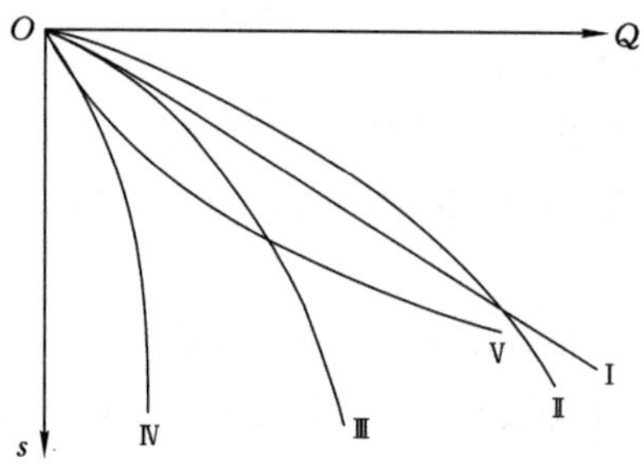

Ⅰ—直线；Ⅱ—抛物线；Ⅲ—幂函数曲线；Ⅳ—对数曲线；Ⅴ—不正确曲线。

图 7-19　Q-s 曲线类型

式中　a，b——待定系数，一般将 a 称为层流运动部分阻力系数，b 称为紊流运动部分阻力系数。

Q-s 曲线计算步骤为：

① 查清水文地质条件，作出 $Q=f(s)$ 曲线，检查原始资料和抽（放）水试验是否合乎要求。

② 判断 Q-s 曲线类型，确定曲线方程的形式。判断时应综合考虑矿井的水文地质及抽（放）水试验的全部资料，分析研究 Q、s 之间的关系。

③ 确定方程中的参数 q、a、b，一般采用最小二乘法。

对于直线方程，有

$$q=\frac{\sum Qs}{\sum s}$$

对于抛物线方程，有

$$\begin{cases} a=\dfrac{\sum \dfrac{s}{Q}-b\sum Q}{N} \\ b=\dfrac{N\sum \dfrac{s}{Q}-\sum \dfrac{s}{Q}\sum Q}{N\sum Q^2-\sum Q^2} \end{cases}$$

对于幂函数曲线方程，有

$$\begin{cases} a=\dfrac{\sum \lg Q-\dfrac{\sum \lg s}{b}}{N} \\ b=\dfrac{N\sum (\lg s)^2-\sum \lg s^2}{N\sum (\lg Q \lg s)-\sum \lg Q\sum \lg s} \end{cases}$$

对于对数曲线方程，有

$$\begin{cases} a = \dfrac{\sum Q - b\sum \lg s}{N} \\ b = \dfrac{N\sum (Q\lg s) - \sum \lg Q \sum \lg s}{N\sum (\lg s)^2 - \sum \lg s^2} \end{cases}$$

上述各式中，N 为数据个数。

④ 根据判明的曲线方程及确定的参数，按公式的推断范围预计矿井涌水量。

2. 解析法

解析法又称地下水动力学法，是运用地下水动力学原理对一定边界条件和初始条件下的地下水运动建立解析公式，然后用这些解析公式来预测矿井涌水量的。解析法可以用于预测各类井巷、巷道系统和疏干设施的涌水量，也可用来预测疏干水位、疏干范围和疏干时间。

解析法沿用了地下水动力学中的基本公式，只是在使用时结合矿区的边界条件、开采条件、含水层条件，应用上述基本公式推导出了适合实际条件的涌水量计算公式。

3. 水均衡法

水均衡法是通过对地下水动态规律的研究，建立矿区在某一期间地下水各收支部分之间的变化关系，从而建立均衡方程来预测开采地段涌水量的。使用这种方法时应查明矿区内地下水的补给、排泄条件，研究矿区在疏干过程中将要发生的变化，合理确定均衡项目和取得各均衡项目的数据。主要适用于具有独立水文地质单元的露天矿或开采浅部矿床的地下巷道系统的涌水量计算。

以水均衡法预测涌水量是用计算结果作为全矿最大可能涌水量依据的，但在实际工作中均衡要素的确定是十分困难的。因此，只有在统一完整的水文地质单元内，补给边界及排泄边界清晰，并具有多年长期观测资料的条件下，选用此法预测矿井涌水量才能取得较好的效果。

矿井排水疏干过程将破坏地下水原来的均衡状态，从而产生新条件下的均衡。因此，计算时应根据矿区具体情况建立相应的水均衡方程。在预测矿井涌水量时，要在均衡方程中求出矿井供水和排水量，从后者中减去供水量，就得到矿井涌水量。

4. 数值法

从理论上看，数值法是对渗流偏微分方程的一种近似解，但在实际应用中完全可以满足精度要求，它可以解决许多复杂条件下的地下水流计算问题。

地下水流计算中常用的数值法有有限单元法和有限差分法。在解题过程中，它们都把研究区域剖分成若干网络（有限差分法分成方形、矩形、三角形等，有限单元法常用三角形），将偏微分方程离散成线性代数方程组，并用计算机联立进行求解；但它们在网络剖分上及线性化的方法上有所区别。

第四节　矿井水害探测

一、基于微震监测技术的矿井水害探测方法

（一）微震监测技术在矿井水害中的应用原理

采动压力和水压力扰动应力场诱发的微破裂（微震活动）是矿山突水的前兆特征；通过

分析干燥煤岩和含水煤岩变形破裂过程中微震信号的变化规律，发现饱和含水煤岩的峰值强度、煤岩冲击倾向性以及微震信号频度、强度都低于自然干燥煤岩。工作面岩层破裂范围和运动异常区域可通过微震监测技术构建基于空间定位结果和岩体破裂场的定量数值模型进行圈定，从而实现矿井突水监测的超前预警。水运动产生的微震事件机理研究成果多见于我国东部矿井，东部矿井底板常富含高承压奥灰水，高承压水运动过程中会引起裂隙冲扩（剪切裂缝和张性裂缝）、岩石破裂等岩石力学现象，产生微震信号，通过分析监测区域内的微震时空积聚、变化规律，可反演工作面采动影响引发的水文地质变化过程。在微震数据经过处理和分析后，可准确获取微震发生的时间、地点、能量等信息，分析评价微震密集发生带位置及其发展变化趋势，确定水文地质异常类型，从而实现水害预测预报。

（二）矿井水害中微震探查的目标

现阶段，微震监测技术能够探查到的水文地质目标有地下水强径流带、导水通道、突水通道、浆液扩散过程和采空区未知水体。

（1）地下水强径流带

石家庄瑞丰煤业公司 2015 年 3—4 月通过对顶板奥灰含水层进行钻孔放水与注浆，发现放水时奥灰含水层局部富水区快速排泄引发真空吸蚀、应力弹性释放、水激波压力传导等现象，进而引发岩溶塌陷、含水层储水结构破坏、掉块、裂隙扩充，产生了微震；此外，注浆期因高压浆液的驱水、劈裂作用，形成了微震。与放水期相比，注浆引发的微震范围明显扩大，从而据此圈定了奥灰水强径流带的位置及范围。

（2）导水通道（裂隙、断层和陷落柱）

① 断层、隐伏断层及其导水性。对于断层相关的微震事件，通常情况下，不导水断层的微震频度低。若断层上下盘存在微震盲区，常为完整矿岩体；若断层受到采掘扰动、钻孔注浆、放水等人工干扰，则易产生失稳或活化，微震频度相应增加，常形成线状、条状密集微震带或区域性微震带并分布于断层带周围。通常情况下，可根据断层带微震时间和发展趋势确定隐性断层导水性及部分参数。断层活化导水的必要条件是断层附近原始导升带内的水压大于断层面的法向应力，开采作用导致水压与地应力失去原有平衡是断层活化导水的诱因。断层周围导水裂隙带的三维空间形态展布可通过破裂场内的裂隙发育程度和含水层分布特征进行反演，以岩体破裂的时空关系为基础，确定矿岩体的应力集中区，进而推断裂隙破裂过程和破裂范围。

② 覆岩导水裂缝带或垮落带与裂缝带。确定导水裂缝带形成过程的关键在于追寻岩石破裂点面，即震源空间位置。可通过不同方位设置的拾波器，采集岩石在人为因素或自然因素影响下发生破裂、移动产生微震到达的时间、传播方向等信息，而后根据震源的空间位置和频度确定覆岩导水裂缝带的高度。在此基础上，通过震源定位和震相分析，连续监测导水裂缝带的发展趋势，进而实现矿井突水高危区防治和预报。岩层破裂产生微震事件的分布规律与工作面周期来压、裂缝带与垮落带边坡角、地下应力场分布特征和地层岩性相关。对于上覆岩层，大多数微震是煤层顶板剪切破裂产生，张性断裂因能量弱，微震信号较难判别和定位，导水裂缝带的分布位置一般与微震分布密集区重合。

③ 陷落柱。微震监测应用于陷落柱水害探测的成果较少，极少数应用案例也局限于陷落柱内有充填物和水混合的情形。陷落柱内充填物的形态特征决定了其导水通道特征，也间接限制了一定条件下的突水特性。煤层开采前，陷落柱处于完全稳定的力学平衡状态，煤

层开采后，采空区顶板冒落和底板岩层断裂后，形成二次力学平衡，在此过程中，陷落柱充填体与围岩接触处易产生剪切破坏，导致陷落柱的边缘地区发生活化，产生微震。

(3) 突水通道

① 底板破坏或突水危险性地段。微震监测在矿井底板突水防治中的应用和研究较多，并取得了许多宝贵的实践经验。淮北矿业有限责任公司桃园煤矿 2009 年 12 月 25 日—2010 年 1 月 15 日，连续监测了由煤层开采扰动引发的 496 次底板岩体破裂及断层活化的微震事件，通过分析，认为该类微震事件是由下侧煤壁附近区域高应力集中及 2 条断层尖端活化所致，实现了连续、动态监测桃园煤矿倾斜煤层底板采动破坏特征的目的。通过对微震进行聚类分析，在垂向上可以将微震分布区域划分为高位异常区、正常影响区和低位异常区，认为低位异常区为底板潜在突水危险区。微震监测作为岩体微破裂三维空间监测技术，能够描述底板导水通道从孕育、发展到最终失稳的整个过程。

② 隐伏断层或陷落柱。根据邢东矿的微震监测成果，底板的微震频度和能量与工作面的距离呈正相关关系，导水裂隙带空间上的微震事件分布呈漏斗状，说明导水裂缝带形成过程中在底部有一个薄弱带突破口，推测为隐伏断层或岩溶陷落柱。

(4) 浆液扩散过程

注浆的整个过程可以通过微震发生的时间和位置进行反映，并能显示注浆液在含水层中的扩散范围、迁移路径和变化过程。在石家庄瑞丰煤业公司底板含水层改造的注浆初期，微震事件呈铅直状密集带分布；中期时，微震顺层分布；后期时，微震集中于含水层顶部，形成椭圆形区域，随着注浆工程结束，含水层内部的微震逐渐消失。此外，由于注浆压力常大于承压含水层水压，因而人工注浆产生的破裂、破岩等微震信号强度大于突水期间高压水运动、裂隙冲扩引发的微震信号强度。

(5) 采空区未知水体

对矿井采空区未知水体的监测，可利用采矿过程中岩体微破裂产生的微震事件，即在地面远场与井下近场设置微震观测立体网络，研究突水致灾的物理过程和形成机制。采空区微震事件的时域分布特征能够反映岩体破裂和突水致灾过程，可通过微震的弹性波参数(波速比、振幅比、波谱和频度)判断突水致害过程。采空区未知水体突水(突水裂隙通道)成灾具有微震前兆信息，微震活动性与突水危险具有内在联系。

(三) 人工扰动主动监测矿井水害

将常见的人工扰动方法(井下钻孔放水、注浆、采掘等)产生的微震事件，结合其他物理手段来研究，能够实现主动监测矿井水害，从而有助于对矿井水害进行预测预报。

(1) 井下钻孔放水

井下钻孔放水能够打破地下水流场平衡，高承压水二维层流向三维紊流运动时会诱发微震事件，结合钻孔涌水量，在综合分析微震事件属性参数(频次、能量、累积能量等)的基础上，目标含水层放水期间及前后时间段内(若干小时或 1～2 d)，所有微震事件能够反映出地下水强径流带、突水危险区和垂向导水通道的空间位置。根据微震事件的时空分布特征，含水层内微震平面密集区指示地下水强径流带位置，微震剖面密集区指示地下水垂向导水通道位置，微震事件发生的时间顺序对应于地下水径流方向及过水通道扩充的过程。

(2) 注浆

对承压含水层的注浆改造过程可通过微震事件进行跟踪。在不同注浆阶段，注浆压力、浆液成分、浆液浓度等有所不同，浆液扩散过程中会形成不同的微震事件，可利用微震监测技术确定注浆液扩散范围及路径、含水层储水结构形态、地下水强径流带位置、导水通道展布、突水口位置等。

(3) 采掘

采掘过程中，对底板断层和裂隙带进行微震监测是预测底板突水的有效方法。高精度微震监测仪能够实现对含断层煤层底板破坏范围的现场动态监测，可以有效监测煤层采动过程中底板突水通道的形成演化过程。

二、基于钻孔瞬变电磁探测技术的矿井水害探测方法

矿井瞬变电磁探测技术作为煤矿井下水害防治的主要手段之一，在大量的矿井掘进面水害超前探测等应用中取得了很好的效果。煤矿井下锚杆、锚网等金属支护在施工现场大量存在且无法避免，给传统的矿井瞬变电磁井下探测带来较大干扰，导致采集数据质量不高，影响矿井水害异常探测效果。钻孔瞬变电磁探测技术将设备送入钻孔中进行探测，避开了巷道内的金属干扰，同时由于钻孔瞬变电磁探测仪器相对于传统矿井瞬变电磁仪距离异常体可能更近，异常响应信号也更强，因此能够获得更高信噪比的探测数据。钻孔瞬变电磁探测技术能够探查孔旁径向隐伏水害，结合定向钻进技术，可共同组成“长掘长探”的工作模式，实现对掘进巷道前方煤层赋存形态、隐蔽致灾地质因素的长距离探查，解决钻探手段“一孔之见”的问题，为煤矿井下防治水工作提供支撑和保障。

（一）钻孔瞬变电磁技术方法原理

钻孔瞬变电磁探测技术是由地-井瞬变电磁探测技术发展而来的，基本原理都是利用不接地线圈向地层发射一次场，接收来自周围介质所产生的二次场感应信号，根据该信号随时间的衰减变化规律来探测范围内地层中的各种低阻异常体。矿用钻孔瞬变电磁仪现场施工方式为利用钻机推送存储式仪器，每间隔一定距离，通过孔口防爆手机记录采集时间，逐点进行孔内三分量测量。利用顺钻孔方向的 Z 分量数据分析钻孔旁侧地质异常体的孔深位置，利用正交于 Z 分量的 X、Y 分量，分析异常体中心的空间位置，根据不同地层电阻率差异，最终形成半径 20～30 m 的圆柱体探测区域，如图 7-20 所示。钻孔瞬变电磁法相较于传统的矿井瞬变电磁法，具有精度高，探测距离远，对异常体空间定位精准的优点。

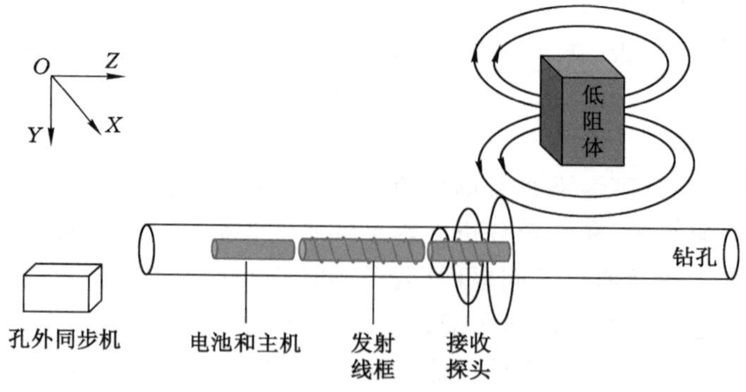

图 7-20　钻孔瞬变电磁系统探测施工示意图

（二）仪器架构及技术指标

矿用钻孔瞬变电磁仪包括孔内三分量测量探管和孔口装置两部分。孔中探管的功能是在钻孔中向周围介质发射脉冲式一次电磁场，同时通过三分量接收天线接收该一次场感应涡流所产生的二次场信号。孔口装置的功能是利用在该终端运行的控制软件设置钻孔瞬变电磁探测仪器测量参数，并负责回读仪器测量数据。该仪器的组成如图 7-21 所示。

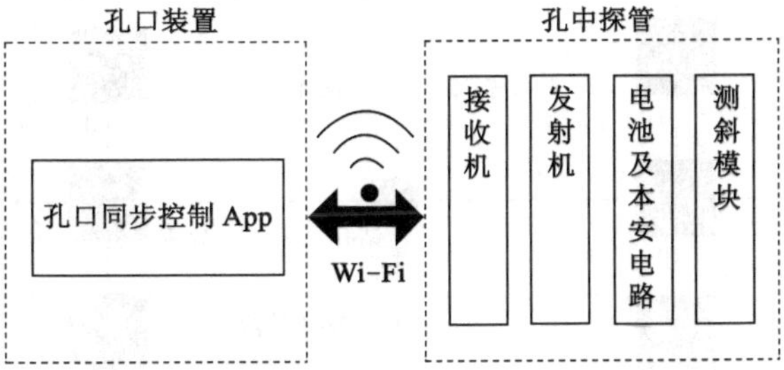

图 7-21　矿用钻孔瞬变电磁仪组成框图

矿用钻孔瞬变电磁仪的施工流程为：① 探测前仪器上电，孔口装备向测量探管下发参数配置；② 测量探管送至钻孔中指定位置后记录该点深度和时间信息，开始测量；③ 完成测量后，将仪器从钻孔中取出，孔口装置根据测量过程中记录的相关信息完成数据的读取和匹配操作。该仪器的孔口装置采用搭载 Android 操作系统的矿用本安型智能终端，通过在该终端运行的 App 设置钻孔瞬变电磁测量参数，如图 7-22 所示。探管完成测量以后，该智能终端向探管发起数据回读操作，并将该数据保存在其内部存储器中。该仪器主要技术指标参数为：① 适用于直径 73 mm 以上钻杆成孔钻孔；② 工作时间不低于 8 h；③ 发射频率包括 2.5 Hz、6.25 Hz、12.5 Hz 及 25 Hz，可选；④ 发射电压 6 V；⑤ 最大发射电流 3 A；⑥ 最大采样率支持 2 MHz；⑦ 接收机最大动态范围不低于 130 dB。

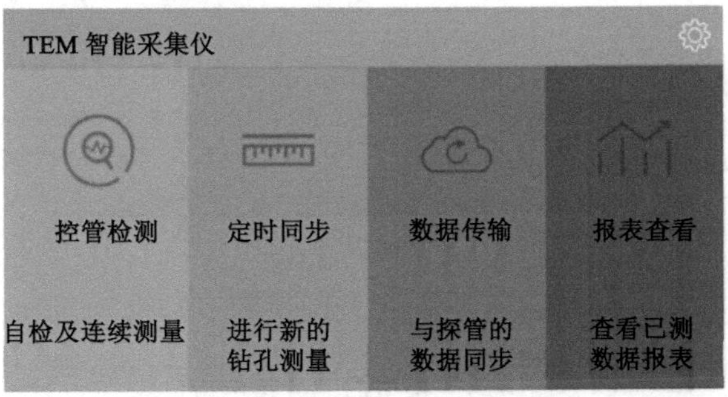

图 7-22　矿用钻孔瞬变电磁仪孔口同步控制 App 操作界面

（三）数据处理

（1）异常响应特征

由于孔中瞬变电磁探测收发位置相对固定，无法通过旋转发射线框或者改变收-发相对位置来分析异常体空间位置，所以确定异常体方位只能从三分量响应着手。根据异常体所在象限不同，构建了如图 7-23 所示的模型，根据钻孔位置确定空间象限，从第 1 象限开始再到第 4 象限结束,共布置 16 个异常体,得到的 16 组异常响应如图 7-24 所示。从正演模拟结果可以看出,水平分量的异常响应均呈类似“S”的形态出现,垂直分量则呈现单峰形态。因此,可以从水平分量着手,分析异常体所在方位。

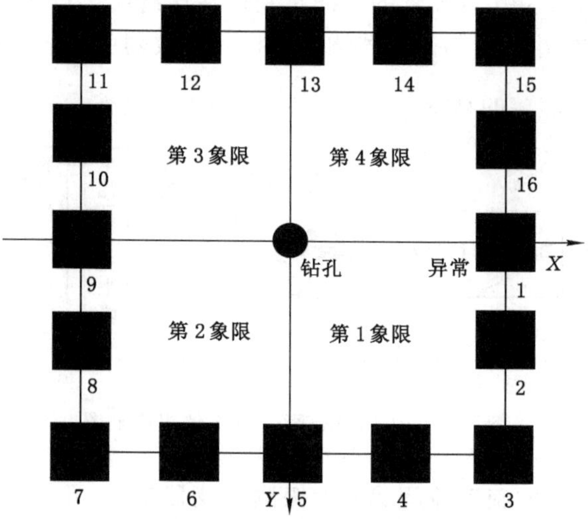

图 7-23　模型的异常深度截面图

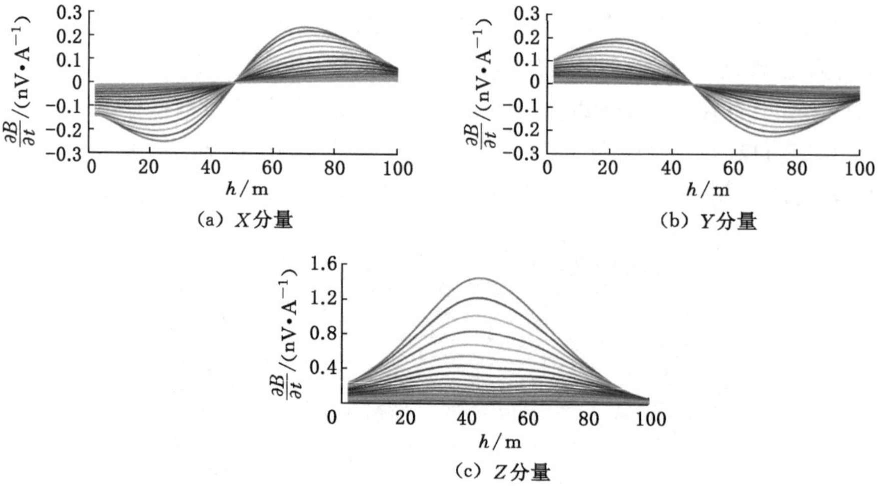

图 7-24　模型的三分量响应

(2) 数据处理流程

钻孔瞬变电磁探测施工完成以后,首先通过计算测量数据垂直分量的全期视电阻率,分析低阻异常的阈值与范围,然后通过水平分量异常响应特征对异常体进行空间定位。矿井瞬变电磁法的感应场为全空间瞬变响应,故将其视电阻率计算公式定义为

$$\rho_\tau = C \times \frac{\mu_0}{4\pi t} \times \frac{2\mu_0 SNsn}{5t(V/I)}$$

式中 ρ_τ——视电阻率，Ω·m；

I——发射电流，A；

V——接收线圈感应电压，V；

n——接收线圈匝数，匝；

N——发射线圈匝数，匝；

s——接收线圈面积，m^2；

S——发射线圈面积，m^2；

t——观测时间，s；

μ_0——真空磁导率，H/m；

C——全空间系数。

在钻孔中进行瞬变电磁探测时，异常体引起的二次场是矢量场。由水平涡流场的空间分布特征可知，在钻孔中观测到2个水平分量（$\boldsymbol{V}_x$、$\boldsymbol{V}_y$）的矢量和（$\boldsymbol{V}_{xy}$），其方向一定是由钻孔指向异常体的等效涡流中心，那么只需要求出 $\boldsymbol{V}_{xy}$ 的方向，就知道异常体中心的具体方位。

钻孔瞬变电磁法对钻孔旁侧隐伏地质异常体的定位解释，是通过总结水平分量异常响应特征，先判别异常所属的象限，再利用水平分量矢量交会技术，判断隐伏地质异常体的中心位置，计算方位角的。孔中仪器受制于孔径尺寸和长度，水平分量激发的能量与接收的面积远低于垂直分量。因此，在矢量交会时需要选用数据质量较好的早期测道进行分析，从而获得更准确的定位结果。

第五节 矿井水害防治

如果裂隙带与地表水或地下水沟通，也会引起矿井涌水。矿井水的防治工作是在煤田（或矿井）充水条件分析和矿井涌水量预测的基础上，根据充水水源、通道和水量大小的不同，分别采取不同的防治措施。首先，做好矿井防治水工作，应在查明矿区地质和水文地质条件的基础上，因地制宜地采取措施，加以防治。其次，矿井水的防治工作应坚持以防为主，防、排、疏、堵相结合；应坚持先易后难，先近后远，先地面后井下，先重点后一般，地面与井下相结合，重点与一般相结合的原则；还应注意矿井水的综合利用，实现排供结合，保护矿区地下水资源和环境。

一、地表水防治

地表水的防治，是指对采矿活动产生的地面塌陷、裂隙和地表裂缝区，疏放岩溶水引起的地面岩溶塌陷区，含水层露头及地表水体（暂时和永久的）区段，采取修筑防治水工程和其他防治水措施，以防治或减少降水和地表水渗（灌）入井下的工作。这样既能保证矿井的安全，又能减少矿井的排水费用。

(1) 合理选择井筒位置

在任何情况下，都应保证井口及其他地面设施不致被地表水淹没。因此，井口及其他建筑物基础的标高均应高于历年最高洪水位。当受地形限制时，应采取修筑防水堤坝或改变水流方向等补救措施（图7-25）。

(2) 河流改道

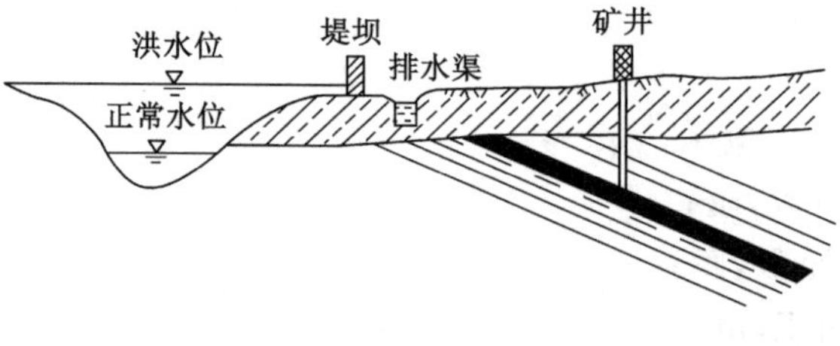

图 7-25　防洪堤示意图

当河流流入矿区附近或矿区内，并严重影响生产时，可在河流进入矿区的上游，选择合适地点修筑水坝，将原河道截断，用人工河道将河水引至矿区范围以外。若地形不允许改变，而河道本身又很弯曲，可在矿区或井田范围内将河道截弯取直，以缩短河道流经矿区的长度，减少河流向井下渗透的水量(图 7-26)。

(3) 铺设人工河床

当流经矿区的河流、冲沟、渠道不能改道时，可用黏土、片石及水泥等材料，在漏水地段铺设不透水的人工河床，或局部填塞裂隙，以制止或减少河水漏失。如涟邵矿区利民煤矿，通过对两条溪流局部地段进行人工铺地修理河床后，矿井涌水量比原来减少了 80%左右(图 7-27)。

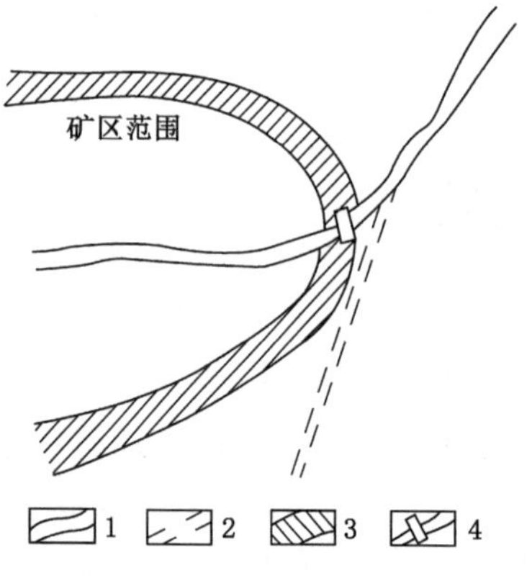

1—原河道；2—人工河道；3—风氧化带；4—水坝。

图 7-26　河流改道示意图

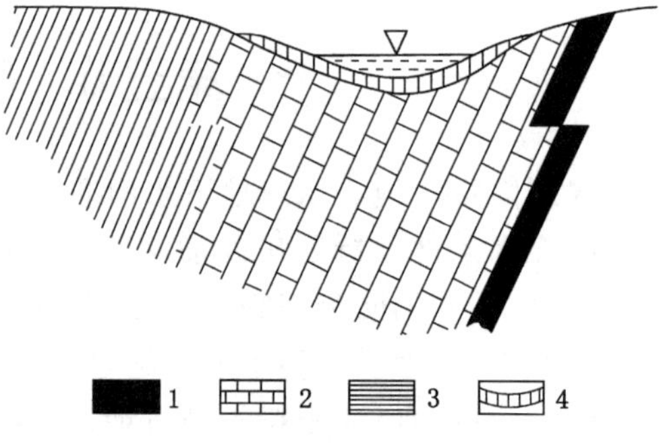

1—煤层；2—石灰岩含水层；3—页岩；4—假河床。

图 7-27　铺设假河床示意图

(4) 修筑排(截)水沟

山区降水后，常以地表水或潜水的形式流入矿区，或沿地表塌陷裂隙渗入井下，导致矿井涌水量增大。在这种情况下，可在井田外缘或漏水区段的上游，垂直水流方向修筑排水沟，将水排至影响范围以外。

(5) 堵漏

对矿区地表的裂隙、洞穴及塌陷坑等漏水地带，用黏土堵塞、夯实，并稍高于地表，以防积水渗灌井下。

二、井下防治水措施

井下防水措施包括以下 5 项。

1. 探放水

在生产矿井范围内，常有一些充水的小窑老空区、断层及强含水层。当采掘工作面接触或接近这些水体时，常采取超前探放水的措施。“有疑必探，先探后掘”是超前探放水的重要原则。在下述情况下，通常需要进行超前探水。

① 巷道掘进接近小窑老空区；

② 巷道接近含水断层；

③ 巷道接近或需要穿过强含水层；

④ 上层采空区有积水，在下层进行采掘工作，两层间垂直距离小于采厚的 40 倍，或小于掘进巷道高度的 10 倍；

⑤ 采掘工作面接近各类防水煤柱；

⑥ 采掘工作面有明显的出水征兆。

(1) 小窑老空区积水的探放

① 探水的起点。小窑老空区积水范围是通过调查得出来的，其积水的边界不很准确，如有条件，最好用物探方法查明。根据一些矿区的经验，经过分析调查和勘探获得的小窑老空区分布资料，在煤层底板等高线图相应位置上，按照比例填绘小窑老空区范围及 3 条界线（图 7-28）。

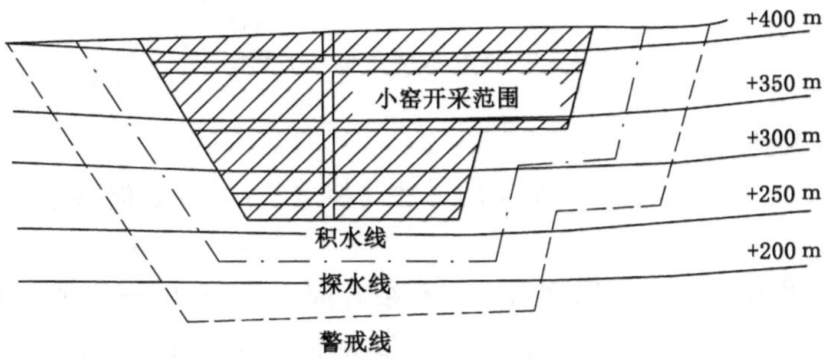

图 7-28　小窑开采范围及“三线”划分示意图

积水线是指调查核定的老窑和小窑预定边界线，即其采空区范围，深部界线应根据其最深下山划定。探水线是根据积水范围的可靠程度、积水量、水头压力、煤层厚度及其强度，沿积水边界线平行外推 60～150 m 的一条线，当巷道到达此线就应开始探水。警戒线是沿探水线再平行外推 50～150 m 的一条线，当巷道进入此线，应警惕积水的威胁，注意迎头的变化，当发现有透水征兆时，应提前探水。

② 小窑老空区积水量的估算。小窑老空区积水可以按照下式进行估算。

$$W=\frac{KMF}{\cos\alpha}$$

式中　W——老空区积水的静储量，m^3；

K——采空区充水系数，一般取 0.25～0.5；

M——煤层采厚，m；

F——采空积水区水平投影面积，m^2；

α—煤层倾角，(°)。

③ 探放水钻孔的布置。探水时,从探水线向前方打钻探水,但一次打透积水的情况很少,绝大多数是探水与掘进相结合,即探水—掘进—探水循环进行,才能找到老窑积水区。

在考虑探水钻孔布置时,必须保证掘进巷道的前方留设一定宽度的保安煤柱。为了防止突水事故的发生,探水钻孔允许掘进距离(经探水后,证明无水害威胁,可以安全掘进的长度)的终点处,探水孔间距最大不超过 3 m(图 7-29),超前距(允许掘进终点到中心眼终点间的距离)一般为 20 m,帮距(中心眼与外斜眼终点的距离)一般等于超前距,有时也可略小于超前距 1~2 m。

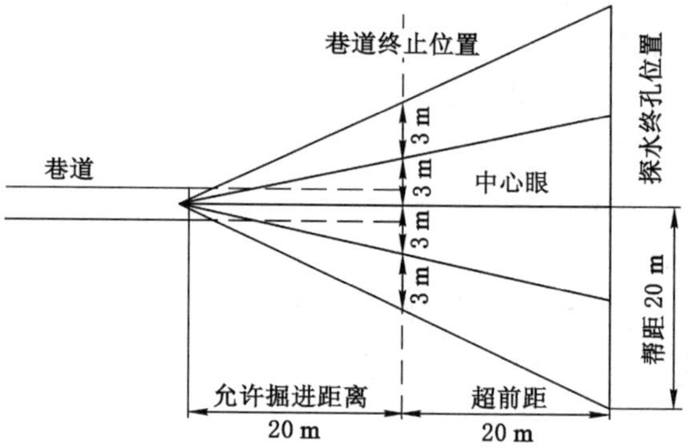

图 7-29　探放水钻孔布置示意图

(2) 断层水及其他可疑水源探放

探断层水、强含水层及其他可疑水源的方法与探老空区相同,但探水钻孔的孔数比探老空区的要少。

探断层水的钻孔往往与探断层构造的钻孔结合起来,在探明断层的位置、产状要素、断层带宽度的同时,着重查明断层带的充水情况、与含水层的接触关系和水力连通情况、静水压力及涌水量大小,以达到一孔多用的目的。

断层水探明后,应根据水的来源、水压和水量,采取不同的措施。若断层水来自强含水层,则要注浆封闭钻孔,按照规定留设煤柱;已进入煤柱的巷道要加以充填或封闭。若断层含水性不强,可考虑防水疏干。

2. 防治煤矿酸性水

煤层及煤系中常含有黄铁矿及有机硫,这些硫化物氧化后形成硫酸,使矿井水呈酸性。酸性水对金属和混凝土有腐蚀作用,危害矿井生产。井下排除酸性水有如下 5 项措施。

① 分区排除酸性水。矿井酸性水的涌出常具有区域性,因此可以采用单独排水系统,将酸性水集中一次性排出。

② 分级排水。将单级排水改为多级排水,降低水泵扬程,减少对水泵的腐蚀速度和磨损速度。

③ 冲淡酸性水。在非酸性水涌水量大而酸性水涌水量小的矿井中,可将二者按照比例引入同一水仓混合,使酸性水淡化后排出。

④ 中和酸性水。在酸性水中掺入生石灰 CaO 中和,以降低水的酸性。

⑤ 改善水泵、水管的耐酸性能。

3. 留设井下防水煤柱

在受水害威胁的地段，预留一定宽度和高度的煤层不采，使工作面和水体保持一定的距离，以防止地下水或其他水源溃入工作面。所留的煤层叫作防水煤柱。

当有下列情况之一时，一般应留设防水煤柱。

① 煤层露头直接被疏松含水层所覆盖，或位于地表水体之下(图 7-30)。

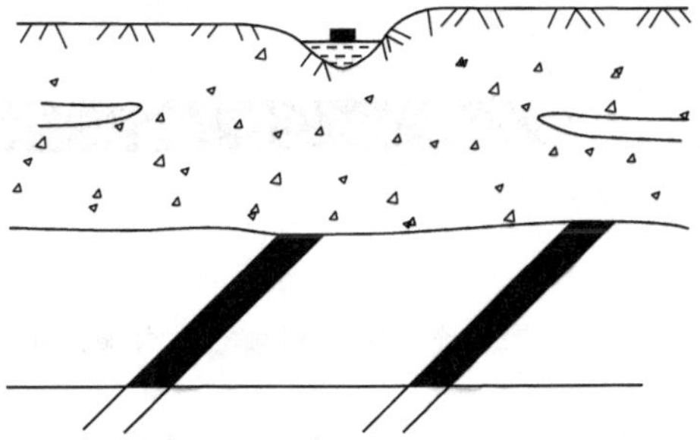

图 7-30 疏松含水层或地表水体下的防水煤柱留设

② 受断层的影响，煤层和富水含水层接触(图 7-31)，或者煤层既与富水含水层接触又被部分富水含水层掩盖(图 7-32)。

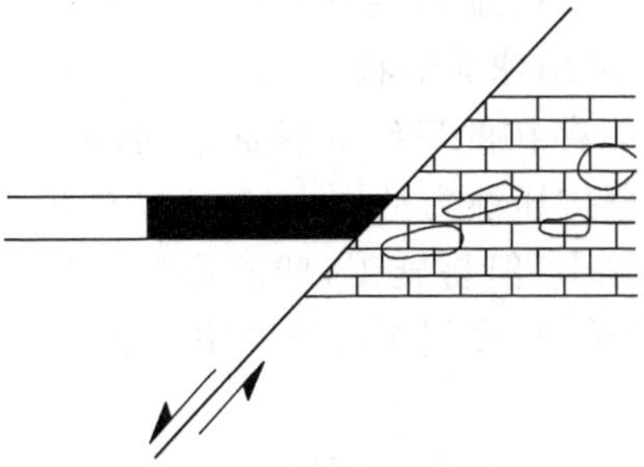

图 7-31 受断层影响的防水煤柱留设

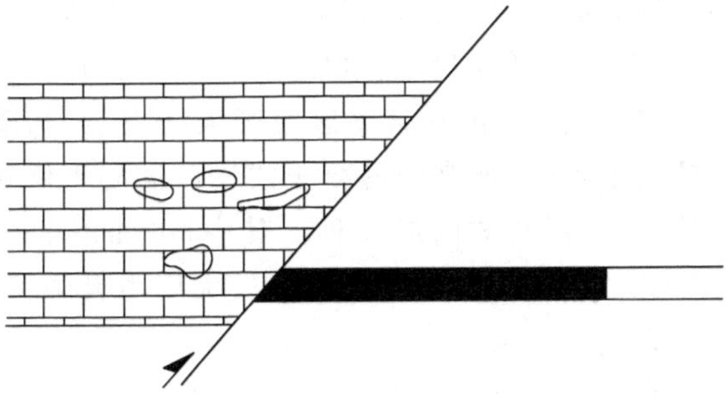

图 7-32 煤层既与富水含水层接触又被掩盖的防水煤柱留设

③ 因断层的影响，煤层底板和承压含水层接近，当煤层被采空后，承压水有突破底板的危险。

④ 煤层与充水断层接触(图 7-33)。

⑤ 煤层与充水陷落柱接触。

⑥ 巷道或工作面接近被淹井巷和积水小窑老空区等。

确定防水煤柱尺寸是一个相当复杂的问题，至今还没有一种比较完善合理的办法，尚有待进一步研究。但在确定防水煤柱尺寸时，应着重考虑含水层或其他水体的水量、水压，煤层的机械强度、厚度以及围岩的物理力学性质等因素。

4. 设置井下截水构筑物

为使井下局部地区的涌水不致波及其他地区或为堵截水源，需要在适当的地点建筑截水构筑物，将开采区与水源隔离。井下截水建筑物分为防水闸门和防水墙两种。

① 防水闸门：一般设置在可能发生突水需要堵截，而平时仍须运输和行人的巷道内，如

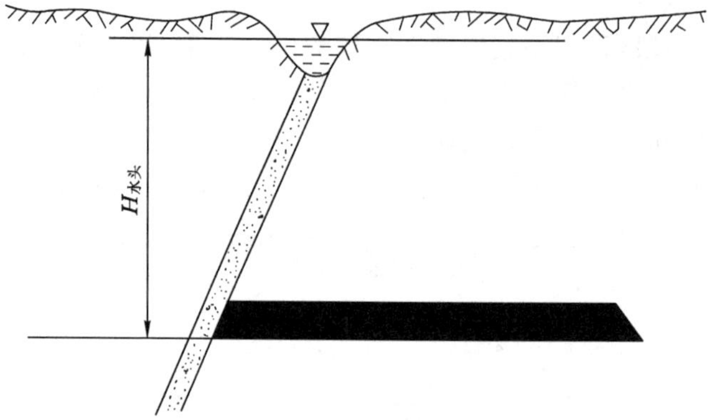

图 7-33　煤层与充水断层接触的防水煤柱留设

井底车场、井下水泵房和变电所的出入口，受水害威胁地段与其他无水害威胁地段的通道处。

防水闸门平时是打开的，为了便于运输，中间铺设易于拆卸的活动轻便铁轨。当发生水患时，可迅速将活动铁轨拆除，并关闭防水闸门。

防水闸门由混凝土闸墩、门框、门扇及灯光组成。门框的尺寸应能满足运输的需要，门扇与门框之间夹以厚橡皮胶，以防漏水。根据水压的大小，门扇可用铁板或钢板制成。通常，门的形式为平面状，当水压超过 2.5～3.0 MPa 时，应采用球面形状。

② 防水墙：一般在某个区段开采结束后，为隔绝可能存在的后续大量涌水而砌筑永远封闭的挡水建筑，通常用混凝土或钢筋混凝土修筑。根据抗压能力的大小，防水墙的形状有平面形、圆柱形及球面形 3 种。其中，平面形的抗压能力小，但易施工；球面形的抗压能力大，但施工复杂；圆柱形的能承受较大压力且施工较为简单，故多用圆柱形的防水墙。

5. 疏排含水层

含水层的疏排利用抽水或放水的方法，从根本上消除任何突水的可能。

① 巷道疏放。煤层直接顶为含水层时，通常是将采空区巷道和采面巷道提前准备出来，利用这些巷道预先疏放顶板含水层(图 7-34)。含水层位于煤层底部时，可将开拓准备巷道布置在含水层中，利用其直接疏放。如湖南煤炭坝煤矿开采龙潭煤系煤层，底板为茅口灰岩强含水层，原先将运输巷道直接布置在茅口灰岩岩溶发育带中(图 7-35)，收到了良好的疏水效果，解决了巷道布置在煤层中经常被压垮的问题。

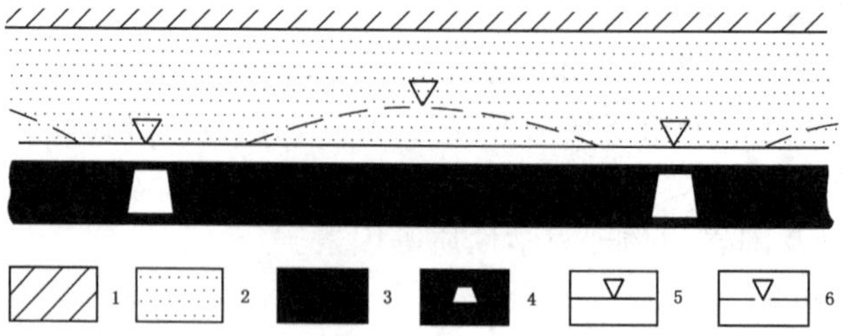

1—隔水层；2—顶板含水层；3—煤层；4—疏水巷道；5—疏放前水位；6—疏放后水位。

图 7-34　利用巷道疏放煤层顶板含水层水示意图

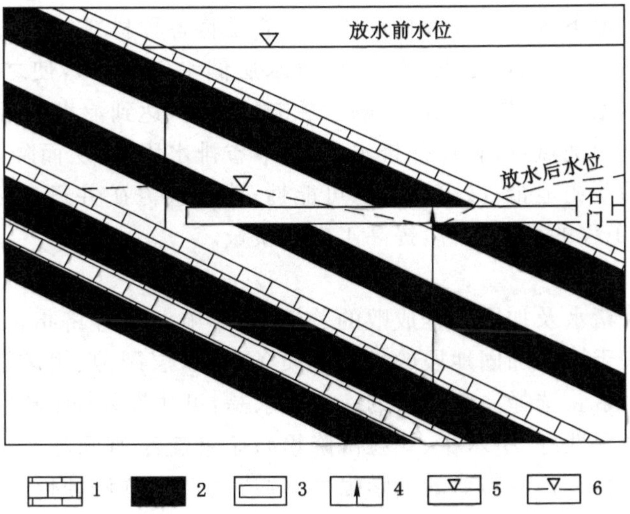

1—石灰岩含水层；2—煤层；3—石门巷道；4—放水钻孔；5—放水前水位；6—放水后水位。

图 7-35　疏放煤层底板含水层水剖面

② 吸水钻孔疏放。这种方法不需要任何排水设备，但所要求的条件非常苛刻，因而使用的例子并不多见。

③ 放水钻孔。当煤层上部含水层离煤层较远，回采准备巷道收不到疏放效果时，可在巷道中每隔一定距离向含水层打放水钻孔，进行预先疏放(图 7-36)。

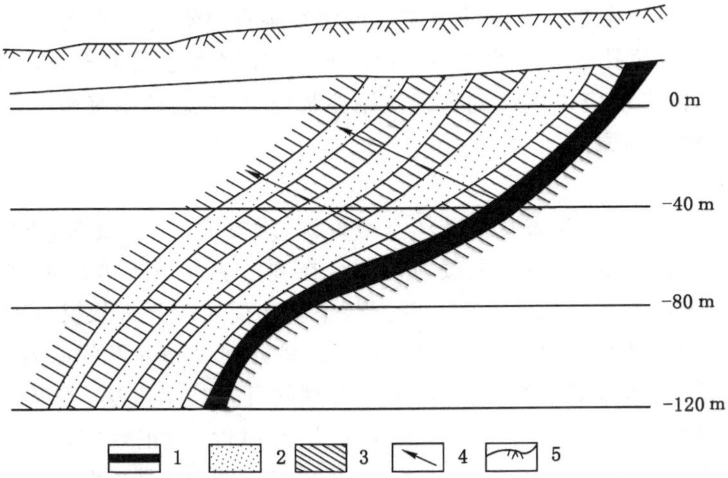

1—煤层；2—含水层；3—隔水层；4—放水钻孔；5—地表。

图 7-36　工作面放水钻孔示意图

④ 疏放降压钻孔。当煤层下部含水层水压很高，有突水危险时，在计划疏降地段的巷道中，每隔一定距离向底部含水层打钻放水，使之形成降落漏斗，逐步将静止水位降至安全水头以下，将一些煤层从地下水的威胁中解救出来。

三、注浆堵水

注浆堵水是防治地下水患的有效措施之一。它是将各种材料(黏土、水泥、水玻璃、化学材料等)制成浆液压入地下预定地点(突水点、含水层储水空间等),使之扩散、凝固和硬化,从而起到堵塞水源通道,增大岩石强度或隔水性能的作用,达到治水的目的。

注浆堵水具有下列优点:减轻矿井排水负担,节省排水用电,从而降低吨煤成本;有利于加固井巷或工作面的薄弱地带,减少突水的可能性;能使被淹矿井迅速恢复生产,减轻对环境的破坏;改善采掘工程的劳动条件,提高工效和质量。

(1) 注浆材料

注浆材料是注浆堵水及加固工程成败的关键,是影响注浆经济指标的重要因素。注浆材料的选择主要取决于堵水加固地段的水文地质条件、岩层裂隙、岩溶发育程度、地下水的流速及化学成分等因素。选择注浆材料的一般要求是:可注性好(如流动性好、黏度低、分散相颗粒小等);浆液稳定性好(析水少、颗粒沉降慢);浆液凝结时间易于调节,固化过程最好是突变的;浆液固结后,具备所需要的力学强度、抗渗透性和抗侵蚀性;材料源广价廉,储运方便;配制和注入工艺简单;不污染环境。常用注浆材料有水泥浆液、水泥水玻璃浆液、黏土浆液和化学浆液等。

(2) 注浆设备

注浆工程施工所用的设备主要有钻机、注浆泵、搅拌机、止浆塞和混合器等。

① 钻机的选择应根据地层条件和注浆深度来确定。

② 注浆泵的选择主要考虑的原则是:根据设计的注浆压力及注浆量选型,应尽量选用压力和流量可调节的注浆泵;根据单液或双液注浆系统及备用量确定台数;根据注浆材料及灌注骨料与否选泵。

③ 搅拌机选择的依据是其生产能力应保证注浆泵有足够的供应浆量。

④ 止浆塞是将注浆孔的任意两个注浆段隔开,只让浆液注到止浆塞以下的岩石空隙中去的工具。止浆塞的选取应以能达到合理使用注浆压力、有效控制浆液分布范围、实现分段注浆、确保注浆质量等为原则。

【知识拓展】

由于粗放式的煤炭资源开采直接破坏土地资源、水资源、生态资源,不顾资源和环境约束的煤炭开采已超出了环境和生态承载力,因此,在利益驱动下不顾环境、安全和资源的粗放、野蛮和掠夺式采矿不是科学的采矿。武强院士就如何实现既采煤又保水以达到煤、水资源科学合理的共同开发问题,提出了“煤-水”双资源矿井建设和开发的必要性和可行性。在煤炭资源开采工程中,将地下水视作资源,通过合理的开采技术方法,不仅可消除其“灾害属性”的负效应,通过将矿井水资源化利用,挖掘其“资源属性”的正效应,同时尽量避免破坏、扰动与煤系同沉积的含水层结构,达到煤炭和水的“双资源”共同开发与矿区生态环境保护的协调、可持续发展目的,最终实现煤矿区水害防控、水资源保护利用、生态环境改善的多赢目标。因此,在学习过程中可查阅了解“煤-水”双资源型矿井开采概念与内涵,学习根据矿井主采煤层的具体充水水文地质条件优化开采方法与参数工艺、多位一体优化结合、井下洁污水分流分排、人工干预水文地质条件、充填开采等“煤-水”双资源型矿井开采的主要技术与方法,在确保矿井生产安全、水资源保护利用、生态环境质量的前提下实施有效的开采技术与方法,以达到水害防控、水资源保护利用与生态环境保护三位一体结合系统整体最优的目的，为矿井水害防治提供新的思路。

【知识点拨】

本章主要知识点包括：

① 地下水的形式、赋存及分类；

② 地下水的物理性质及化学性质；

③ 矿井充水水源及充水通道；

④ 矿井水文地质观测的内容与要求；

⑤ 矿井涌水量的预计方法；

⑥ 矿井水害探测方法；

⑦ 矿井水害防治方法。

第八章　矿井原始地质编录及地质图件编制

本章导读：地质编录是煤田勘探及矿山建设与生产中极其重要的基础工作，也是地质研究成果的体现。编录资料的正确与否，不仅直接影响地质勘探工作的质量和地质研究程度，还直接影响矿山建设与生产。地质工作者通过现场编录及生产勘探取得大量地质原始资料，并对这些资料进行分析研究及综合整理，编制出反映各种地质特征(如煤层赋存情况、地质构造及水文地质情况等)、勘探工程和井巷采掘工程的布置情况及其相关资料的图件称为地质图件。地质图件是编制矿山设计、制订生产计划及指导采掘生产等的主要依据。通过本章学习应该掌握矿井原始地质编录的类型及要求；各类地质图件的概念、内容和作用；数字化制图技术的概念、特点及应用。本章重点是各类地质图件的内容、阅读及编制方法；数字化制图技术的应用方式。难点是各种地质现象在地质图件上的表现方法。

第一节　矿井原始地质编录

一、地质编录的基本类型及要求

地质编录就是将直接观察到的地质现象或采用其他手段(如钻探、物探、巷探等)所获得的地质资料，用文字和图表等形式正确记录或系统表示出来的方法与过程。它可分为原始地质编录和综合地质编录。

1. 原始地质编录

原始地质编录是观察研究地质现象的现场记录和研究手段的记录，包括现场编录和整理两部分。它是全面和系统整理原始地质资料的工作，是研究工作区地质条件、成煤规律和评价煤炭资源的依据。

现场编录是指在井下掘进巷道、回采工作面等所揭露的地层、构造等现场进行编录。编录人员用相应的工具，把地质信息记录在记录本上。整理是按照规范要求的格式对现场测量结果进行文字补充、制图、制表、归档的过程。

2. 综合地质编录

综合地质编录是指编制各种综合地质资料的工作，包括编制各种综合地质图件、地质报告、地质说明书等。它是以原始地质编录的资料为基础进行的，是矿井技术管理不可缺少的技术基础资料。

3. 地质编录的要求

(1) 编录及时

地质勘查工程一般都是连续不断施工的，地质编录也要随着工程的推进及时进行。如不及时编录，有些岩石就会潮解、失水或风化；所掘剖面被两帮保护物、支架等遮盖；或随着掘进、回采工程的推进及井下可能发生的片帮、冒顶等而毁坏，失去收集资料的机会。

(2) 准确全面

不符合实际和不完整的地质资料，不仅不能指导生产，而且会造成错误的认识和判断，给实际工作带来损失。因此，地质编录的文字、图表等资料，必须做到内容真实，数据可靠，准确地反映客观事实。

(3) 系统统一

系统统一是地质编录的重要原则。对各种地质现象、地层划分、岩石命名与描述原则以及内容、图例、比例尺、图标格式、工程名称及编号、编录方法等，均要有统一的要求。岩性符号、地层符号、构造符号、产状符号等是地质工作的语言，如果地质编录没有统一的标准、格式和规定，而是因人、因队、因地、因矿各异，这样的编录成果就没有通用性，也就失去了地质编录的意义。

(4) 重点突出

地质编录不是“豆腐账”，一定要分清轻重缓急，抓住主要矛盾，有重点地进行。

总之，地质编录要求做到内容完整、数据准确、形象真实、表达确切、图文结合、简明扼要，如实反映地质现象。

二、矿井原始地质编录的类型

井巷地质编录是指用文字和图表的形式，记录和描述井下原始地质资料的工作。它包括穿层巷道地质编录和顺层巷道地质编录两种类型。

(一) 穿层巷道地质编录

穿层巷道包括竖井、暗井、平硐、石门等，是研究煤系、煤层及其顶底板的主要巷道。对这类井巷工程进行地质编录时，应注意观测所穿过岩(煤)层的层序、岩性、厚度和岩层之间的接触关系等。

1. 竖井地质编录

竖井一般开凿在井田中央，是最先通过大断面揭露含煤地层的井巷工程。它所提供的有关含煤地层、地质构造、水文地质及工程地质的资料，对于认识矿井地质特征、指导下一步井巷施工具有重要的指导作用。

根据地质条件的复杂程度，竖井井筒编录一般有展开图式编录、柱状剖面图式编录和水平切面图式编录 3 种方式。

(1) 井筒展开图式编录

这种编录适用于地质条件复杂的地区。对于圆形井筒，将其视为方形井筒(图 8-1)来编录。该方法的优点是便于确定井筒素描图方位，同时也可利用作图的方法求得煤岩层产状要素。

编录的具体做法是：首先在圆形井口周围选定 4 个基准点，使它们与井筒中心的连线方位分别为 N45°E，N45°W，S45°E，S45°W；其次在 4 个基准点上设置 4 条井筒垂线，即内接正方柱的 4 条棱线，用来测定地质界面深度；再其次在各条线上读出并记录同一界面的深度，同时进行岩性描述，标本采集，依次到井底；最后绘出草图(图 8-2)。

在编录过程中，对岩(煤)层和断层的产状要素要进行测量。如果不能用地质罗盘测量，可在井筒展开图上用作图的方法求得。具体方法如下。

在井筒展开图上，首先找出其中煤层底界面的最高点 A，并找出该界面上标高相同的另外两点 C 和 D。由于井筒相邻的西壁和北壁相互垂直，因此，CD 线的延伸方向即煤层的

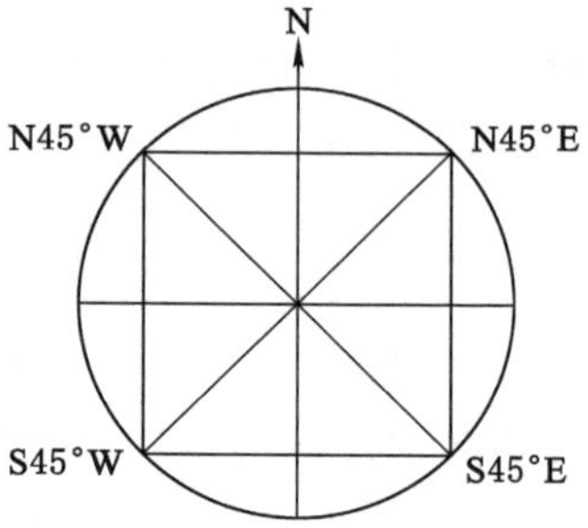

图 8-1　圆井筒按照方井筒编录方法示意图

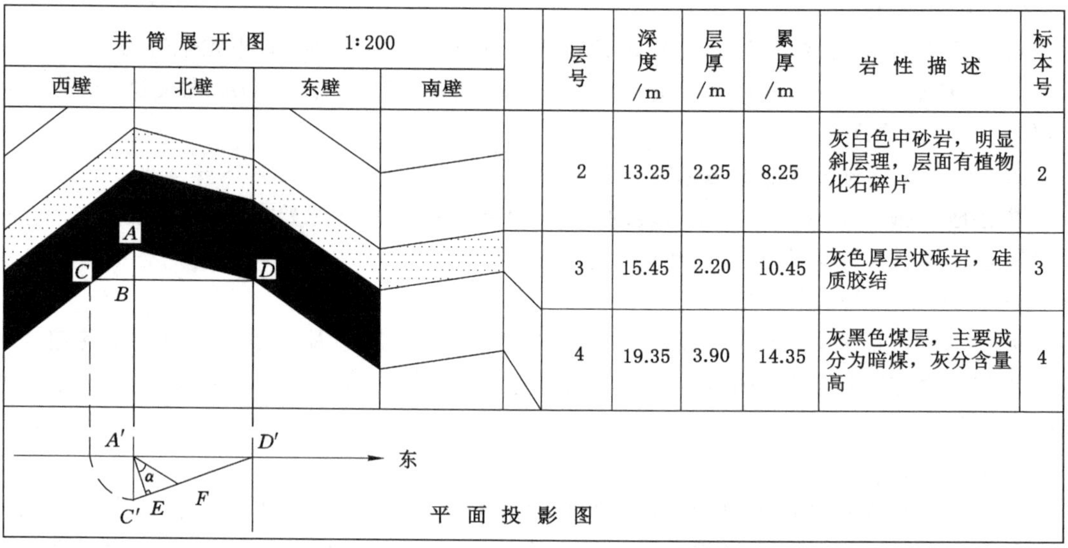

层号	深度/m	层厚/m	累厚/m	岩性描述	标本号
2	13.25	2.25	8.25	灰白色中砂岩，明显斜层理，层面有植物化石碎片	2
3	15.45	2.20	10.45	灰色厚层状砾岩，硅质胶结	3
4	19.35	3.90	14.35	灰黑色煤层，主要成分为暗煤，灰分含量高	4

图 8-2　井筒展开图及岩层产状求解示意图

走向。把 C,A,D 三点投影在平面图上，其投影点分别对应 C',A',D'点，连接 C'点和 D'点，则其延伸方向即煤层走向，也就是说，直线 $C'D'$就是 C 点和 D 点连线在水平面上的投影。从 A'点向 $C'D'$线所作的垂线 $A'E$ 线所指的方向即煤层倾向，$A'E$ 也是从 A 点沿倾斜线方向作 CD 垂线的平面投影长度。AB 是 A 点与 CD 线之间的高差，也是倾斜线的立面投影长度。因此，当倾斜线的平面投影与立面投影长度知道后，就可用作图法求出煤层的倾角。即设 $EF=AB$(AB 从展开图上量得)，则$\angle EA'F$ 就是煤层的倾角。

(2) 井筒柱状剖面图式编录

井筒柱状剖面图式编录适用于地质条件简单或中等、岩层倾角较缓的地区。它是在垂直地层走向的井筒直径两端设置基准点和井筒边垂线，以此测量地质界面深度，绘制井筒柱状剖面图的(图 8-3)。

(3) 井筒水平切面图式编录

井筒水平切面图式编录适用于地质条件简单、岩层倾角较陡的地区。它是在井筒每掘进一定深度时编录的水平切面图，并根据各水平切面图编绘井筒柱状剖面图(图 8-4)。为

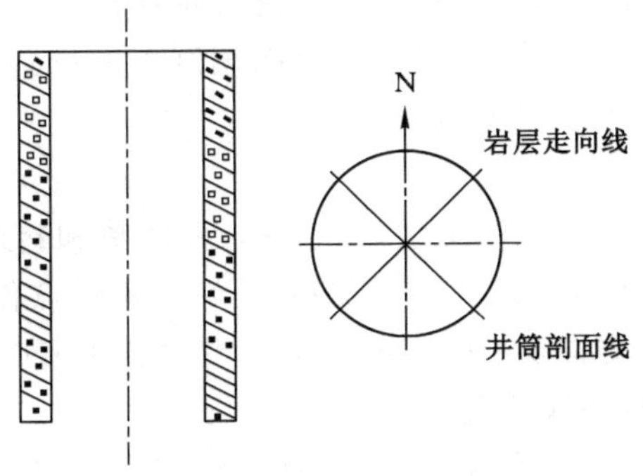

图 8-3　井筒剖面图

了便于各个水平切面图相互对应，在各水平切面图上要准确标注指北线和井筒柱状剖面线的位置。

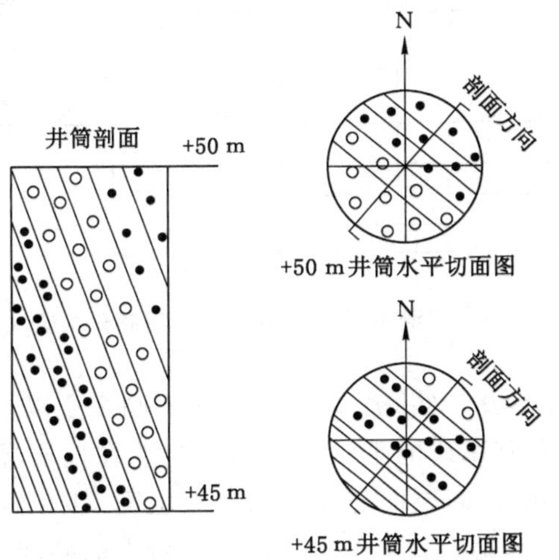

图 8-4　用井筒水平切面图绘制井筒剖面图

2. 石门地质编录

石门是垂直或接近垂直地层走向且水平或基本水平的穿层巷道，一般位于井田或采区中央。其编录资料是分析构造、对比煤层的主要依据，也是开采设计和巷道布置及其施工不可缺少的资料。所有石门都要以此进行地质编录。

石门编录的基本方式主要是采用壁剖面图式进行编录。其编录步骤和方法如下。

(1) 熟悉巷道预想地质剖面和邻近勘探线剖面

下井编录前，要熟悉编录巷道的预想地质剖面、邻近巷道的分布及地质情况，以便编录时心中有数。

(2) 确定编录壁及编录高度

为了便于修改，在石门编录过程中，要求岩层总体倾向与邻近剖面图中岩层倾向一致。巷道编录高度一般上至棚牙口，下至轨道面。

(3) 对编录巷道进行全面观察

在达到巷道后，应先对所揭露的两壁及巷顶进行全面观察。若是第一次进行该石门编录，应找到测量点位置；若是接续编录，要找到上次编制点的位置。每次石门编录的终点均要注上记号，写清日期，以便下次接着进行。

(4) 确定观测基线

观测基线是挂在巷壁上的一条基准线，用它来控制距离和巷道的起伏、实测地质界线的位置，是编录石门剖面图的基础。为了减少误差，最好以测量点作为基线的起点，以便校核基线的距离和高程。基线的方向、坡角以及距巷顶、巷底的距离应记录清楚，并绘制草图。

(5) 观测、记录和描述巷壁地质现象

观测、记录和描述巷壁地质现象是井巷地质编录的关键步骤。有以下两种方法。

① 实测地质界面控制点与视倾角结合法。当岩层为单斜构造且岩(煤)层倾角较陡时，每个地质界面可以只测一个控制点，即地质界面与基线的交点。用罗盘或测角仪量出地质界面的伪倾角，便可绘出该地质界线(图 8-5)。

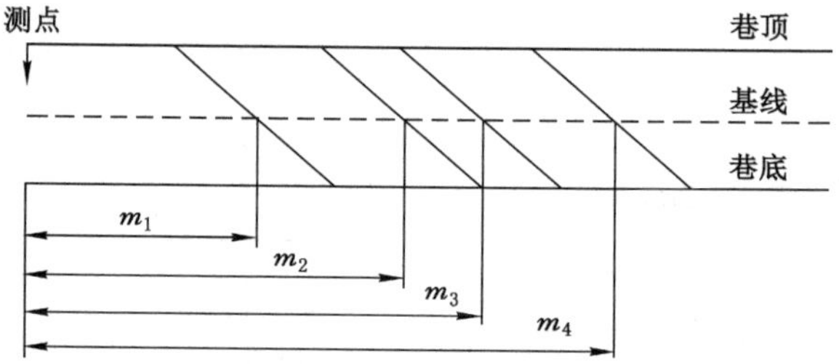

图 8-5　实测地质界面控制点与视倾角结合法

② 实测地质界面控制点法。对每个地质界面应实测 2 个以上控制点，且每个控制点均须测出至基线起点的距离和到基线的垂距。控制点应选在地质界面与巷顶、巷底和基线的交点位置，或背斜、向斜轴部，或断层面与巷壁的交点位置。以控制点为基础，按照实际情况即可连接地质界线(图 8-6)。此法适用于岩层面起伏较大的井巷编录。

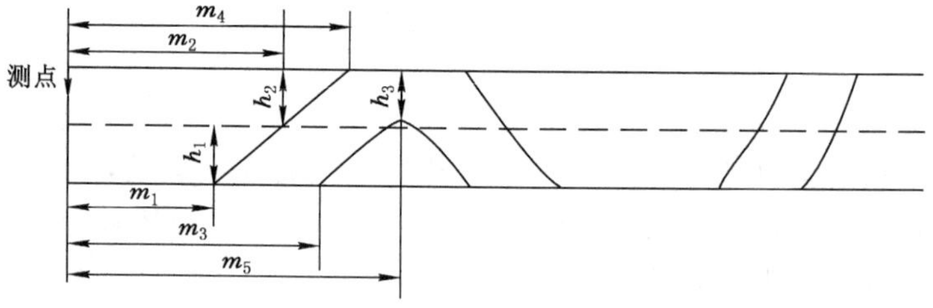

图 8-6　实测地质界面控制点法

(二) 顺层巷道地质编录

顺层井巷是指沿着同一岩(煤)层开凿的精通或巷道，如顺层平硐、顺层斜井、运输大巷、总回风巷等。顺层井巷地质编录的方法和步骤与石门编录相似，但其编录方法各地不一，一般以编录柱状图方法进行。构造简单时，每隔 20～50 m 确定一个实测点，画出柱状；构造复杂时，要缩短实测点距离(图 8-7)。

产状要素	岩（煤）层走向 N30° W，倾向 112°，倾角 15°。断层产状：S40° W，NW，48°，落差 0.3 m
石门剖面	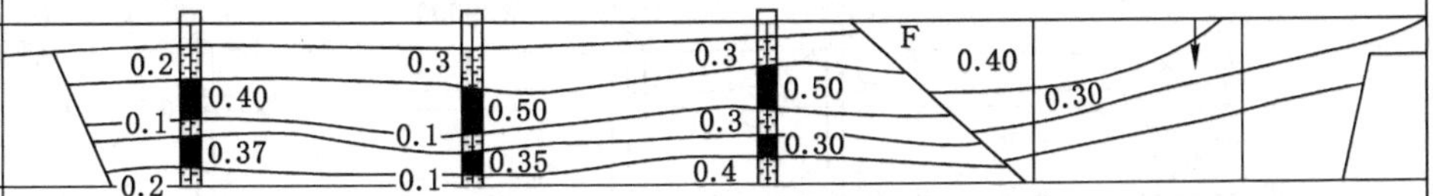
距　离	
岩性描述	煤组由二层煤组成，光亮、节理发育，倾角 45°，断层附近，煤质破坏，呈粉末状，有滴水，顶板为砂质页岩，底板为粉砂岩。
备　注	

图 8-7　顺层煤巷地质编录示意图

第二节　煤矿主要地质图件编制

矿井地质图是反映井田范围内煤层的赋存状态、地质构造特征、开采技术条件及其变化规律，以及它们与井巷工程之间相互关系的一系列综合性图件的总称。它是在煤矿生产建设过程中，根据煤田地质勘探、井巷地质编录和矿井地质勘探所获得的大量原始地质资料，经过认真分析研究和综合整理编制而成的。它是编制矿山设计、制订生产计划、指导采掘生产、进行储量管理、布置补充勘探的主要依据，也是从建井开始到开拓、掘进、回采各生产阶段和各工作环节都离不开的技术基础图件。

根据煤矿生产的实际需要，与煤矿生产有关的主要地质图件有：地质剖面图、地形地质图、水平切面图、煤层底板等高线图，以及煤层立面投影图、煤岩层对比图、地层综合柱状图和水文地质图等。

一、地质剖面图

（一）地质剖面图概述

（1）地质剖面图的概念

地质剖面图是反映岩层及地质构造在铅垂方向上形态的图件。其中，沿岩层走向切的剖面叫作纵向剖面，沿岩层倾向切的剖面叫作横向剖面。由于横向剖面反映地质构造形态最真实，所以在实际工作中所作的地质剖面图多为横向剖面图。剖面图是分析地质构造，编制其他综合地质图件，进行采掘设计，确定煤柱留设和布置矿井地质勘探的基础资料。在煤田地质勘探或煤矿生产中，一般沿勘探线或主要巷道轴线方向编制地质剖面图，以反映煤层的构造形态及其与井巷工程之间的关系。

（2）地质剖面图的内容

地质剖面图的主要内容包括：剖面切过的地形、地物、经纬线、水平标高线；地层界线、断层、岩浆岩侵入体、岩溶陷落柱；煤层、标志层及其他有益矿层；勘探工程、井巷工程、采空区、井田边界、保安煤柱线及开采水平高程线等（图 8-8）。地质剖面图还应注明剖面线方位、比例尺、图例和图签。

（3）地质剖面图的作用

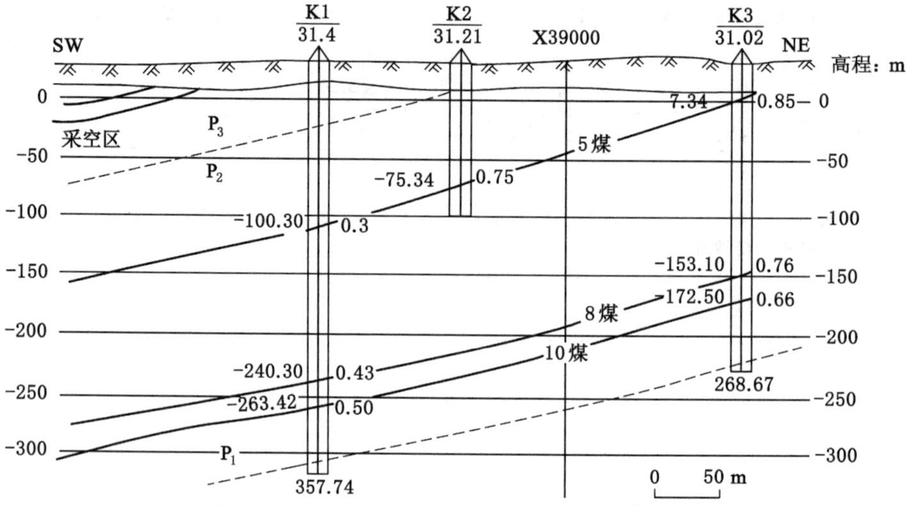

图 8-8 某勘探线地质剖面图

地质剖面图能直观地反映研究区地质构造特征、煤层赋存情况和地质体的空间特征，反映对煤层和地质构造的控制与研究程度。它是编制其他地质图件的基础，能为生产设计、勘探工程布置提供依据。在煤田地质勘探中，它是编制煤层底板等高线图、水平切面图等一些常用地质平面图件的基础。在矿井生产过程中，也常沿主要巷道编制地质剖面图，目的是查明巷道轴线方向的地质情况，指导巷道的设计与施工。在石门或上下山等巷道施工后，为了提高剖面图的精度，应利用巷道新揭露的地质资料来修编矿井地质剖面图，以便更好地指导煤矿生产。

（二）地质剖面图的编制方法

绘制地质剖面图必须具备充分、可靠的地质资料。在矿井投产以前，大都根据钻孔资料沿勘探线绘制。在矿井投产以后，可再填入主要石门等巷道揭露的地质资料绘制。另外，随着采掘工程的推进，在煤层底板等高线图上积累了很多实际资料，因此，也可用煤层底板等高线图编制地质剖面图。绘制地质剖面图的基本方法与步骤如下。

1. 确定剖面线方位及位置

剖面线要布置在能够充分利用勘探线上的钻孔、主要石门或上下山的方向上。为了能够真实反映地层和煤层形态，应使剖面线尽可能与它们的走向垂直。还要在剖面图上标注方位，一般是左西右东，即剖面方向是以 0°～180°为右，180°～360°为左（图 8-8）。

2. 收集和整理编图资料

主要收集剖面线上及其邻近的钻孔柱状图、井下实测剖面图、地形地质图、采掘工程图、煤层底板等高线图及水平切面图等，并对上述资料进行必要的整理。一般在矿井建设之前，勘探阶段的主要编图资料为钻孔柱状图和地形地质图。

3. 确定编图比例尺

地质剖面图常用的比例尺为 1∶2 000，平面图为 1∶5 000；当地质剖面图的比例尺为 1∶5 000 时，平面图则为 1∶10 000。有特殊要求的地质剖面图比例尺可以放大或缩小。

4. 投绘平面图与剖面图的基准线

为使平面图上的资料能够准确地投绘到剖面图上，以解决各种图件之间的关系，在投绘各种地质资料之前，应先投绘平面图与剖面图的基准线（又称为对应线）。在编制剖面图时，一般所选用的基准线有准线和经纬线两种。

一般把与煤层（地层）走向大致平行的任一铅垂面定为准线面，准线面与水平面的交线称为平面图的基准线，准线面与剖面图的交线称为剖面图准线。若平面图上有经纬线，则常使用经纬线作为基准线，即将平面图上的剖面线与经纬线的交点投绘到剖面图上，在剖面图上过此交点所作的铅垂线称为剖面图准线（如图 8-8 中的 X39000）。

为了减少误差，在剖面图上投绘各种资料时，皆以准线为起点来量其平距，不能用钻孔间距分段度量。

5. 绘制水平标高线及地形线

在正式绘图前，应根据比例尺，并结合地层倾角绘出水平标高线。岩层倾角平缓，选定的水平标高线间距小；岩层倾角大，选定的水平标高线间距大。水平标高线的上下标高值取决于地面标高和勘探深度，水平标高线要求绘制精确，并在每条线的两端注明标高数值（如图 8-8 中的 −300～0）。

沿剖面线方向将地质剖面所切的地表实际高程点用圆滑曲线连接，即剖面地形线。一般是根据地形图或地形地质图来确定地表实际高程点的，当缺少地形图或地形地质图时，可根据剖面上的钻孔孔口标高绘制地形线。

6. 投绘钻孔柱状

以基准线或经纬线为基准，对于剖面线上的所有钻孔，可以根据它们在平面图上的位置到基准线的水平距离，直接投绘到剖面上；对于与剖面线相邻近的钻孔，常采用走向延伸法投绘到剖面上。

按照钻孔所揭露的煤（岩）层和断层的断点标高、煤（岩）层厚度和沿剖面方向的倾向与倾角（或视倾角），用相应的岩性符号把煤（岩）层和断层的断点投绘到钻孔上，即可获得剖面上的柱状钻孔。

7. 投绘井巷工程

对于已进入建设和生产的矿井，剖面所切过的井筒、石门、上下山、煤巷等，也应按照其在剖面线上的位置和标高投绘到剖面图上。

剖面图中原则上只绘实测巷道，如果是在编图，需要分析构造或采掘设计，允许把剖面线附近的巷道投影到剖面图上。一般采用垂直投影的方法，被投绘的巷道用虚线表示。

8. 投绘煤（岩）层和地质构造点

剖面线所切过的煤（岩）层和地质构造，应按照露头、勘探工程和采掘工程揭露的资料进行投绘。

① 露头资料按照地质图中的地质界线与剖面线交点和产状等确定。

② 勘探工程探查的资料，主要是钻孔揭露的煤层、标志层、含水层和地质构造等，应在剖面图中的柱状钻孔上标明。

③ 石门和其他巷道揭露的地质界线，应根据实测剖面图进行填绘。

④ 对于邻近剖面线的钻孔和被投影的巷道，按照柱状钻孔和巷道实测资料分别采用走向延长法和辅助剖面法进行投绘。

a. 走向延长法

当剖面线与煤(岩)层或断层走向线以较大的角度相交时,在平面图上过实测点作煤(岩)层或断层走向线,与剖面线的交点即它们在剖面图上的水平相对位置。再按照交点的实际标高,将此点投到剖面图的相应位置上(图 8-9)。一石门揭露的 F_1 断层沿走向线延长,与剖面线相交于 a 点;三石门揭露的 B_4 煤层,按照煤层走向延长与剖面线交于 b 点。根据剖面线上被投影 a 和 b 点的位置及其标高值,即可将其投绘到剖面图上,如 Ⅰ—Ⅰ′线剖面图上的 a' 和 b' 点。其中,一石门的巷顶标高是 −110 m,在平面图上反映的应是 −110 m水平方向的断层走向线。a 是沿走向投绘的点,所以 a 点的标高应是一石门巷顶的标高,即 −110 m;b 点是三石门揭露的 B_4 煤层按照走向投影到剖面图中的一个点,该点在剖面图中的标高应为三石门的巷顶标高,即 −50 m。

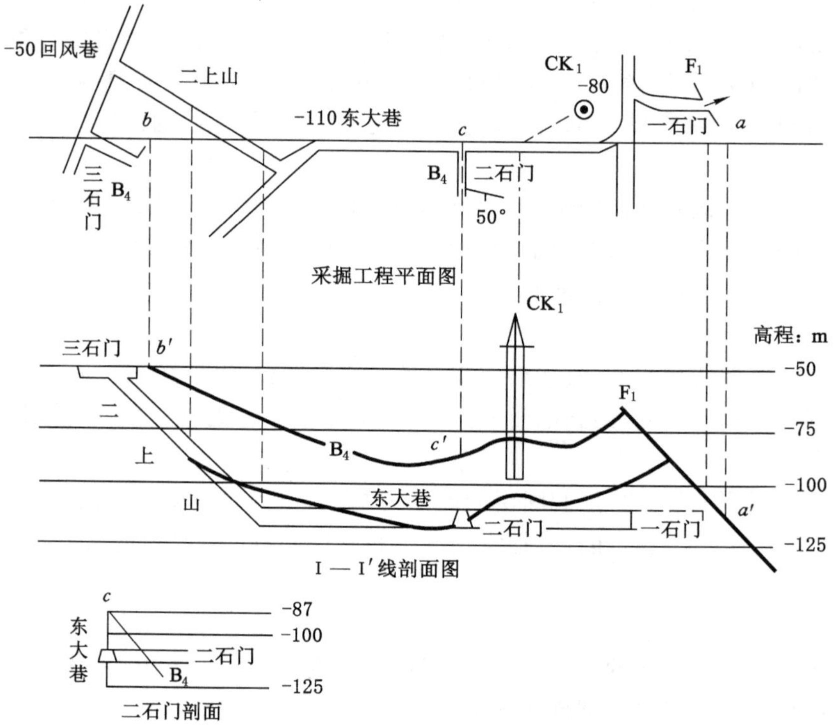

图 8-9 根据实测资料作剖面图

b. 辅助剖面法

当煤(岩)层走向与剖面线近于平行时,沿煤(岩)层走向延长难以与剖面线相交。在这种情况下,可沿煤(岩)层倾向作辅助剖面,求出沿倾斜方向煤(岩)层与剖面的交点和该点的标高,即被投绘煤(岩)层在剖面图上的点位。

如图 8-9 中的二石门,揭露的小煤层走向与剖面线近于平行,因而不能采用走向延长的方法。这时需要绘制沿二石门方向的辅助剖面,在辅助剖面上求出 B_4 煤层沿倾斜方向与剖面的交点 c 的标高。根据辅助剖面线与已知剖面线的交点位置,将 c 点投绘到剖面图中的 c' 点处,则 c' 点就是 B_4 煤层在剖面上的一个点。连接 B_4 煤层时,可将该点作为一个实际材料点使用。

9. 对比连接

对比连接是编图的关键环节。首先通过对比分析，将各工程所揭露的同一岩（煤）层、标志层、断层等整为同一，这是编制剖面图的重要一环；其次根据剖面所处的地质构造形态确定地层倾向，把各工程中相同的层位点用圆滑的曲线连接起来，一般先连断层线，后连地层线和煤层线。

(1) 断层线的确定

找到剖面图上勘探工程所揭露的断层点，利用平面图上断层走向与剖面走向的夹角，求出断层在剖面上的视倾角，即可在剖面上画出断层，或利用剖面上同一断层的两个以上控制点直接连线即可。

(2) 地层、煤层及标志层的连线

先连断层同一断盘或褶曲同一翼上由两个或两个以上工程控制的相同层位点，再按照层间距连接或推断出其他煤（岩）层层位。

10. 审核与清绘

审核是编图后的一项重要工作，要根据各项原始资料逐项进行审核。除由编图人员自校以外，为了对资料负责，编图后，应有专人负责审核。审核人员要对图件内容全面负责，并对图件质量作出评价，发现问题，要与编图人员共同讨论修改。审核后，要签署姓名和日期，以明确责任。经审核后的图件才可清绘。

(三) 各种地质现象在地质剖面图上的表现

(1) 单斜岩层在地质剖面图上的表现

单斜岩层在地质剖面图上为一组平直的岩层线（岩层面与剖面的交线），其倾角大小和岩层的真倾角大小及岩层走向与剖面方向的夹角有关。当岩层走向与剖面方向垂直时，剖面图中反映岩层的真倾角[图 8-10(b)]；当岩层走向与剖面线方向平行时，剖面图上的岩层线为一组水平线[图 8-10(a)]；当岩层走向与剖面线斜交时，剖面图上反映岩层的视倾角。

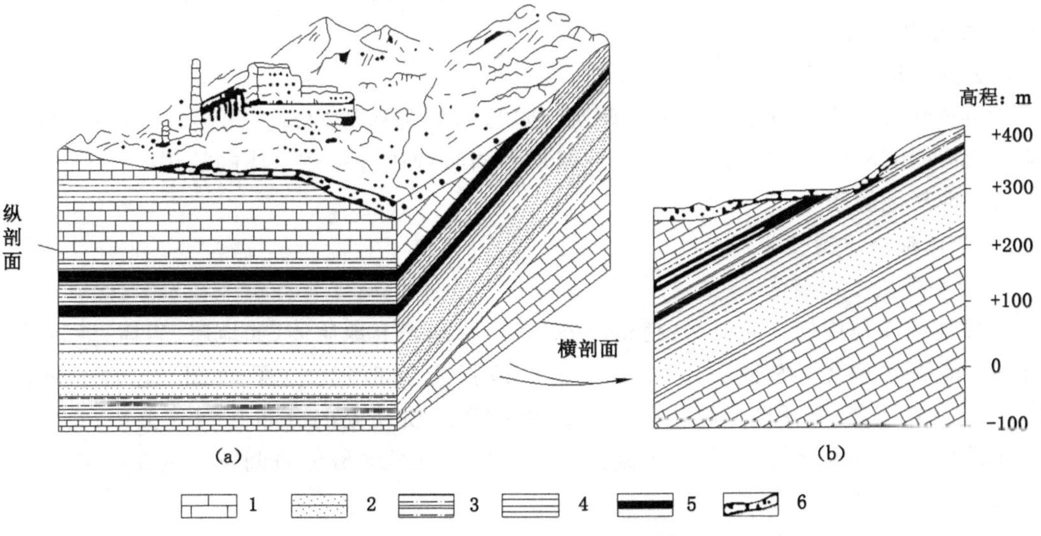

1—石灰岩；2—砂岩；3—砂质泥岩；4—页岩；5—煤层；6—冲积层。

图 8-10　单斜岩层在剖面图上的表现

(2) 褶曲在地质剖面图上的表现

在直交与斜交褶曲轴线的剖面上,向斜表现为岩层线下凹,背斜表现为岩层线上凸;在平行褶曲轴线的剖面图上,岩层线为一组平行线(图 8-11)。

(3) 断层在地质剖面图上的表现

断层在地质剖面图上表现为地层线不连续。在图上用断层面与剖面的交线表示断层,正断层表现为上盘下降[图 8-12(a)],逆断层表现为上盘上升[图 8-12(b)]。由于剖面走向不一定与断层走向垂直,因此,剖面图上的断层倾角一般为视倾角。为了在剖面图上提供断层的更多信息,一般剖面图上要标明断层的倾向、倾角和落差。

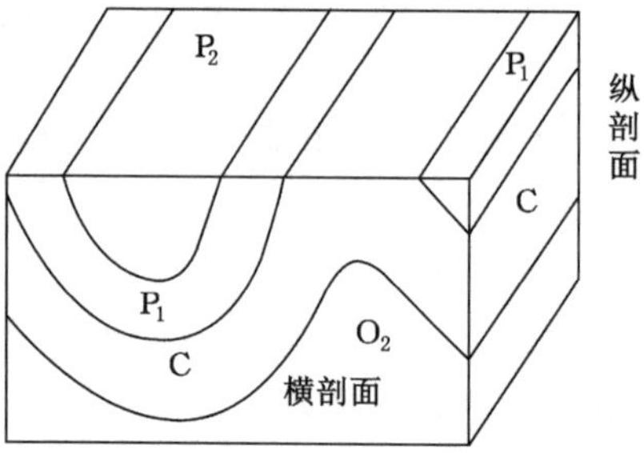

图 8-11 褶曲在地质剖面图上的表现

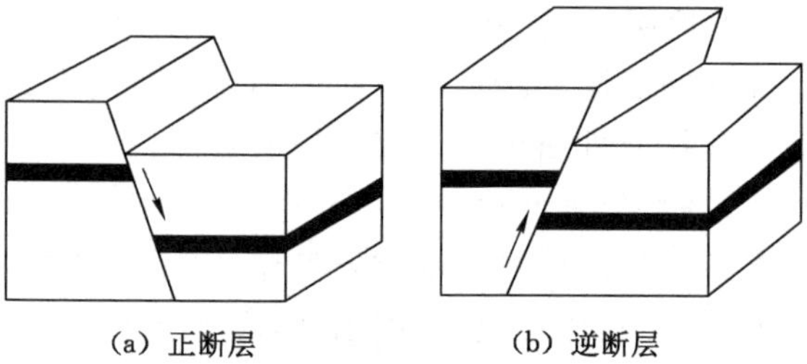

图 8-12 断层在地质剖面图上的表现

(四) 地质剖面图的阅读方法

(1) 阅读图名、比例尺和责任表

从图名、基准线可以了解剖面图的平面位置;比例尺说明实物缩小的程度和地质现象在图上表示的精度;责任表能够反映出编图单位、资料来源及编图时间。

(2) 阅读图例

阅读图例可以了解剖面所切过的煤层、地层以及接触关系、岩性和地质构造。图例一般放在剖面图的下方。

(3) 分析地质内容

沿剖面由左至右阅读剖面切过的煤层、地层、断层和褶皱构造。阅读时,可以边阅读边记录,从而对沿该剖面发育的煤层、地层、断层和褶皱构造有一个总体的认识。

二、地形地质图

(一) 地形地质图概述

1. 地形地质图的概念

地形地质图是用规定的符号、色谱和花纹等,将地表上地质体(如地层、岩体、地质构造、矿床等)和地质现象,按照一定的比例概括地投影到地形图(平面图)上的一种图件(图 8-13)。它综合、概括地反映出该地区地质体和地质现象的分布与相互关系,反映一个地区地质状况及其发展历史,是一个地区地质工作尤其是区域地质调查的主要成果。

2. 地形地质图的内容

地形地质图主要包括下列内容。

① 地形地物:主要有地形等高线、地面建筑物和构筑物、地表水体、公路、铁路、桥梁、车站、三角点、高压线、经纬线及指北方向线等。

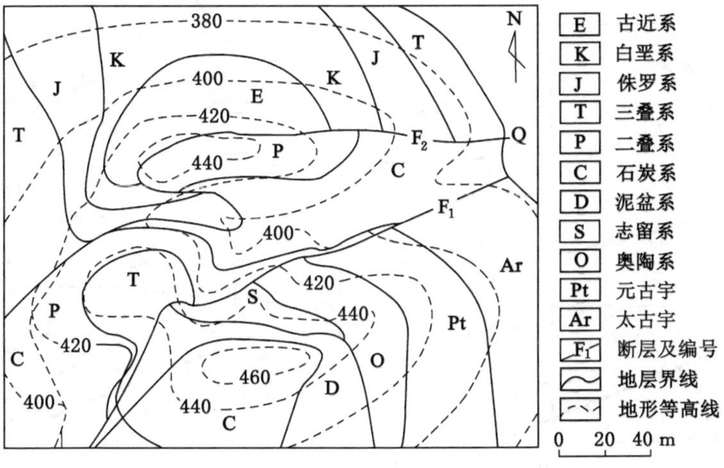

图 8-13　某地区地形地质图

② 地质界线：主要包括各时代地层的分界线、不整合面界线、标志层、煤层露头线、褶曲轴线、断层线、岩浆岩侵入体、岩溶陷落柱及岩层产状等。

③ 图名：表明图幅所在地区和类型，一般采用图区内主要城镇、居民点以及主要山岭、河流等命名。

④ 比例尺：用以表明图幅反映实际地质情况的详细程度，地质图的比例尺与地形图的比例尺一样，有数字比例尺和线条比例尺两种，常用的有 1∶5 000 和 1∶10 000。

⑤ 图例：是地形地质图上各种地质体的符号和标记，有地层图例、岩性图例、地质构造图例等。

⑥ 其他：包括钻孔、坑探（探槽、探井、探巷）等勘探工程，井筒位置、井田边界、主要老窑、剖面线及其编号、勘探线及其编号、最高洪水水位线等。

3. 地形地质图的作用

地形地质图是煤矿矿井设计和生产的基本图件之一。设计部门用其选择运输干线及供电线路，确定井口、工业广场、建筑石料场等的位置，寻找水源等；生产部门用其编制其他地质图件；勘探部门用其布置生产勘探工程等工作；地质人员用其分析地质规律。

（二）地形地质图的编制方法

煤矿地质工作所用的地质图，多将上覆第四系揭去，它实际上是反映基岩上各种地质现象的地质图件，称为基岩地质图。它主要利用地质剖面图来编制，其编制方法有以下 4 种。

（1）绘制经纬网格线

绘出正方形方格网（一般间距为 10 cm），并标明经纬线距数值。如 1∶10 000 的地形地质图，相邻两经线或纬线的实际距离是 1 km。

（2）投绘勘探工程

按照平面坐标，将钻孔、探井和探槽投绘到相应的平面位置上，其中同一条直线上的各工程点连线即勘探线（图 8-14）。

（3）投绘隐伏地质点

以经纬线或准线为基准，把各勘探线剖面图上的地层界线、矿层（如煤层）、断层面与地

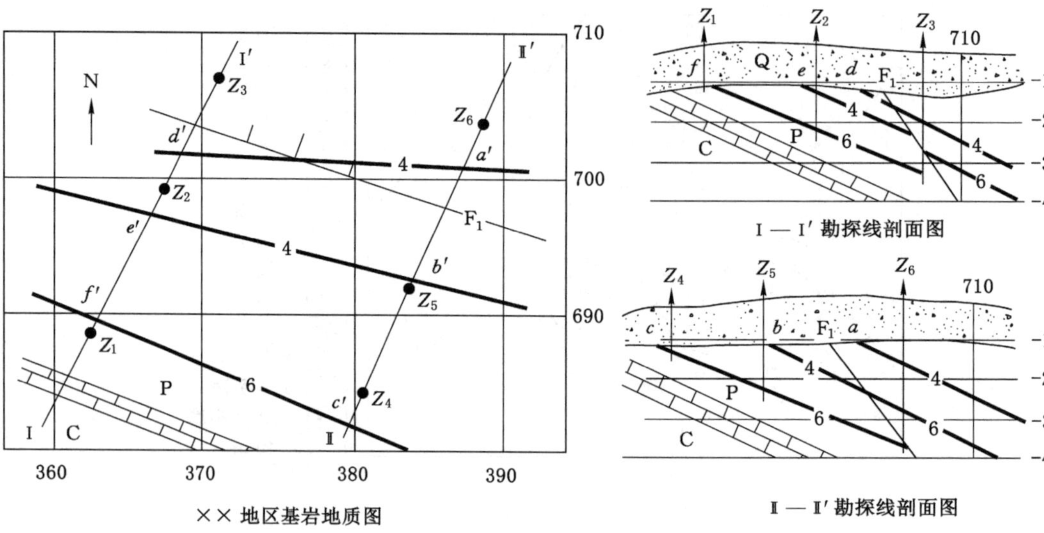

图 8-14　利用剖面图编制基岩地质图

表或第四系的交点，分别按照其在勘探线上的水平位置投绘到平面图对应的勘探线位置上。

（4）分析连线

先详细分析区内构造形态和特征，再考虑如何连线。连线时，应先连断层线，后连地层线、煤（岩）层露头线。

① 断层线的连接：可根据勘探线剖面的控制情况，将各勘探线上同一断层的露头点分别按照图例用圆滑线连接起来。

② 地层界线和煤层露头线的连接：将各勘探线上同一地层界线点、同一煤层露头点分别按照图例用圆滑线连接起来。一般先将同一断盘上的同一地层界线、岩（煤）层露头线上两个以上控制点连线，再按照地层界线、岩（煤）层露头间距连接只有一个控制点的地层界线、煤（岩）层露头线，并注意不同性质断层两盘相同层位的错动关系。

（三）各种地质现象在地形地质图上的表现

1. 单斜岩层在地形地质图上的表现

单斜岩层在地形地质图上的分布形态复杂多样，它受地形起伏、岩层的倾向及倾角多种因素的控制和影响。同时，地形对岩层分布形态的影响，还与地形地质图的比例尺有关，图件比例尺越大，岩层分布形态受地形的影响越明显；图件比例尺越小，岩层分布形态受地形影响越不明显。在 1∶100 000 或更小比例尺的地形地质图上，岩层分布形态与地形关系显得极其微小，可忽略不计，其地层界线基本与岩层走向一致。

在大比例尺的地形地质图上，由于测定的范围相对较小，岩层面在测定范围（小范围）内产状稳定，其露头线的形态主要取决于地面起伏、岩层产状以及二者的相互关系。地面平坦时，产状稳定的倾斜岩层的界线呈直线延伸，其延伸方向即岩层走向（图 8-15）；地面有起伏时，岩层露头线发生各种弯曲，其规律性称为“V”字形法则（图 8-16）。

（1）水平岩层的表现

当岩层水平时，岩层的露头线形态完全受地形控制，其露头线与地形等高线平行或重

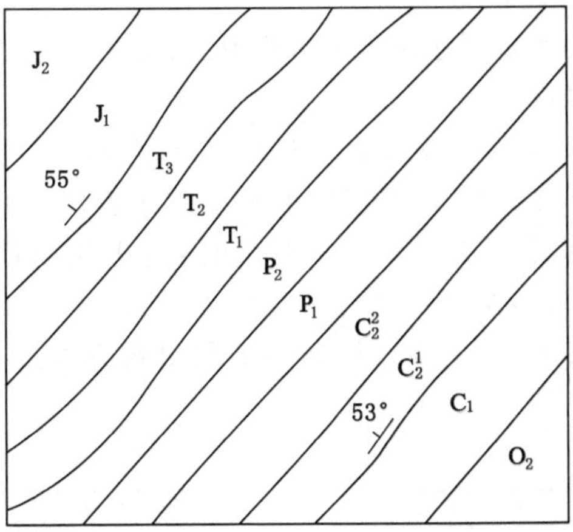

图 8-15　地形平坦时单斜岩层在地形地质图上的表现

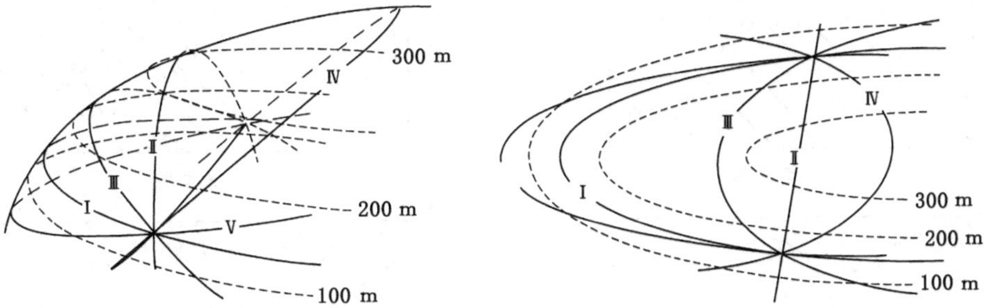

图 8-16　地形起伏较大时单斜岩层在地形地质图上的表现

合，而不相交[图 8-16(Ⅰ)]。

(2) 直立岩层的表现

当岩层直立时，岩层露头线虽然在地面上随着地形的变化呈波状起伏，但在地形地质图上呈直线延伸，其延伸方向为岩层走向[图 8-16(Ⅱ)]。

(3) 倾斜岩层的表现

当岩层倾斜时，岩层露头线的形态与岩层倾向、地面的坡向、岩层倾角、地面坡角密切相关。

① 岩层倾向与地面坡向相反时，岩层露头线的弯曲方向与地形等高线的弯曲方向相同，但岩层露头线的曲率比地形等高线的曲率小[图 8-16(Ⅲ)]。

② 岩层倾向与地面坡向相同，岩层倾角大于地面坡角时，岩层露头线的弯曲方向与地形等高线的弯曲方向相反[图 8-16(Ⅳ)]。

③ 岩层倾向与地面坡向(沟谷或山脊方向)相同，岩层倾角等于地面坡角时，岩层露头线沿沟谷或山脊两侧平行延伸。

④ 岩层倾向与地面坡向相同，岩层倾角小于地面坡角时，岩层露头线的弯曲方向与地形等高线的弯曲方向相同，但岩层露头线的曲率比地形等高线的曲率大[图 8-16(Ⅴ)]。

2. 褶曲在地形地质图上的表现

褶曲在地形地质图上的表现形态决定于地表形态、褶曲类型及其要素。

(1) 地形平坦时褶曲的表现

当地形平坦时，褶曲在地形地质图上的表现形态与褶曲本身的特征有关。

① 水平褶曲：在地形地质图上，水平褶曲的地层界线表现为一组近于平行的界线。可通过地层对称性重复及核部、翼部地层的新老变化规律来判别向斜、背斜，即自核部向两翼，地层由老变新为背斜(图 8-17)，由新变老为向斜。

② 倾伏褶曲：在地形地质图上，倾伏褶曲的地层出露界线呈单向封闭的曲线，示例如图 8-18 所示。

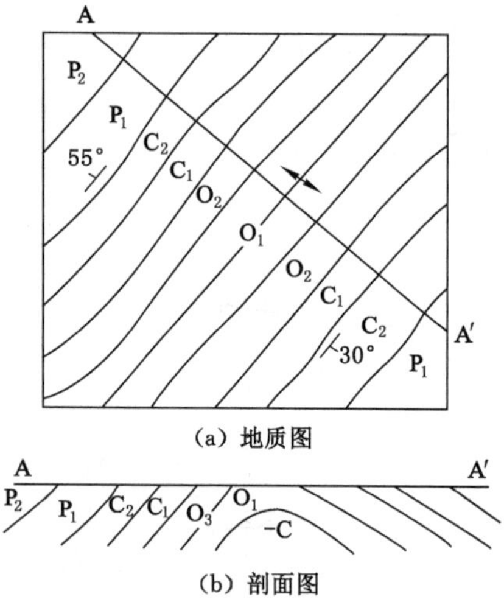

图 8-17　水平褶曲在地质图和剖面图上的表现

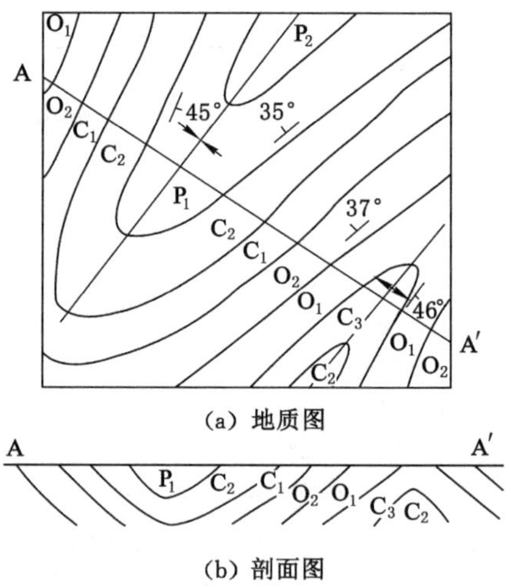

图 8-18　倾伏褶曲在地质图和剖面图上的表现

(2) 地形起伏较大时褶曲的表现

当地形平坦时，地层界线出现一个弯曲，就是一个倾伏背斜或向斜；当地形切割比较强烈、起伏较大时，单斜岩层在地形地质图上也出现弯曲。所以，地形地质图上的地层界线的弯曲受地形和褶曲构造两个因素的影响，可根据以下 3 点加以识别。

① 根据岩层产状：单斜岩层受地形的影响，虽然地层界线发生弯曲，但产状不变而出现褶曲，则岩层走向发生变化。

② 根据有无褶曲轴线：在地形地质图上，褶曲构造一般用轴线符号表示(图 8-17 和图 8-18)，而单斜岩层无褶曲轴线符号。

③ 根据地层界线弯曲情况与地形等高线的关系：单斜岩层受地形的影响，地层界线弯曲情况与地形等高线有明显的变化规律，遵循“V”字形法则；褶曲构造的地层界线弯曲情况与地形等高线往往无明显的规律(图 8-19)。

3. 断层在地形地质图上的表现

① 断层在地形地质图上表现为一条线，断层线的形态取决于地形起伏和断层面的产状，地形对断层线的影响与单斜岩层相同，遵循“V”字形法则。值得注意的是，当断层与第四系界线相交时，断层线不切过第四系界线。

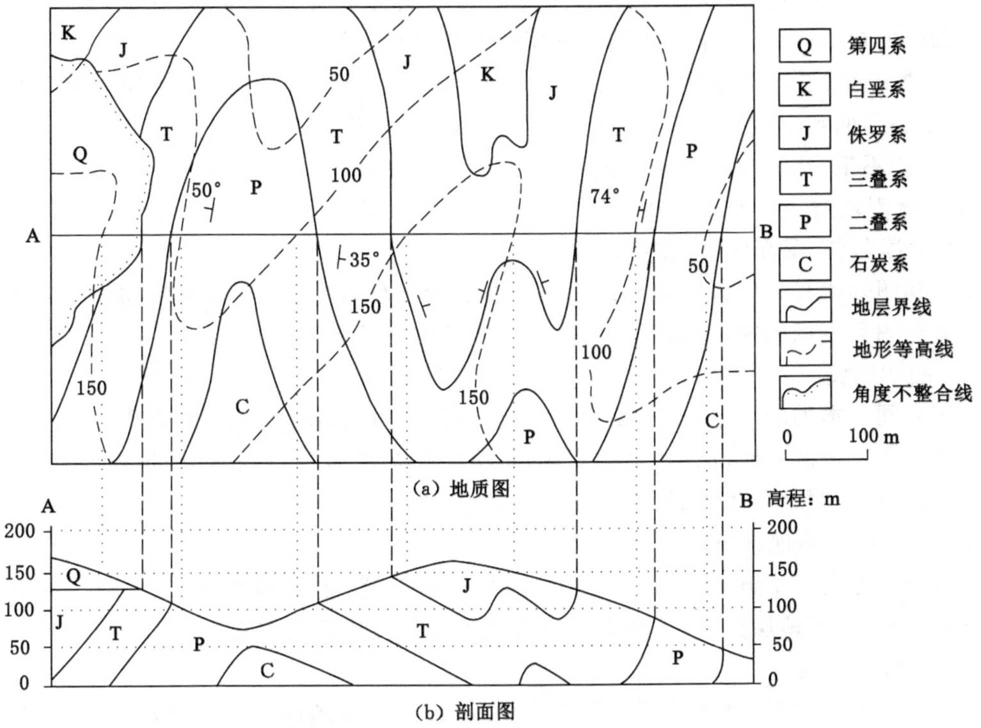

图 8-19　某地区地形地质图及剖面图

② 倾向或斜向断层两盘的地层界线、岩(煤)层露头线沿走向发生中断，在水平方向上出现错动。当非平移的斜断层或横断层切割褶曲时，沿断层线断层两盘同一褶曲面的宽度发生变化。切割向斜时，同一褶曲面的宽度下降盘较上升盘宽[图 8-20(a)]；切割背斜时，同一褶曲面的宽度下降盘较上升盘窄[图 8-20(b)]。

③ 在地形地质图上，断层线一般用图 8-20(c)所示符号表示。

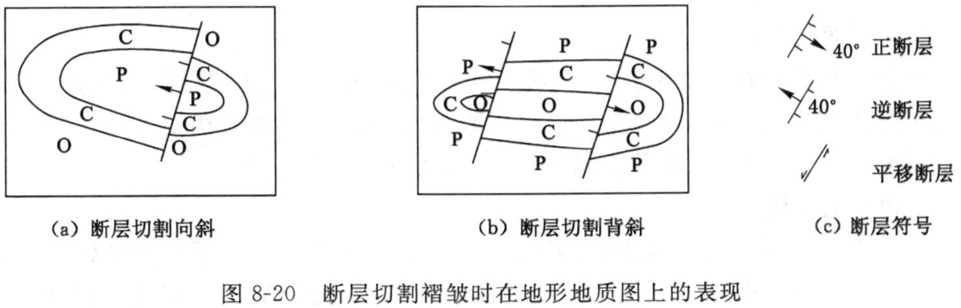

图 8-20　断层切割褶皱时在地形地质图上的表现

其中，长线段表示断层的走向，正(逆)断层的箭头表示断层的倾向，数字表示倾角，短线段表示下降盘；平移断层的长线段表示断层的走向，箭头表示本盘运动方向。

4. 其他地质现象在地形地质图上的表现

① 岩浆侵入岩：当岩浆侵入岩出露地表时，在地形地质图上的表示方法是用红色实线圈定岩浆侵入岩出露范围，并用相应的岩性符号表示。

② 岩溶陷落柱：它为一柱状塌陷体，当其延伸到地表或基岩表面时，在地形地质图上表现为椭圆形的封闭曲线，且地层界线及断层线在陷落柱内均发生中断。

③ 不整合面：平行不整合面在地形地质图上与地层界线平行，在新地层一侧用断线表示；角度不整合面与下伏地层以一定的角度相交，下伏地层界线以一定的角度与不整合线相交，并终止于不整合线，在新地层一侧用虚线表示（图 8-19）。

（四）地形地质图的阅读方法

（1）阅读图名、图幅代号、比例尺和编制时间

图名和图幅代号可以说明地形地质图所在的地理位置；比例尺说明实物缩小的程度和地质现象在图上表示的精度；编图时间能说明所用资料的新旧情况。

（2）阅读图例

图例如同一本书的目录，通过阅读图例及地层综合柱状图，可以了解制图地区出露地层及其新老关系。图例一般放在图框的右侧，每个图例为长方形，左边注明地质时代，右边注明岩性，方框内注明地层代号、岩性、断层、节理、产状符号等（图 8-13）。

（3）分析图中的地形特征

根据地形等高线了解山脉的走向和分水岭所在位置，地形最高点、最低点及相对高差等；分析地形特征和地层分布，地貌发育情况及其与地质构造的关系。

（4）分析地质内容

按照从整体到局部，再从局部到整体的原则，首先了解图内的地质情况，包括地层的分布情况、地层的接触关系、地质构造特征、岩浆侵入岩的分布情况等。与剖面图相对应阅读，了解地质体三维空间的分布和相对关系。

（5）阅读综合柱状图

通过阅读综合柱状图，可以了解区内地质发展史。阅读时，应从底部开始向上阅读。

（6）综合分析

在了解各项地质内容的基础上，对研究区进行综合分析，掌握各种地质现象的相互关系。

（五）根据地形地质图编制地质剖面图

（1）选择剖面位置

在分析图内地形特征、地层分布、产状变化和地质构造特点的基础上，确定剖面位置。要求剖面尽量垂直地层走向，并通过地层出露较全和图区主要地质构造部位。剖面位置选定后，将剖面线标定在地形地质图上，如图 8-19 中剖面线为 A—B。

（2）绘地形剖面线

首先在绘图纸上画出剖面基线，一般以过剖面起点或终点的铅垂线为基线。其次按照平面图的比例尺作出一系列与基线垂直的等深线，并在基线上标注等深线的标高。最上部等深线的标高高于剖面所切过的最高地形等高线标高，最下部等深线的标高低于剖面切过的最低地形等高线标高 1～2 个间距。最后将地形地质图上的剖面线与地形等高线的交点按照其到基线的距离一一投影到相应的高程等深线上（图 8-19），并将等深线上的地形投影点依次连线，即可得到地形剖面。

（3）绘地质剖面线

将地形地质图上的剖面线与地质界线（地层分界线、不整合线、断层线等）的各交点按照

其到基线的实际距离投影到地形剖面线上(图 8-19),按照各点附近的地层倾向、倾角绘出分层界线。当剖面方向与地层走向斜交时,应按照剖面方向的视倾角绘分层界线。

三、水平切面图

(一) 水平切面图概述

1. 水平切面图的概念

水平切面图是煤矿反映某一开采水平地质情况和井巷工程的图件(图 8-21)。在煤矿生产中,每一开采水平都要编制水平切面图。

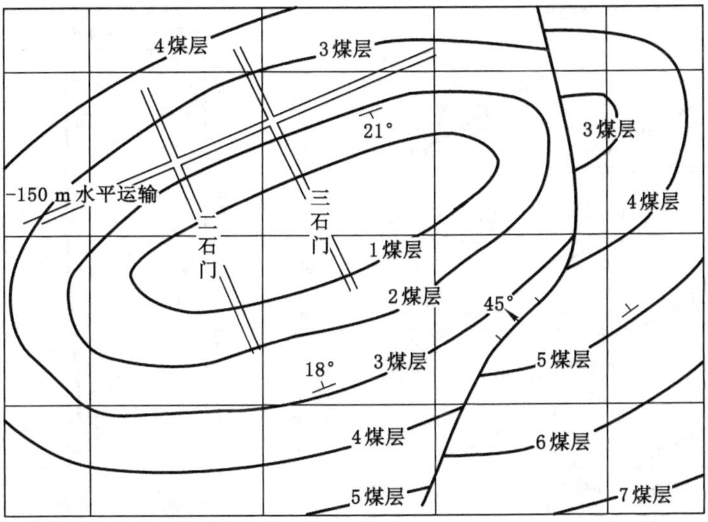

图 8-21　某矿－150 m水平切面图

2. 水平切面图的内容

(1) 地质界线

在水平切面图上,要反映该水平所切过的各地层界线、标志层、含水层、煤层、产状、断层线、褶曲轴线、岩浆岩侵入体、喀斯特陷落柱在该水平的边界线等。

(2) 井巷及勘探工程

在水平切面图上,要反映该水平所切及其附近的所有工程,包括该水平切过的井底车场、运输大巷、石门、煤巷、井筒及钻孔等。

(3) 其他

主要有地质剖面线、经纬线、指北方向线、井田边界线、煤柱线等。

3. 水平切面图的作用

水平切面图能够反映该水平全部地质情况及井巷工程,它是煤矿生产中运用极广、作用极大的图件之一。特别是在煤层层数多、层间距小、地质构造较复杂、倾斜及急倾斜煤层地区,它是该水平开拓布置、井巷设计和掘进施工不可缺少的图件,常作为矿井设计生产中该水平巷道系统的基础图。

(二) 水平切面图的编制方法

1. 利用地质剖面图编制水平切面图

(1) 确定编图比例尺

一般水平切面图的比例尺应小于地质剖面图的比例尺。煤矿生产过程中最常用的比例尺是 1∶5 000 及 1∶10 000。对于构造较复杂的小型井田，有时采用 1∶2 000 的比例尺。

(2) 确定编图水平高程

根据设计的水平标高，在地质剖面图上绘制水平高程。可有两种情况：一是根据开采水平巷道的实际坡角或设计坡角，推算出各条剖面所在位置的开采水平标高，并把推算出来的标高用水平标高线绘在该剖面图上；另一种是根据开采水平，用固定标高绘水平高程线，如图 8-22 中Ⅰ—Ⅰ′，Ⅱ—Ⅱ′，Ⅲ—Ⅲ′剖面图的 −315 m 高程线。

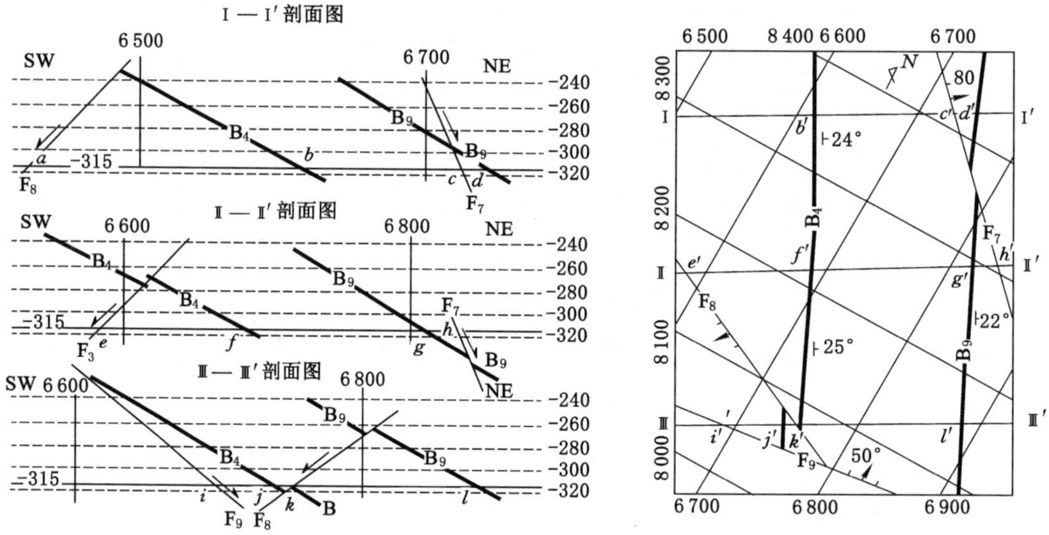

(a) 剖面图　　　　(b) 水平切面图

图 8-22　利用某矿剖面图绘制水平切面图

(3) 投绘地质点

将水平高程线与剖面图上的各煤层、标志层及断层等交点，以经纬线为准线，按照比例尺投绘到水平切面图相应的剖面线上。如图 8-22(a)的Ⅰ—Ⅰ′剖面中 b,c,d；Ⅱ—Ⅱ′剖面中 e,f,g,h；Ⅲ—Ⅲ′剖面中 i,j,k,l 等点，投影到水平切面图各剖面线相应的位置，得图 8-22(b)中的 $b',c',d',e',f',g',h',i',j',k',l'$ 等点。

(4) 对比连线

先把相邻剖面线上的相同构造(断层)点连接起来，再把断层同一盘的相同层位的煤层、标志层和含水层等连接起来。连图时，要充分考虑实测的产状资料，如图 8-22(b)中的 c' 和 h' 连接起来为 F_7 断层，e' 和 k' 连接起来为 F_8 断层。Ⅲ—Ⅲ′剖面线附近 F_8 和 F_9 之间的 B_4 煤层，是根据 j' 点位置结合 −315 m 水平 F_8 上盘 B_4 煤层产状绘制出来的。

在对比连接各种地质界线时，还有两个问题需要加以说明。

① 断层两侧煤层的连接方法：如图 8-23 所示，断层上盘煤层和下盘煤层都只有一个投影点，如何从这一点连至断层，需要采取以下做法。

在图 8-23 中，F_2 断层上盘 V_1 煤层在Ⅰ—Ⅰ′剖面和Ⅱ—Ⅱ′剖面与 F_2 断层的交点分别为 A 和 B，把 A 和 B 投影到水平切面图上，得 A' 和 B' 两点，连接 A' 和 B' 两点，$A'B'$ 就是断

层上盘 V_1 煤层断煤交线在水平切面图上的投影线。$A'B'$ 与断层 F_2 走向线的交点 C 即该断层上盘 V_1 煤层的具体位置。由于 C 在 F_2 断层上盘 V_1 煤层断煤交线的投影线上，因此，C 点是 V_1 煤层与断层的交点；又由于 C 点又在 F_2 断层－200 m 等高线上，所以，C 点在－200 m 水平切面上。因此，通过 C 点连接上盘 V_1 煤层，便是－200 m 水平 F_2 断层上盘 V_1 煤层线。同理，可作出－200 m 水平 F_2 断层下盘 V_2 煤层线。

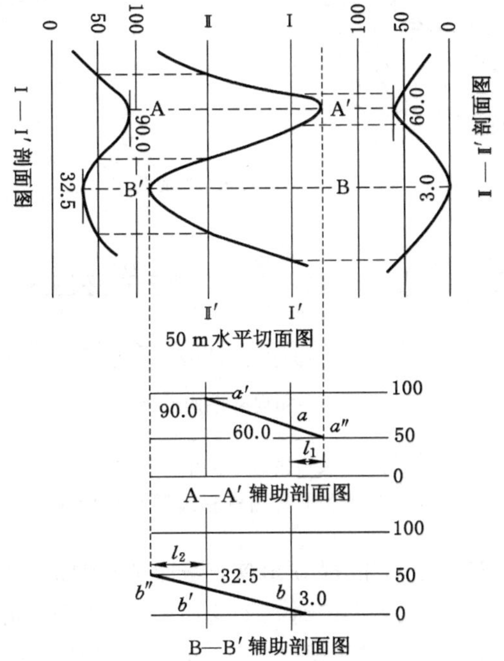

图 8-23　水平切面图褶曲转折端的绘制

② 褶曲转折端的绘制：编制水平切面图时，对于褶曲转折端一般需要沿褶曲轴作辅助剖面，求出枢纽倾伏线与水平面的交点。在图 8-23 中，沿背斜轴作 A—A′辅助剖面，沿向斜轴作 B—B′辅助剖面，并作出背、向斜的枢纽倾伏线 aa' 和 bb'。然后分别向下和向上延长 aa' 和 bb'，与 50 m 水平高程线分别相交于 a'' 和 b'' 点，即枢纽倾伏线与 50 m 水平的交点。分别量出 a'' 和 b'' 点到剖面线的距离 l_1 和 l_2，分别按照距离 l_1 和 l_2 在水平切面图上确定 A′和 B′点，再用平滑曲线过 A′和 B′点把褶曲转折端连接起来即可。

2. 根据井巷实测资料编制水平切面图

（1）准备底图及编图资料

在已开拓的水平，可利用已测绘的分水平巷道图作为编图的底图。若没有分水平巷道图，则应根据编图的比例尺和编图范围准备底图。底图上要准确地绘上经纬线和地质剖面线，并根据测量资料投绘该水平的全部巷道及穿过该水平的全部钻孔。

（2）填绘地质资料

按照坐标，把井下地质编录资料填绘在平面图上，一般是绘制巷顶的地质情况，即地质界线与巷顶的交线。要逐点、逐条填绘煤层的名称、位置、产状和厚度；主要标志层和含水层的名称、位置、产状；断层的位置、产状、性质、落差及主要断层的名称；褶曲轴的位置、方向及两翼岩层的产状、地层分界点和其他地质现象。

(3) 利用巷道地质资料填绘水平切面图

现以图 8-24 为例,说明利用巷道地质资料填绘水平切面图的方法。

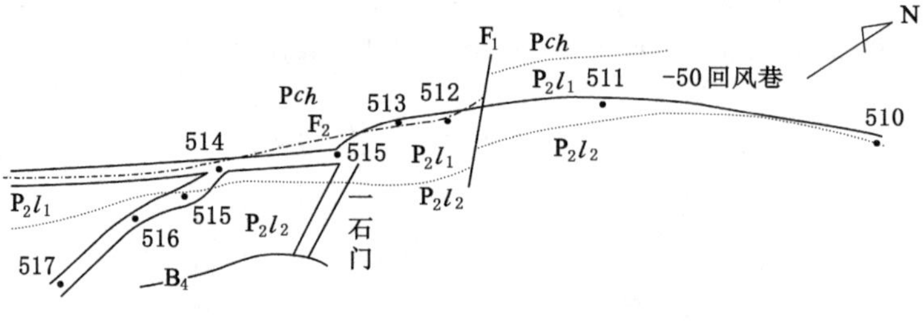

(a) -50水平切面图

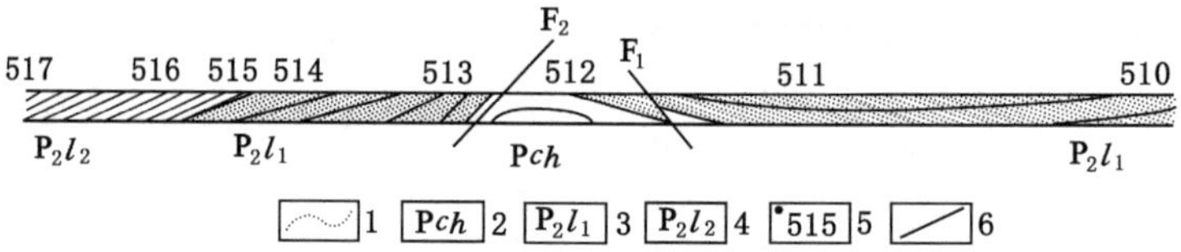

(b) -50回风巷剖面(右帮)

1—地层界线;2—栖霞阶;3—关山段;4—老山段;5—测点及编号;6—煤层。

图 8-24 根据水平实测资料编制水平切面图

① 填绘风巷中的地层和断层。根据巷道实测剖面图和断面图,按照走向填绘地层界线、断层面与巷顶的交线。图中测点 510 到 511 这段巷道,右帮(北帮)为官山砂岩,从巷顶切面图上可以看到,官山段(P_2l_1)与老山段(P_2l_2)地层界线从巷顶通过。这时可依据断面所在位置和巷顶地层界线点离左右帮的距离,把地层界线点标在水平切面图上。在测点 515 附近,实测剖面图中的官山段和老山段的界线与巷顶的交点,可根据与附近测点的距离标定在水平切面图上。同样,利用实测剖面图把 F_1 和 F_2 断层填绘在水平切面图上,并按照断层走向作出断层迹线。

② 填绘一石门中的地层和煤层。在石门右帮实测地质剖面图中,有官山段(P_2l_1)与老山段(P_2l_2)的界线,有 B_4 煤层顶底板的界线,应把它们与巷顶的交点填绘在图上,并按照附近实测产状做适当延展。

③ 分析对比、连接地质界线。在填好实际材料的底图上,细致地对比煤(岩)层和分析构造,根据实测产状连接煤层、标志层、含水层、地层分界线及各种构造线。

(三) 各种地质现象在水平切面图上的表现

各种地质现象在水平切面图上的表现与在地形平坦的地形地质图上的表现相似。这里不再赘述。

(四) 水平切面图的阅读方法

水平切面图的阅读方法与地形地质图的阅读方法相似,不同之处在于水平切面图上反映水平面上的地质情况,而地形地质图上反映地表面的地质情况。在水平切面图上,地层界线为地层层面与水平面的交线,即地层的走向线。同样,断层线也为断层的走向线。而在地形地质图上,由于受地形高低的影响,地层界线和断层线都遵循"V"字形法则。

（五）据水平切面图编制地质剖面图

在利用水平切面图编制地质剖面图时，既可以利用多个水平切面图编制地质剖面图，也可以利用一个水平切面图编制地质剖面图，其编图步骤如下。

1. 选择剖面位置

根据生产实际需要来确定剖面位置。剖面位置选定后，将剖面线标定在不同水平的水平切面图上。以图 8-25 为例，剖面线为 A—B。

2. 绘制剖面等深线

利用水平切面图绘制剖面图时，一般剖面比例尺不大于平面比例尺。首先根据平面与剖面图比例尺，计算出剖面图的长度和深度；然后在选定的图纸上，作出与水平切面图对应的等深线。图 8-25 中选定平面图与剖面图的比例尺一致，与水平切面图对应的等深线分别为－50 m 和－100 m。

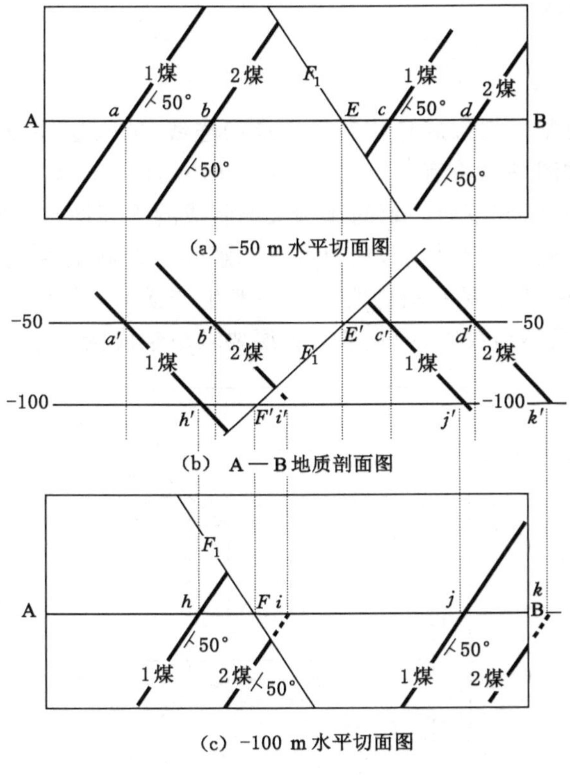

图 8-25　据水平切面绘制地质剖面示意图

3. 绘地质剖面

(1) 投绘地质界线点

将水平切面图上的剖面线与地质界线（地层分界线、不整合线、断层线等）的各交点按照其到基线的实际距离投影到水平切面图对应的等深线上。在图 8-25 中，－50 m 水平切面图的 a，b，E，c，d 对应于－50 m 标高等深线的 a'，b'，E'，c'，d'；－100 m 水平切面图的 h，F，j 对应于－50 m 标高等深线的 h'，F'，j'。

(2) 连接地质界线

连线时，先连断层线，再连断层同一盘的其他地质界线。−100 m 水平的 2 煤与剖面线没有交点，作图时，可将其沿走向延伸到剖面线 i 和 k，对应于 −100 m 的等深线为 i' 和 k'，上盘 2 煤因被断层切割，为虚交点，连接 2 煤时，将 2 煤实交点 b' 与虚交点 i' 连线，在断层的实交点一侧用实线，虚交点一侧不画线或用虚线表示。对于下盘的 k 点，因图幅限制，造成没有交点，若将图幅扩大，实际为实交点，连线时，将 d' 与 k' 直接连为实线即可。

利用一个水平切面图绘制地质剖面图时，由于每个地质界线在地质剖面图上都只有一个投影点，不能按照上述连线方法进行连线。其连线方法是：首先根据水平切面图给出的岩层、煤层和断层的产状，以及剖面与岩层、煤层和断层走向的夹角，通过作图或计算获得岩层、煤层和断层在该剖面的视倾向与视倾角；然后过地质剖面图上的地质界线投影点，按照其视倾向和视倾角向上下外延即可。由于岩层、煤层和断层在不同深度产状可能有变化，因此外延不要过大。

四、煤层底板等高线图

（一）煤层底板等高线图概述

1. 煤层底板等高线图的概念

煤层底板等高线是某一煤层底板相同标高点的连线，即煤层底板与任意标高水平面的交线。煤层底板等高线图则是将有一定等高距（如 10 m，20 m，50 m，…）的等高线，按照垂直投影法投影到水平面上，并按照一定的比例尺编制成的平面图件（图 8-26）。煤层底板等高线图能够反映煤层空间的形态特征，从中可以了解煤层产状的变化和各种地质构造的分布规律，是煤矿生产中极其重要的图件之一。一般生产矿井，特别是倾斜和缓倾斜煤层矿井，都必须编制煤层底板等高线图，而且各个煤层要求单独成图。

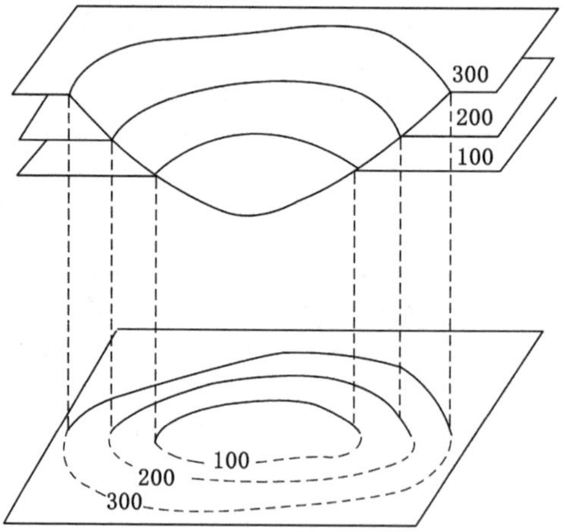

图 8-26　煤层底板等高线平面投影

2. 煤层底板等高线图的内容

煤层底板等高线图主要包括以下内容。

① 地形地物：主要有地面河流、铁路、工业广场、居民点、高压线路等，有时还包括地形等高线。

② 地质界线：主要包括煤层底板等高线、断层与煤层底板（底面）的交面线（断煤交线）、

褶曲枢纽线、煤层露头线、煤层风氧化带界线、煤层分叉界线、岩浆岩侵入体界线、岩溶陷落柱界线、古河流冲刷煤层的界线等。

③ 井巷工程：穿过本煤层的全部井上下钻孔、勘探线及编号、生产矿井的巷道、老窑及采空区范围、井筒（主、副、风井）的位置、井下回采工作面范围及编号、回采进度界线及探煤点煤厚等。

④ 其他：包括经纬线、井田边界线、见煤钻孔小柱状、煤质主要指标小表、储量分级线、块段界线及编号、储量计算块段表等。

3. 煤层底板等高线图的作用

煤层底板等高线图可以帮助了解煤层层面的立体概念，掌握煤层产状变化和地质构造变化规律。它是煤矿井巷布置、编制生产计划、安排采掘生产的重要依据，是分析地质构造规律、布置生产勘探、进行储量计算的基础图件，也是编制煤层顶板岩性分布图、瓦斯地质图等分析图件的底图。

（二）煤层底板等高线图的编制方法

1. 利用地质剖面图编制煤层底板等高线图

在煤田地质勘探阶段，主要利用地质剖面图编制煤层底板等高线图（图 8-27）。在煤矿建设和生产中，结合井巷工程揭露的地质资料，对煤层底板等高线图进行修编。

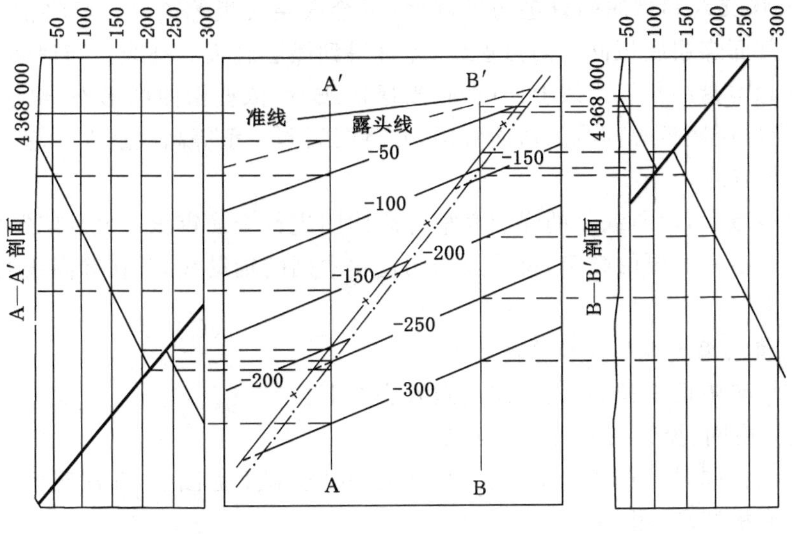

图 8-27　用剖面法编制煤层底板等高线图

(1) 绘制方格网

一般图的方位应是上北下南、左西右东。煤层露头方向（煤层大致走向）与成图的长边一致，方格网经线的指北方向指示成图的正上方或斜上方，并注明经（纬）线的横（纵）坐标。

(2) 投绘钻探及井巷工程

将钻孔及煤层揭露点底板按照其坐标投绘到平面图上，按照坐标将井巷工程投绘到平面图上，并标明各钻孔及井巷工程揭露煤层底板（其实是底面）的标高。

(3) 绘制剖面线

按照地质剖面的实际位置和方位，将地质剖面线投绘在平面图上。地质剖面图的方位一般垂直于煤层走向，钻孔一般位于剖面线上。

（4）投绘煤层底板标高及断煤点

以经纬线或准线作为基准线，把每个剖面上各水平标高线与煤层底面的交点，各断层上下盘断煤点，以及剖面切过所作煤层底板褶曲面的脊（槽）点，对应地投影到剖面线上（如图 8-27 剖面图的铅垂断线）。

（5）连煤层底板等高线

将相邻剖面煤层底板相同标高点连线，即可得到煤层底板等高线。由于受断层、褶皱构造的影响，煤层底板等高线并不是平直、连续的直线，而是弯曲的断线，因此，在连煤层底板等高线时，应注意以下 3 点。

① 如果有断层，应先连断煤交线。其方法是将相邻剖面同一断层、同一断盘的断煤点依次连线，即得到上下盘断煤交线。为了区分上下盘断煤交线，上盘断煤交线用点断线、下盘断煤交线用叉断线来表示（图 8-27）。

② 如果有褶皱，在已经作出断煤交线的基础上，将相邻剖面同一褶曲的脊（槽）点连线，即可得到脊迹和槽迹。脊迹和槽迹既可以是连续的（无断层时），也可以是断续的（有断层时）。

③ 绘完断煤交线和褶曲的脊迹与槽迹后，再绘煤层底板等高线。可将褶曲同一翼、断层同一盘相邻剖面煤层底板同标高点连线，即可得到煤层底板等高线。当遇断层时，煤层底板等高线延伸到本盘的断煤交线上而中断；当遇褶皱时，依据褶曲的形态、煤层底板标高的变化规律，确定煤层底板等高线的弯曲方向，并将两翼同一条等高线连在一起。

（6）审核与清绘

从原始资料着手，对所编制的煤层底板等高线图进行全面审核。发现问题要及时修改，并除去图面上一些不必要的数字、符号及作图过程中画的辅助线，并在等高线的一定位置上标明高程值。

2. 利用插值法编制煤层底板等高线图

该方法在煤矿中运用较多，其具体编制方法如下。

（1）绘制方格网、投绘钻探及井巷工程

与上述方法相同，按照坐标，将钻孔、井巷工程投绘到平面图上，并注明各钻孔及井巷工程揭露的煤层底板标高（图 8-28）。

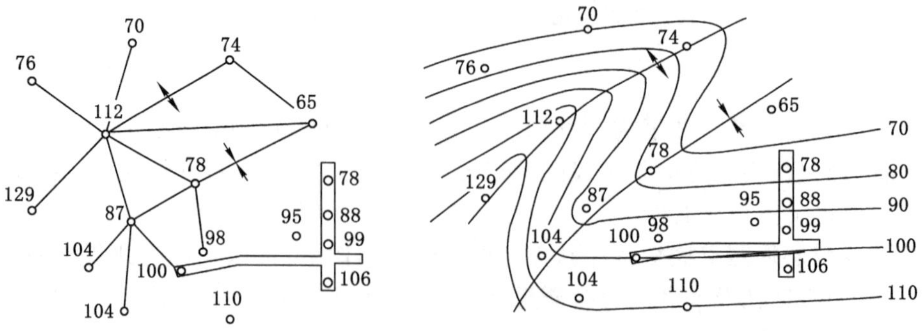

图 8-28　用插值法编绘煤层底板等高线图

（2）分析煤层底板标高点的分布特点

认真分析各煤层底板揭露点标高在平面图上的分布特点，找出高值点和低值点，并将高值点与低值点分别连线。高值点是指其值明显高于周围揭露点标高的点，低值点是指其值明显低于周围揭露点标高的点。然后结合已掘巷道的分布情况，粗略地判断出编图范围内的构造轮廓，标出褶曲轴的大致方向及位置。

编图区如果发育断层，根据勘探工程揭露的断层，要初步划分出同一断盘的煤层底板标高点。

（3）连三角网

根据煤层底板标高点的分布特点，在判断编图范围内地质构造轮廓的基础上，将同一构造单元（同一断盘或同一褶曲翼）上相邻煤层底板的揭露点相连，连接成三角网（图 8-28）。

煤层虽然在大面积内为曲面，但在 3 个揭露点控制的小范围内，可以近似地看作平面。连三角网时，要特别慎重，不能将相距太远的两点相连，以避免跨越褶曲轴及断层两盘而歪曲地质构造形态。

（4）内插标高点

根据煤层底板等高线图的比例尺及相邻等高线的高差，利用插值的方法，在两个相邻钻孔间内插出相应等高线应通过的标高点。

（5）连煤层底板等高线

按照合理的顺序，将同一断盘或同一褶曲翼煤层底板标高相同的点连成圆滑曲线，即煤层底板等高线。连等高线时，要注意煤层走向的变化，防止漏掉断层，并且只能将等高线延伸到本盘断煤的交线。

（6）审核与清绘

与上述方法相同，应进行认真仔细的审核与清绘。

（三）断煤交线的编制方法

在煤层底板等高线图上，断层是用断层面与煤层底面交线（断煤交线）表示的。生产实践表明，用断煤交线表示断层能够正确地推断断层在煤层中的位置和延展方向，进而能够正确地进行采区和工作面布置，以及确定巷道沿断层或过断层的掘进方向。断煤交线位置确定得正确是编制煤层底板等高线图的关键。编制断煤交线一般采用下列 3 种方法。

1. 井下实测断煤交线

目前，很多煤矿在井下直接测量出断煤交线的倾伏方向，并将其直接投影到煤层底板等高线图上，然后作出断煤交线。其测量方法是将巷道两帮所揭露的同一断层迹线与同一盘煤层底板的交点连线（断煤交线），用罗盘直接测量其倾伏方向。

2. 利用地质剖面绘制断煤交线

首先将地质剖面图上所作煤层上下盘的断煤点投影在水平面上，然后将相邻剖面同一断盘的断煤点依次连线，即可得到断煤交线。

如图 8-29 所示，在两条上山巷道中见到同一断层，剖面图中断煤交点 a，d，b，e 至测量点的水平距离分别为 l_1，l_2，l_3，l_4。把它们投绘到平面图上，并将同一盘的断煤交点连接起来，便得该煤层的断煤交线。图中 ab 为上盘断煤交线，de 为下盘断煤交线。因为 df 线的方向（d 与 f 点为同一断层面上标高相同的两点连线，为走向线）其实是断层的走向，不能反映断层在煤层中的位置，所以，按照断层走向线来推断断层在煤层中的延展方向必然造成错误。

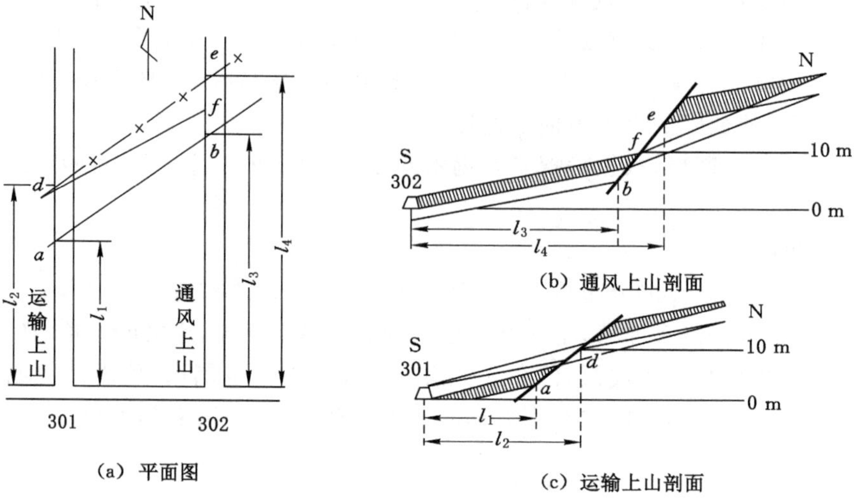

图 8-29 根据巷道剖面绘制断煤交线

3. 断层面等高线法

最常用的方法是利用巷道实测或三点法。如图 8-30 所示，在－150 m 巷道中，见正断层上盘煤层底板断失点 F，实测煤层产状为 158°∠30°，断层产状为 202°∠45°，断层的落差 H＝17 m。要求根据测定的产状绘制断煤交线，并推测－200 m 水平见断层的位置。其具体做法如下。

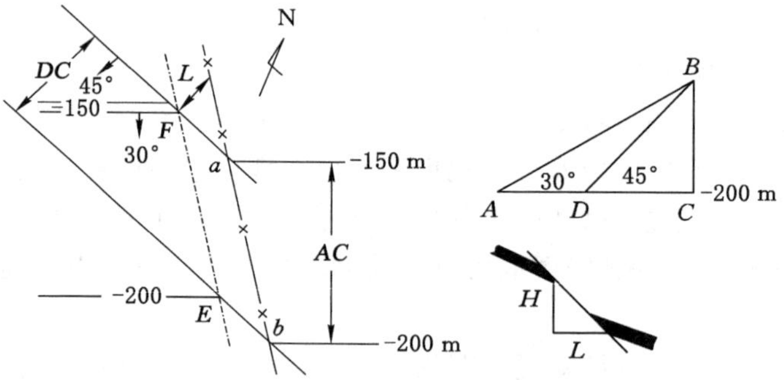

图 8-30 用断层面等高线作断煤交线

(1) 绘制煤层与断层面等高线

首先通过断失点 F，按照煤层和断层走向绘制断层上盘煤层底板和断层面－150 m 标高等高线；其次利用相同的等高距(50 m)为对边，根据煤层倾角(30°)和断层倾角(45°)，分别绘制两直角三角形(△ABC 和△DBC)，则三角形的底边 AC 和 DC 分别代表煤层和断层面高差为 50 m 的两条相邻等高线的平距；最后根据煤层和断层的倾向，用此平距分别作出断层上盘煤层底板和断层面－200 m 的等高线。若断层上盘－200 m 的水平巷道已开始掘进，在正常情况下，巷道的方向就是－200 m 煤层底板等高线。

(2) 连接上下盘断煤交线

煤层底板和断层面相同标高等高线的交点（E 和 F）的连线即上盘断煤交线。要绘制下盘断煤交线，必须了解断层的落差和位移方向。通过作垂直于断层走向的辅助剖面，断层平错为 L，根据平错 L，可作出下盘断煤交线。

(3) 作煤层走向平行线

通过下盘断煤交线与断层面等高线的交点 a（－150 m）和 b（－200 m），作煤层走向的平行线，即作出下盘煤层－150 m 和－200 m 等高线。

此外，在生产过程中，还可以利用岩巷揭露的资料、上部煤层中断层资料及两水平切面图上资料来绘制断煤交线。

（四）地质现象在煤层底板等高线图上的表现

1. 单斜构造在煤层底板等高线图上的表现

单斜构造在煤层底板等高线图上一般表现为一组直线。当煤层走向与倾角不变时，等高线大致平行而均匀。若倾角发生变化，则等高线疏密不均，且等高线越密，煤层倾角越大；若走向发生变化，则等高线成为一组曲线（图 8-31）。当煤层发生倒转时，煤层底板等高线表现为不同标高等高线的交叉（图 8-32）。

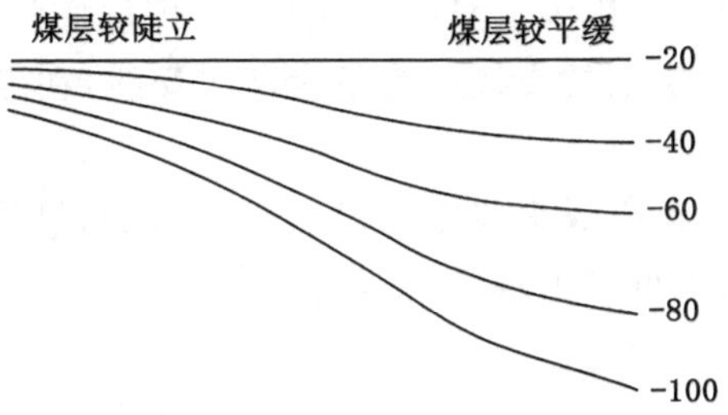

图 8-31　沿走向倾角发生变化时的煤层底板等高线（单位：m）

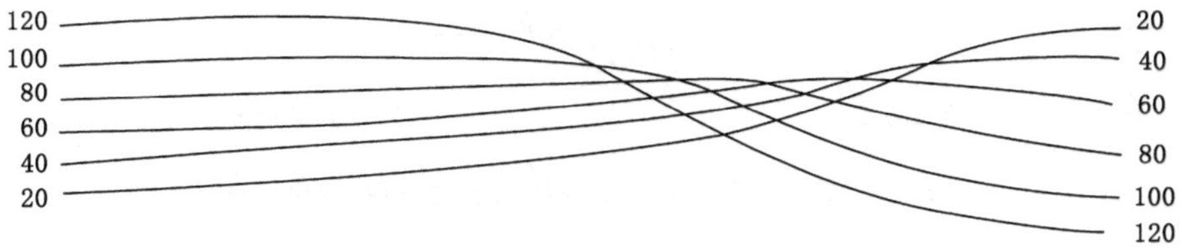

图 8-32　地层倒转使煤层底板等高线发生交叉（单位：m）

2. 褶曲在煤层底板等高线图上的表现

褶曲构造因其形态不同，在煤层底板等高线图上的表现也存在差异。为倾伏褶曲时，表现为一组半封闭的曲线[图 8-33(a)]；为水平褶曲时，表现为一组平行的直线[图 8-33(b)]。

无论煤层底板等高线的形态如何，两翼等高线均对称出现，靠近褶曲轴的煤层底板等高线标高相对较低，而远离褶曲轴的煤层底板等高线标高相对较高者为向斜；反之，则为背斜（图 8-33）。

3. 断层在煤层底板等高线图上的表现

由于断层把煤层切断，并使其两盘沿断层面发生位移，使煤层失去连续性和完整性，其

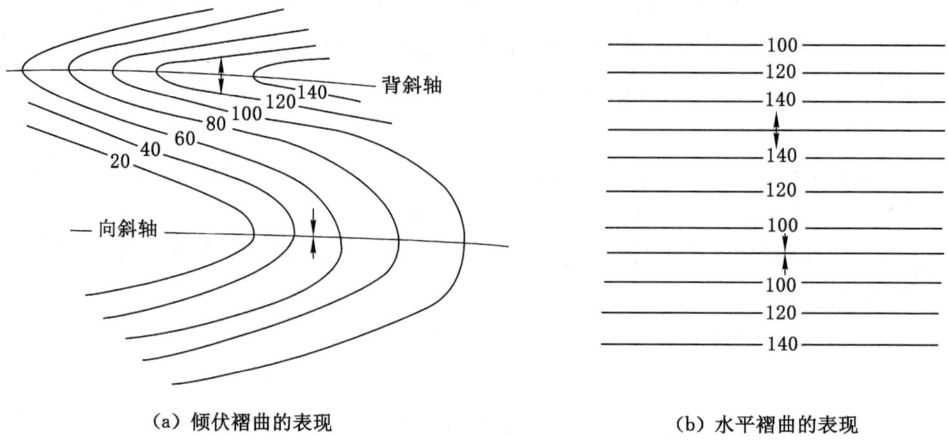

图 8-33　褶曲在煤层底板等高线图上的表现(单位:m)

煤层底面不再是连续的面,等高线在断层处出现中断。

将上盘煤层与断层面的交线称为上盘断煤交线,在煤层底板等高线图上用断线加点号表示(点断线);下盘煤层与断层面的交线称为下盘断煤交线,在煤层底板等高线图上用断线加叉号表示(叉断线)。

一般情况下,正断层上下盘断煤交线之间没有等高线通过[图 8-34(a)],逆断层上下盘断煤交线之间同一标高等高线重复出现[图 8-34(b)]。

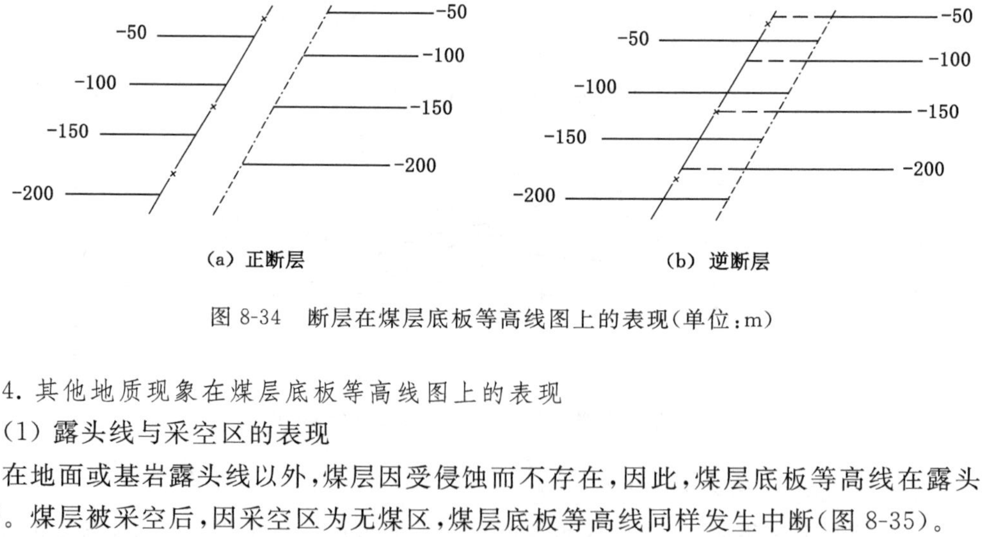

图 8-34　断层在煤层底板等高线图上的表现(单位:m)

4. 其他地质现象在煤层底板等高线图上的表现

(1) 露头线与采空区的表现

在地面或基岩露头线以外,煤层因受侵蚀而不存在,因此,煤层底板等高线在露头线处中断。煤层被采空后,因采空区为无煤区,煤层底板等高线同样发生中断(图 8-35)。

(2) 煤层尖灭和被冲蚀的表现

煤层发生尖灭时,尖灭线以外不存在煤层,煤层底板等高线中断;煤层被冲蚀时,冲蚀区被碎屑岩所代替,煤层底板等高线中断(图 8-36)。

(3) 岩浆侵入体和岩溶陷落柱的表现

岩浆侵入和岩溶陷落都能形成相当大的无煤区,岩浆侵入体和岩溶陷落柱的界线可将煤层底板等高线切断(图 8-37)。

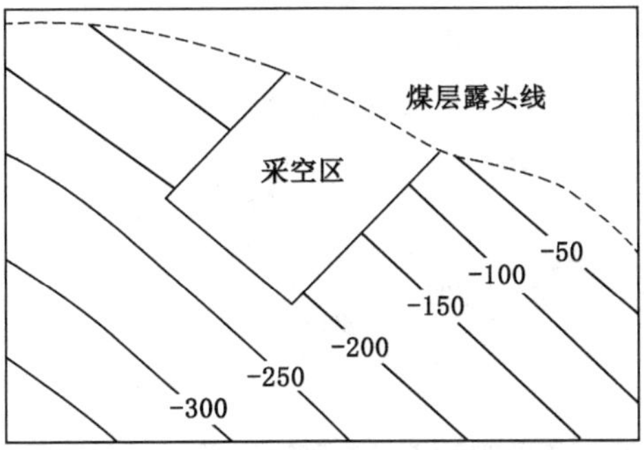

图 8-35　煤层底板等高线遇露头线和采空区时的表现(单位:m)

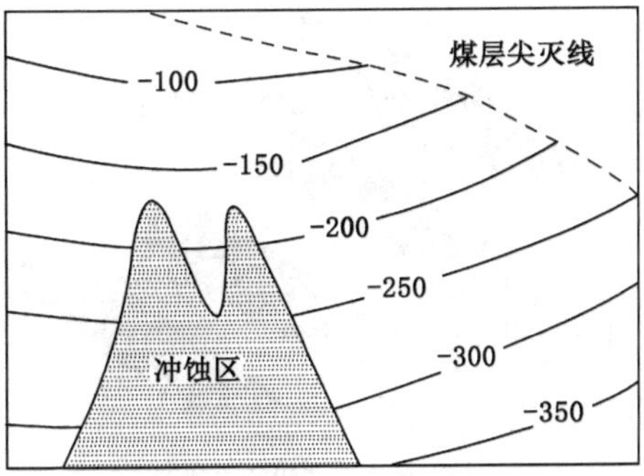

图 8-36　煤层底板等高线遇煤层尖灭和冲蚀时的表现(单位:m)

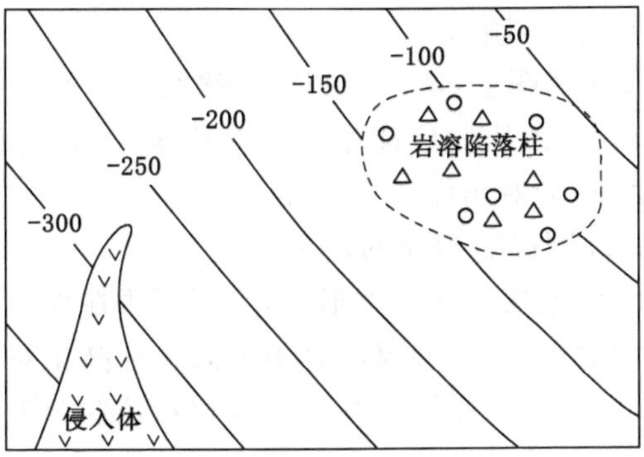

图 8-37　煤层底板等高线遇岩溶陷落柱或岩浆侵入体时的表现(单位:m)

（五）煤层底板等高线图的阅读方法

1. 阅读图名、比例尺和编制时间

图名可以说明煤层底板等高线图所在的地理位置及煤层号;比例尺说明实物缩小的程度和地质构造在图上表示的精度,煤层底板等高线图一般采用的比例尺为 1∶10 000 或 1∶5 000,构造复杂的井田、井型较小的矿井及反映采区或采煤工作面的煤层底板等高线图,一般采用 1∶2 000 的比例尺;编图时间能说明所用资料的新旧情况。

2. 分析煤层底板等高线的变化特征

可根据煤层底板等高线了解煤层在横向上的起伏变化,煤层的最高点、最低点及相对高差等,确定煤层的产状及其变化,进而可以确定褶曲构造的基本形式。

(1) 利用煤层底板等高线图确定煤层产状

煤层的走向线是煤层底面与任意标高水平面的交线。在煤层底板等高线图上,等高线即煤层走向线,等高线的延伸方向即走向。等高线的垂线即倾向线,倾向线指示等高线由高到低变化的方向,即煤层倾向。走向、倾向的方位可用量角器量取(图 8-38)。倾角是倾斜线与倾向线的夹角,在以两条相邻等高线高差(H)与水平距(L)为直角边的直角三角形中,实际上是高差的对角(α)。因此,可以通过计算或作图求解煤层的倾角。

① 计算法:在岩层面等高线图上,直接量出两条相邻等高线的水平距(l),依据作图比

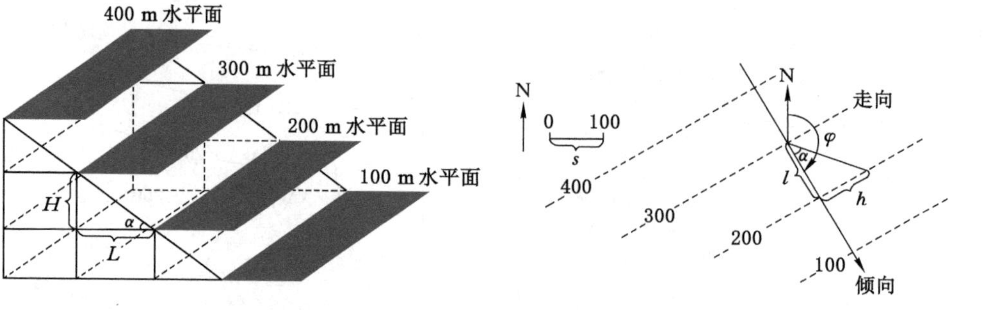

(a) 求煤层产状的立体图　　(b) 求煤层产状的煤层底板等高线图(数字单位：m)

图 8-38　利用单斜煤层底板等高线确定煤层产状

例尺计算出实际长度(L)，结合这两条等高线的高差(H)，利用公式 $\tan\alpha=H/L$ 计算出倾角的正切值，再用反正切函数求出倾角。

② 作图法：在岩层面等高线图上，两条相邻等高线在图中的水平距(l)已知。根据两条相邻等高线的高差(H)，依据作图比例尺计算出图中长度(h)，作以 h 和 l 为直角边的直角三角形，用量角器量出长度(h)的对角(α)，即倾角。

(2) 利用煤层底板等高线图确定褶曲的基本形式

利用煤层底板等高线图确定褶曲的基本形式，参照褶曲在煤层底板等高线图上的表现，中间煤层底板等高线标高相对较低，四周煤层底板等高线标高相对较高者为向斜；中间煤层底板等高线标高相对较高，四周煤层底板等高线标高相对较低者为背斜(图 8-33)。

3. 确定断层产状、断距及性质

(1) 确定断层产状

在煤层底板等高线图上，断煤交线是煤层顶(底)面与断层面的交线，它既在断层上，又在煤层上。因此，只要在断煤交线上找到断层面两个同标高点，将其连线即可。煤层底板等高线与断煤交线交点的标高与煤层底板等高线的标高线相同，连接上下盘同标高等高线与各自断盘断煤交线的交点，即可获得断层面等高线(图 8-39)。AB 和 CD 分别是断层面－50 m 和－100 m 等高线。按照求煤层走向、倾向和倾角的方法确定断层走向、倾向和倾角。

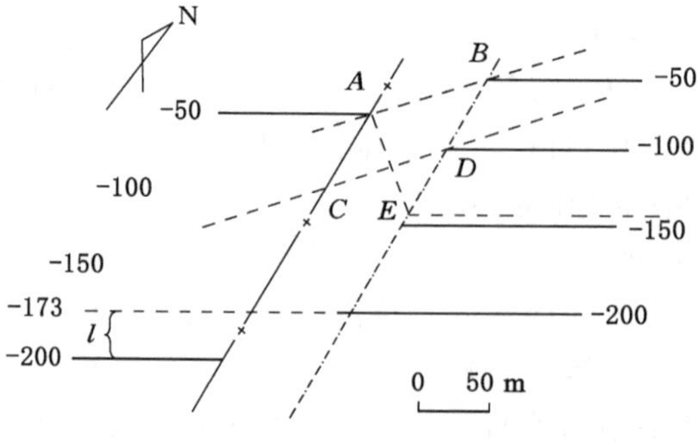

图 8-39　利用煤层底板等高线确定断层产状、断距及性质(单位：m)

（2）确定断层断距

在煤层底板等高线图上确定的断距主要有水平地层断距、铅垂地层断距和落差。

① 水平地层断距。水平地层断距是断层两盘同一标志层的水平距离。在煤层底板等高线图上确定水平地层断距时，量出断层两盘煤层底板同标高等高线的水平距离(l)，按照比例尺进行换算，即可获得水平地层断距。

在图 8-39 中，断层两盘－200 m 等高线的水平距离为 l，按照比例尺计算出图面长度 l 所代表的实际长度，即所求断层的水平地层断距。

② 铅垂地层断距。它是断层两盘同一标志层的铅垂距离，在任意方向的剖面均不变。在煤层底板等高线图上确定铅垂地层断距时，可将一盘的某一标高煤层底板等高线延伸到另一盘，与另一盘某一标高等高线重合，这两条重合等高线的标高差即断层的铅垂地层断距。在图 8-39 中，将断层上盘－200 m 等高线延伸到下盘，与下盘－173 m 等高线重合，两条重合等高线的高差为 27 m，因此，所求断层的铅垂地层断距为 27 m。

③ 落差。断层落差是在垂直于断层走向的剖面上，断层两盘同一标志层与断层面交点的标高差。在煤层底板等高线图上确定断层落差时，可在煤层底板等高线图上直接作断层走向线(断层面等高线)的垂线，与两盘断煤交线各有一个交点，两个交点的标高差即落差。在图 8-39 中，过断层面－50 m 等高线与下盘断煤交线的交点(A)，作断层面－50 m 等高线的垂线 AE，交于上盘断煤交线于 E 点，利用插值法，插出过 E 点的上盘煤层底板等高线(－146 m)，A 和 E 两点的标高差为 96 m，则所求断层的落差为 96 m。

（3）确定断层性质

正断层为上盘沿断层面倾斜线下滑、下盘沿断层面倾斜线上升的断层，逆断层为上盘沿断层面倾斜线上升、下盘沿断层面倾斜线下滑的断层。确定断层的性质，实际上是沿倾斜线确定断层两盘同一标志层与倾斜线交点的相对标高。当上盘交点标高低于下盘交点标高时，为正断层；当上盘交点标高高于下盘交点标高时，为逆断层。

利用煤层底板等高线确定断层性质时，可在煤层底板等高线图上直接作断层走向线(断层面等高线)的垂线，与两盘断煤交线各有一个交点，比较两个交点的标高，当上盘交点标高低于下盘交点标高时，为正断层；当上盘交点标高高于下盘交点标高时，为逆断层。在图 8-39 中，过下盘断煤交线的 A 点，作断层面等高线的垂线 AE，交于上盘断煤交线的 E 点，由于下盘断煤点 A 的标高为－50 m，上盘断煤点 E 的标高为－146 m，上盘断煤点的标高低于下盘断煤点的标高，因此，所求断层为正断层。

（六）利用煤层底板等高线图编制地质剖面图

煤矿开采阶段，大量的地质资料都反映在煤层底板等高线图上。在生产过程中，常利用煤层底板等高线图绘制地质剖面图，以此作为巷道设计的预测图，或利用煤层底板等高线图来修编地质剖面图。现以图 8-40 为例，说明利用底板等高线图编制剖面图的方法。

① 煤层底板－200，－150，－100 m 等高线及其延长线分别与Ⅰ—Ⅰ′剖面线交于 1，2，3，4，5，6，7，8，9 点，按照其位置和高程，分别直接投影到Ⅰ—Ⅰ′剖面，得 1′，2′，3′，4′，5′，6′，7′，8′，9′点。其中，1′，2′，3′，4′点为断层下盘煤层底板等高线与剖面线交点在地质剖面图上的投影点；6′，7′，8′，9′点为断层上盘煤层底板等高线与剖面线交点在地质剖面图上的投影点；5′点为断层上盘－150 m 标高煤层底板等高线沿走向延长与剖面线交点在地质剖面图上的投影点。

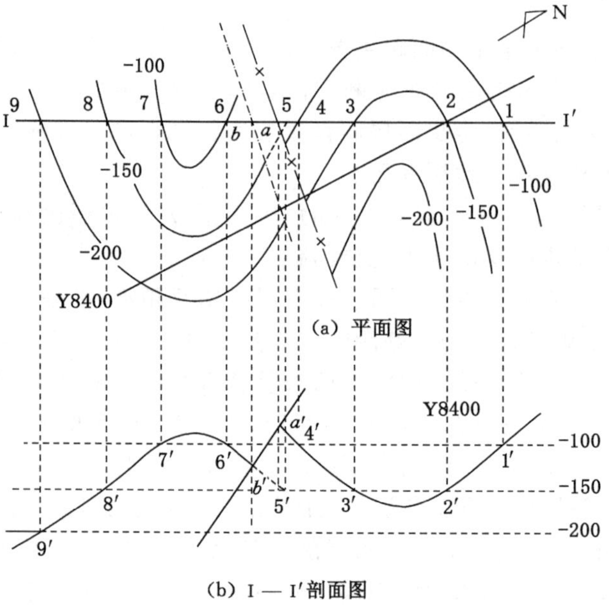

图 8-40　利用煤层底板等高线图编制剖面图(高程单位:m)

② 将剖面线与断煤交线的交点 a 和 b 用内插法求出 a 和 b 点的标高,再用投影法分别投影到Ⅰ—Ⅰ′剖面,得 a' 和 b' 点。连接 a' 和 b' 点,即断层线;依次连接 1′,2′,3′,4′点并延伸到断层线,即断层下盘的煤层线;连接 9′,8′,7′,6′,5′点,由 6′点终止于断层线,即断层上盘的煤层线。

也可依据 a 和 b 两点的水平位置,确定出在Ⅰ—Ⅰ′剖面的水平位置,并作铅垂线 aa',bb' 和 1′,2′,3′,4′点连线,并延伸到铅垂线 aa',交铅垂线 aa' 于 a',9′,8′,7′,6′,5′点连线,并与铅垂线 bb' 交于 b' 点,a' 和 b' 点连线即断层线。

五、其他常用图件

(一)地层综合柱状图

1. 地层综合柱状图概述

(1)地层综合柱状图的概念

地层综合柱状图是将一个地区的全部地层,按照其形成时代的先后顺序、接触关系及各层位的厚度等,自下而上编制的图件(图 8-41)。它是在一个地区开展各项地质工作的基础地质图件。最原始的地层综合柱状图在野外地质工作中取得。首先通过野外地质调查,确定地层层位及关系;其次实测地质剖面,计算出各个地层的厚度;最后根据各个地层的厚度,按照一定的比例尺,自下而上用岩性符号绘出地层柱状图。

(2)地层综合柱状图的内容

地层综合柱状图中通常包括:年代地层单位(岩性地层单位),上下地层接触关系,地层代号及厚度,岩性柱状及岩性、侵入体、化石、矿产描述,图名和比例尺等。比例尺一般为 1∶200～1∶1 000,对标志层和煤层要适当放大比例。

(3)地层综合柱状图的作用

地层综合柱状图不仅可使人们了解一个地区自下而上的地层层序、厚度、岩性等,而且

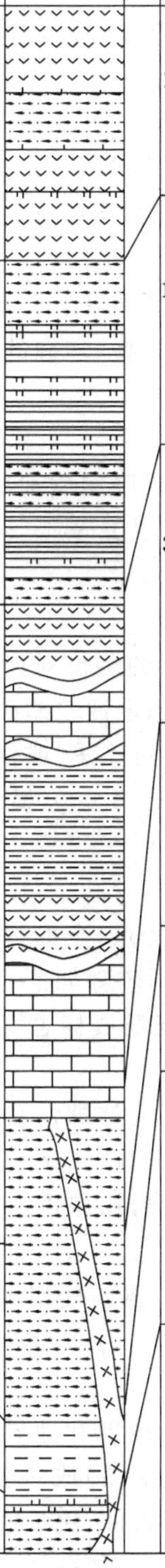

界	系	统	组	代号	柱状图 1:4 000	厚度/m	岩性及古生物简要特征	资料来源
中生界	白垩系	下统	沙海组	K_1sh		1 230	灰黄色砾岩、含砾砂岩，夹灰紫、灰绿色砂岩以及灰黑色泥质粉砂岩，含煤五层，产： *Psittacosaurus chaoyang* 恐龙 *Yanjiestheria venusta* 叶枝介 *Pseudoestherites jianchangensis* *Cypridea unicostata* 介形虫	冰沟剖面
			九佛堂组	K_1jf		1 650	灰色、灰绿色页岩，粉砂质页岩夹粉砂岩及砂岩，含油页岩。下部为凝灰质砂岩，粉砂质岩夹灰白色砂岩，底部含安山质砾岩。产： *Lycoptera davidi* *Ephemerspsis trisetalis* *Easestheris yabagouensis* *Ejiufotangensis* 叶枝介 *Sphaerium jeholonse* 双壳类 *Nakamuranaia chingshsanenisi*	九佛堂剖面
			义县组	K_1y		3 830	上段为安山岩段，以安山岩、流纹岩为主，夹安山质凝灰岩、安山质火山角砾岩。下段为砂砾岩段，以灰白、黄绿色中至粗砂岩及灰色、灰绿色粉砂质页岩为主，夹页岩及凝灰岩和厚层安山岩。底部为灰黄色凝灰质粉砂岩，常相变成灰紫色安山质火山角砾岩与细砂岩互层。产： *Ephemeropsis trisetalis* *Ferganoconena sibirica* *Sphaerium jeholense*	谷家岭剖面
						600	上部以灰紫色粉砂岩为主，偶夹粗砂岩及砾岩薄层。下部以砾岩为主，夹砂岩，含砾砂岩。该组岩性及厚度变化大，汤神庙一带以灰紫色厚层中细砾岩为主，夹砂岩及粉砂岩，厚约 1 km，在古家岭一带变为紫色粉砂岩、页岩，厚仅 280 m，再向底以紫色砾岩为主，厚度大于 1 km。	
						650	主要由灰紫、灰绿色安山岩、集块岩组成，间夹玄武岩、凝灰质砂岩及沉积岩夹层，该组分布比较稳定。	
	侏罗系	上统	土城子组	J_2t		320	灰、灰黑色粉质页岩、炭质页岩，夹粉砂岩、细砂岩、细砾岩薄层。含煤 4～5 层，局部可采。产： *Neocalamites carrerei* *Marattiopsis muensteri* *Cladophlebis of fukiesis* *Nilssonia Rendalli* *Czekanowskia rigida*	杨树沟剖面
		中统	蓝旗组	J_2l				
		下统	北票组	J_1b		330	上部为砖红色细砂岩与粉砂岩互层，夹灰白色薄的砖层砂岩。下部为浅灰紫色含砾粗砂岩，薄层细砂岩，交错层理普遍发育。产： *Equisetum arenaceum* *Schizoneura-Echinotachys paradoxa* 奇异裂脉状 *Aetheophyllum stipulare* 斯梯波拉奇异叶 *Yuccites vogesicus* *Cycadocarpidium plioum* 准苏铁果	
	三叠系	下统	红砬组	T_1h				

图 8-41　建昌-喀左盆地地层综合柱状图

可以根据地层柱状图,分析该地区概略的地质发展历史。

2. 地层综合柱状图的编制

地层综合柱状图的编制方法比较简单。首先确定柱状图的比例尺;其次按照一定的格式画好图头;最后将地层单位、岩性柱状、地层或煤岩层厚度、岩性描述等,从下而上,由老到新,逐一填入有关栏内。编制时,应注意以下几点。

① 岩性柱状要用规定的符号表示。

② 如有不整合面或假整合面出现,要在岩性柱状图中表现出来。

③ 煤(岩)层的厚度一般采用平均值。为了了解煤(岩)层厚度的变化情况,可将它的极值(最大值或最小值)写在厚度栏内。

④ 岩性描述应尽可能详细,并将标准化石或常见化石列出。

随着一个地区地质工作的不断深入,研究程度不断提高,掌握的资料更加全面,地层综合柱状图要经常修编。

3. 地层综合柱状图的阅读

阅读地层综合柱状图时,一般按照自下而上的地层层序阅读地层的地质年代、厚度、岩性及所含化石,同时要了解地层的接触关系、岩浆侵入的层位等。

(二) 煤(岩)层对比图

(1) 煤(岩)层对比图概述

煤(岩)层对比图是反映井田范围内各煤层和标志层的层位对比情况,以及主要煤层的分布情况和稳定程度的图件。它是煤层层数较多、煤层稳定性较差矿井的必备图件。

矿井地质部门主要利用石门和钻孔资料编制煤岩层对比图,或仅编制石门柱状对比图、分水平石门柱状对比图。该图纵向比例尺为 1∶500 或 1∶1 000,横向可不按照比例而顺序等距排列。

(2) 煤(岩)层对比图的编制

在编制煤(岩)层对比图时,只有充分考虑煤系沉积特点,全面揭示对比标志,综合运用对比方法,才能使对比结果更加切合实际。其具体的编图步骤如下。

① 选择基准线。以工作区分布较广且层位稳定的煤层或标志层作为基准线,把基准线画成水平线。在图 8-42 中,以 3 煤底板作为基准线。

② 作小柱状图。以基准线为基准,按照一定的比例尺整理钻孔或石门的小柱状图,并按照一定的顺序排好。一般地,煤(岩)层对比图的水平比例尺应小于垂直比例尺。

③ 确定连线的层位。所有小柱状图整理好后,对各岩层厚度、间距、岩性、古生物等特征进行分析研究,初步确定连线的层位。

④ 连线。先将大的地层界线、主要标志层连接起来,再连接其他岩层界线,即完成了煤(岩)层对比图的绘制。

(三) 水文地质图

水文地质图是反映一个地区地下水情况及其与自然地理和地质因素相互关系的图件。它是根据水文地质调查的结果绘制的。通常由一张图(主图)或一套相同比例尺的辅助图件,来表示含水层的性质和分布以及地下水的类型、埋藏条件、化学成分、涌水量等。

主图是为了对区域地下水的形成与分布建立总的概念而编制的反映主要水文地质特征的综合性图件,即综合水文地质图。辅助图件则包括基础性图件(如地质图、地貌图、实际材

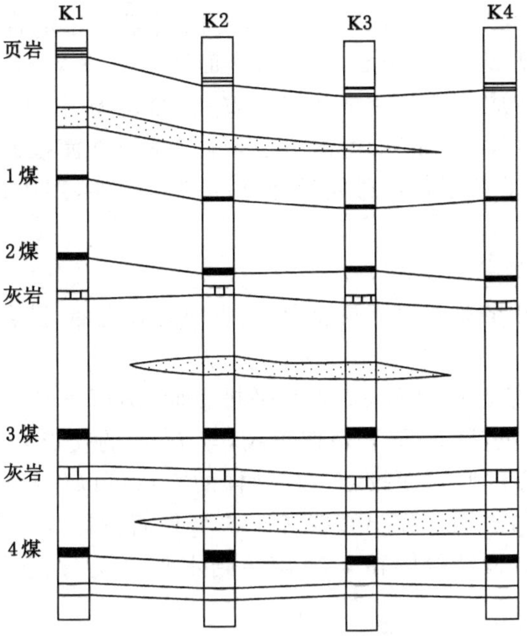

图 8-42　某井田煤(岩)层对比图

料图等),地下水单项特征性图件(如潜水等水位线及埋深图、承压水等水压线图、水化学类型分区图、地下水储量分区图等),以及专门性水文地质图(如供水水文地质图、矿区水文地质图、环境水文地质图、地下水开采条件分区图等)。一般小面积的用大比例尺,是针对某一方面或某一项自然改造利用而编制的图件。

生产矿井最常见的水文地质图有充水性平面图、矿井富水性图、水文地质剖面图。其中,水文地质剖面图除反映地质情况外,还应反映许多水文地质内容,如含水层的分布、地下水的水位、地下水的流向、泉和溶洞的分布及必要的抽水资料等(图 8-43)。

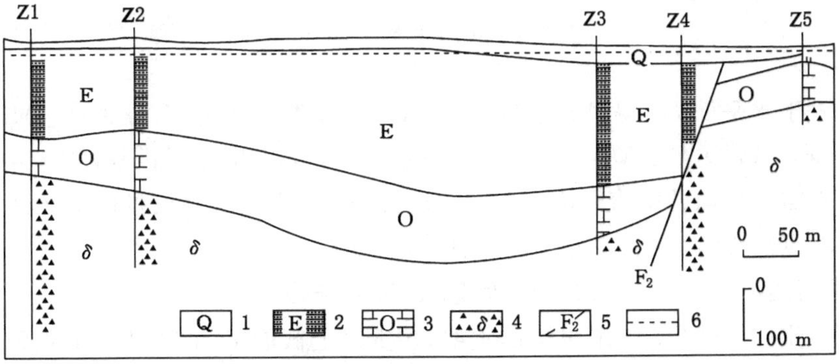

1—第四系冲积物;2—古近系砂岩;3—奥陶系灰岩;4—闪长岩;5—断层及编号;6—灰岩含水层水头线。

图 8-43　某井田 Z1 孔—Z5 孔水文地质剖面图

（四）煤层立面投影图

煤层立面投影图与底板等高线图一样，属于投影图。它是将煤层底板等高线、断煤交线、井巷工程等投影到竖直面（立面），简称立面图。开采急倾斜煤层时，因煤层陡立，若采用平面投影，往往造成等高线密集和巷道重叠，给识图、图上注记及资料填绘带来困难。所以，必须借助竖直面（立面）投影的方法，编制煤层立面投影图，以反映煤层的构造及开采情况。立面图也是急倾斜煤层储量计算的基础图件，图中内容与煤层底板等高线图基本相同。

1. 煤层立面投影图的基本原理

煤层立面投影图采用的是正射标高投影，投影面为竖直面，投影线为垂直于竖直面的一组水平线。

在图 8-44 中，V 为竖直投影面，H 为水平投影面，两面垂直相交，其交线 MN 为投影轴。由空间任意一点 A 向 H 面和 V 面作垂线，与 H 面的交点 a'为 A 点的水平面投影，与 V 面的交点 a''为 A 点的竖直面投影。用同样的方法可以作出空间任一点 B 的水平面投影 b'和竖直面投影 b''，进而可作出直线 AB 的水平面投影 $a'b'$和竖直面投影 $a''b''$。为了便于绘图和度量，将 V 面绕投影轴 MN 旋转到水平位置，把立体投影图转变为两面投影图。

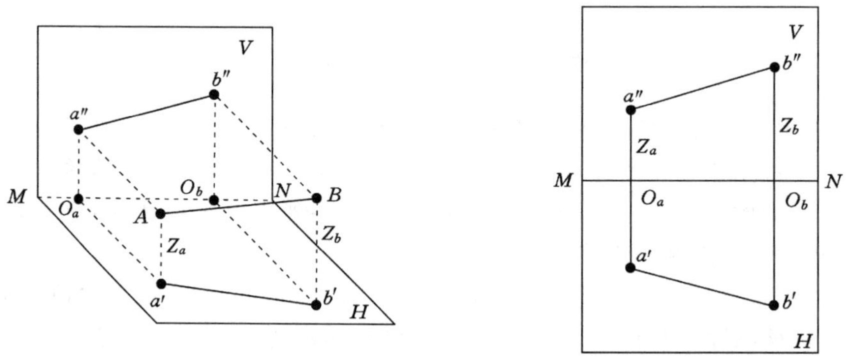

(a) 立体投影图　　(b) 立面与水平面投影关系图

图 8-44　两面投影示意图

由 Aa'垂直于水平面 H，得 $Aa' \perp MN$；由 Aa''垂直于竖直面 V，得 $Aa'' \perp MN$。因此，MN 垂直于平面 $a'Aa''O_a$，得 $MN \perp O_a a'$，$MN \perp O_a a''$，可以得出 $a'a'' \perp MN$。由于 $Aa' = O_a a'' = Z_a$（A 点与水平面的垂直距离），因此，只要已知 A 点的水平面投影 a'和 A 点的标高 Z_a，即可绘出 A 点的竖直面投影 a''。具体绘图步骤如下。

① 在水平面图上，由 a'点作 MN 的垂线，交 MN 于 O_a 点。

② 在竖直面图上，过 O_a 点作 MN 的垂线，在垂线上截取 Z_a 得 a''点。a''点即 A 点的竖直面投影。

利用同样的投影方法，获得 B 点在竖直面的投影点 b''，从而获得直线 AB 的竖直面投影 $a''b''$。

由图 8-44 可以看出，直线的水平面投影和竖直面投影均比直线实际长度小，即 $a'b' <$

AB，$a''b''<AB$。在立面投影图上，直线的立面投影与水平线的夹角比直线的倾角大。为了减小投影引起的变形，在绘制采掘工程竖直投影图时，通常将竖直面转一角度，使其与煤层的平均走向一致。

2. 煤层立面投影图的特点

煤层立面投影图与煤层底板等高线图表示的内容、采用的比例尺及用途基本相同。但因投影面不同，煤层立面投影图具有如下特点。

① 在煤层立面投影图上，煤层走向线均为水平直线，不能反映煤层沿走向和倾向的产状变化。

② 在煤层立面投影图上，断层一般由两条断煤交线表示，只有当断层面垂直于投影轴或煤层走向时，两条断煤交线的投影才会重合。另外，煤层立面投影图不能反映断层的产状和断距大小。

③ 在煤层立面投影图上，没有经纬线和指北线，但应标明竖直投影面的走向方位。在接近地表的地段，还应反映出煤层的露头位置、风氧化带界线和煤柱界线。

3. 煤层立面投影图的编制方法

煤层立面投影图以采掘工程立面投影图为底图。在生产矿井中，煤层立面投影图的编图资料一般来自煤层平面投影图、水平切面图和垂直投影轴的地质剖面图。现以图 8-45 为例，介绍利用地质剖面图编制煤层立面投影图的方法和步骤。

(1) 准备立面投影底图

根据煤层平面图(图 8-45)选择投影轴和编图范围。投影轴的方向应平行于编图范围的煤层总体走向，这样可使煤层沿走向的投影长度基本保持不变；投影轴的标高应低于编图范围内煤层的最低标高，以便用投影轴分开平面投影图和立面投影图。基于上述原因，本例所编立面图幅的走向长度与平面图一致，其上下界线应根据生产需要来确定(一般上界多以采空区边界为界，下界如无天然的构造线，则以一定的开采深度或开采水平为界)。然后，把各剖面线的位置从平面图投影到立面底图上(图 8-46)，并绘制煤层立面投影图的水平标高线。

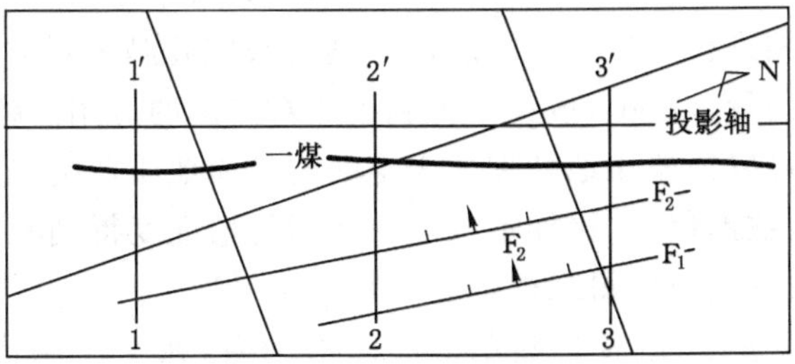

图 8-45　某井田－650 m 水平切面简化示意图

(2) 从剖面图上投绘地质点

将各地质剖面图中该煤层的可采边界、变薄带界线、煤层露头线、风氧化带界线、断煤交线、褶曲轴线和煤柱界线等资料，按照其标高，逐个投影到立面投影图对应的剖面投影线上。设在图 8-45 中，1—1′剖面的断失点为 a_1，b_1，c_1，d_1；2—2′剖面的断失点为 a_2，b_2，c_2，d_2；3—3′剖面的断失点为 a_3，b_3，c_3，d_3。如 1—1′剖面的断失点 a_1，投影到立面图上为 a_1' 点

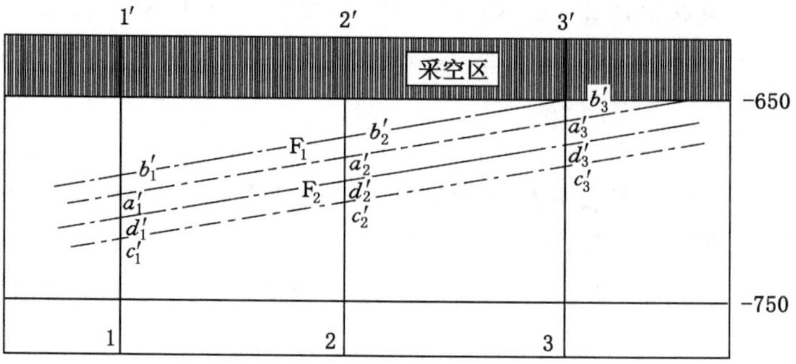

图 8-46　某井田煤层立面底图简化

(图 8-46)，a_1 与 a_1' 点的标高相同；其他点以此类推。

(3) 连接地质界线

投好点后，将各剖面的同一褶曲轴线、同一断层中同一断盘的断煤交线和其他地质界线等，按照实际情况连接起来，即成煤层立面投影图。如图 8-46 所示，连接 a_1'，a_2'，a_3' 点即可得 F_1 断层上盘断煤交线。其他界线以此类推。

第三节　数字化制图技术的应用

数字化制图作为一种新技术，是将图表和准确数字结合的制图技术，为煤矿地质测量提供了更加准确的依据，为降低工作难度，增加测量的精度，把握生产过程的安全性提供了更好的道路。

一、数字化制图技术的概念和特点

(一) 数字化制图技术的概念

数字化制图技术应用领域十分广阔，在建筑、机器制造、煤矿开采等行业都有很大的运用前景。对数字化制图技术而言，其主要将计算机技术、数据处理技术和测绘技术这三者全面地融合在一起，对制图进行了根本性的改革。基于数字化技术的进一步发展和全面的完善，在实际的煤矿地质测量过程中，该技术得到了非常广泛的应用。将数字化制图技术应用于煤矿地质测量之中，可以抽象化地处理地表空间的具体地质情况，进而将地表地质结构数据信息转变为数字化的数据信息，这样不仅能使制图的精准度得到根本性的提升，还能使煤矿地质测量工作的全面顺利完成得到保证。

传统的图表主要以手绘，或者一些草稿类图形为主，在生产制作过程中，人们难以精确地把握尺寸，从而给工作增加了很多的难度。数字化制图技术的出现，解决了过去因制图信息不准确而导致的开采难度大、安全性差的问题，为生产提供了更好的制图信息数据。

(二) 数字化制图技术的特点

数字化制图技术涵盖了全球地表信息的各种实质性的数据，并且能够智能处理工作过程中的各种信息问题，数字化制图技术的空间、地标等要素的信息都在数据库之中，在生产中将这个技术运用起来，会让工作流程清晰明了；在工作中遇到的许多问题，通过数字化制图技术可以得到很好地解决。数字化制图技术的信息储存量是极大的，即使过了若干年，依然可以找到最初制作的图纸，并且配合现在的打印技术，数字化制图技术可以把图表信息轻松地分发到各个领域的工作中，不会因为只有一份草稿，或者手绘的图纸而造成稀缺性，为工作生产带来了更多便捷。信息的传播和流传会更快，可以通过电脑传阅测量信息，减少检查检测工作中因为图纸缺少而浪费的时间。体验新技术带来的便利性不仅表现在工作上，还表现在生产过程中的方方面面。

二、数字化制图技术在煤矿地质测量工作中的应用

（一）技术方法

在开展煤矿地质测量的过程中，应用数字化制图技术可以全面且详细地抽象处理地表位置地质结构，与此同时，还要全面运用关系、坐标和图像等形式精准地描绘相关要素，然后采用数字化文件的形式储存相应的数据信息，保证相关数据信息的全面性和系统性，为煤矿开采的顺利开展奠定坚实的基础。

第一种，智能扫描矢量化输入法。对该技术方法而言，其主要就是将相应的扫描设备应用进来。首先在计算机中将相关信息和图纸中的数据传输进来，然后通过智能识别的方法，矢量化地处理实际输入的数据信息，然后在对数据信息中存在的误差进行具体的修订。此种方法具备数据信息处理速度非常快的特点，但是识别图像要素比较困难，而且在后期开展工作的过程中，不论是相关的修改，还是编辑工作都相对较多。

第二种，数字化仪输入法。其主要就是应用数字化仪和人工辅助的方法，使游标的跟踪工作得以完成，然后转化原本的数据信息，使其成为相应的数据图形。在应用该方法的过程中，转变数据信息的速度相对较慢，实际的工作量非常大，而且投入设备的资金非常多，但是实际应用范围非常小。

第三种，人工跟踪矢量化输入法。将人工的方法应用进来，在实际的图形编辑系统中，编辑处理实际的格栅图像，对该方法而言，其不但具备使用便捷的优势，对于后续的修改和图形编辑也非常有利，实际应用的范围也相对较广。

（二）操作流程

全面应用数字化制图技术，可以使地质测量工作中各种各样的需求得以满足。具体的流程如下。

① 获取数据信息，使数据信息的矢量化处理全面完成。在数字化制图工作中，这是最为重要的基础工作，会对后续各项工作的顺利进行产生直接的影响。在输入数据信息的过程中，要利用相应软件的制图功能。对实际绘制的矢量图形而言，其不但包含线图，而且涵盖了点图和元数据，要想保证后续工作的顺利、高效开展，就必须获取全面的数据信息。

② 实际的图形处理和编辑。运用软件中的图像编辑功能，可以对图形属性数据和空间数据进行更加快速、便捷的编辑。在实际软件中的图像编辑功能中，不但包含点区域编辑，还涵盖了线和面区域编辑。在应用数字化制图技术的过程中，要以不同地质测量工作的实际需求为依据，生成相应的图库，填充图案的同时，还要构建矢量字库。

（三）数字化模型的构建

在开展煤矿地质测量工作的过程中，运用数字化制图技术，可以将更加全面且准确的数据提供给后续的煤矿开采工作，但是要将数字化制图技术的作用更全面地发挥出来，取得更好的效果，就必须保证原始数据信息的准确性、全面性和科学性，然后以实际的原始数据为基础，进行相应数字化模型的构建。在对数字化模型进行构建的过程中，可以应用点测量的方法，进而得到相关的数据信息。测量点的数据信息不但包括属性信息，还包括坐标信息。首先利用获取的点数据信息对相应的地表模型进行构建，然后应用抽象化的连线手段使不同点之间的关系全面实现，然后通过数字化模型的构建，对具体要开采的煤矿所在地区的地质情况进行深入的考察，从而对煤矿开采工作进行更全面和科学的指导。

三、地质测量中数字化制图技术的实践

在矢量化处理相关数据信息的过程中，最为关键的工作内容就是全面获取点、线、面的元数据。只有如此，才能在精准仿真和分析实际地质情况时进行更加科学和客观的评价。要优先建立坐标体系，对不同的点、线、面和角度等数据信息进行精准且详细的识别，进而在煤矿实际开采过程中可以获取更加准确且可靠的数据信息。应用数字化制图技术对图像进行编辑处理时，要使用数字化编辑器，这样可以全面详尽地绘制出各个表面和不同空间的具体数据信息。此过程有以下三个具体工作要点。

① 全面完成各个不同点、线和符号的编辑和处理，对图像数据库和矢量数据库进行全面的完善。

② 进一步编辑和处理实际的图像，并且在煤矿地质测量过程中，以实际区域的地质环境为依据制作相应图形。在制作完成之后，不仅要装饰已经制作完成的图形，还要实施相应的改造处理。

③ 完成误差校验工作。在开展图像处理的过程中，会有一部分数据信息存在错误的现象，因此要校正实际产生的误差，使数据信息的可靠性与精准性得到保证。

四、煤矿测量使用数字化制图技术的意义

（一）规范使用数字化制图要素

在煤矿测量中使用数字化制图去储存和传播信息，可为接下来的开采工作提供数据化的生产方式，为工作的安全性提供了很好的帮助。在煤矿地质测量中，每个矿体都会用不同的字号和字体加以区分，钻孔位置也会有明确的标注；描述性也会跟构造一样，所有的高度、深度都会明确地标准等；在剖面图中有取样的分析表，每个取样都会有标注工程编码、矿体变化、取样长度等。

（二）数字化制图技术可用于解决生产问题

在新技术的实践运用过程中，要把握制图使用的信息准确度，在煤矿测量中运用数字化制图技术，可以清楚地掌握矿体的面积体积、矿体的地质构造等。一般可将模板运用到测量中。一般使用垂直的柱状图，这种柱状图根据的是钻孔测量中获得的信息以及实际开采中揭露的信息。这种测量具有准确性，生产过程中使用起来非常的便利，并且信息具有时效性，对工作的开展提供了更好的帮助。

【知识拓展】

随着采煤机械化程度的提高，采掘工艺的更新，要求矿井地质编录工作朝着细、准、快的方向发展。采煤工作面地质情况较为复杂，具有多种多样的形状特点，且现场观测条件受到限制，因而对作业效率要求较高。传统的地质编录作业工作难度大、效率低、精度差，地质人员走近工作面量测存在较大的安全隐患，因此，在学习过程中可查阅数码摄影等高新技术在地质编录应用方面的知识，进一步加深对地质编录知识的理解。

【知识点拨】

本章主要知识点包括：

① 矿井原始地质编录的要求、类型及方法；

② 各种地质说明书的编制要求；

③ 不同矿井地质图件的编制方法及内容；

④ 数字化制图技术在煤矿地质图件编制中的应用方法。

参考文献

[1] 陈家良，邵震杰，秦勇.能源地质学[M].徐州：中国矿业大学出版社，2004.

[2] 陈兆炎，苏文智，郑世书，等.煤田水文地质学[M].北京：煤炭工业出版社，1989.

[3] 方新秋，梁敏富.智能采矿导论[M].徐州：中国矿业大学出版社，2020.

[4] 郭颖，李智陵.构造地质学简明教程[M].武汉：中国地质大学出版社，1995.

[5] 何保.煤矿地质学[M].沈阳：东北大学出版社，2013.

[6] 侯秀贞.煤矿地质测量中数字化制图技术研究[J].科技与创新，2021(18)：175-176.

[7] 胡东林，顾林.矿井水防治[M].太原：山西科学技术出版社，1993.

[8] 胡明，廖太平.构造地质学[M].北京：石油工业出版社，2007.

[9] 胡绍祥，李守春.矿山地质学[M].2 版.徐州：中国矿业大学出版社，2008.

[10] 胡文容.煤矿矿井水处理技术[M].上海：同济大学出版社，1996.

[11] 虎维岳.矿山水害防治理论与方法[M].北京：煤炭工业出版社，2005.

[12] 黄定华.普通地质学[M].北京：高等教育出版社，2004.

[13] 李春光.数字化制图技术在煤矿地质测量中的应用[J].矿业装备，2021(6)：66-67.

[14] 李法坤.影响矿山安全生产的地质因素[J].中国金属通报，2017(5)：81.

[15] 李增学，刘海燕.煤矿地质学[M].3 版.北京：煤炭工业出版社，2018.

[16] 鲁晶津，王冰纯，李德山，等.矿井电阻率法监测系统在采煤工作面水害防治中的应用[J].煤田地质与勘探，2022，50(1)：36-44.

[17] 庞贵良，薛卫龙，吕情绪，等.矿用钻孔瞬变电磁仪在矿井水害探测中的应用[J].能源与环保，2023，45(3)：35-39.

[18] 邵毅，宋震，倪平泽，等.智慧勘探：云时代的地质勘查革命[M].武汉：中国地质大学出版社，2013.

[19] 申建军.顶板水害威胁下“煤—水”双资源型矿井开采模式与应用[D].北京：中国矿业大学(北京)，2017.

[20] 舒良树.普通地质学：彩色版[M].3 版.北京：地质出版社，2010.

[21] 王玮.数字化制图技术在煤矿地质测量中的运用探讨[J].西部探矿工程，2022，34(10)：151-152.

[22] 夏邦栋.普通地质学[M].2 版.北京：地质出版社，1995.

[23] 谢家涛，韩岭，马春燕，等.3S 技术在矿产地质勘查工作中的应用研究[J].中国金属通报，2020(11)：114-115.

[24] 谢仁海，渠天翔，钱光谟.构造地质学[M].徐州：中国矿业大学出版社，1991.

[25] 徐成彦，赵不亿.普通地质学[M].北京：地质出版社，1988.

[26] 徐开礼，朱志澄.构造地质学[M].北京：地质出版社，1984.

[27] 杨伦，刘少锋，王家生，等.普通地质学简明教程[M].武汉：中国地质大学出版社，1998.
[28] 杨孟达.煤矿地质学[M].北京：煤炭工业出版社，2000.
[29] 杨桥.地球科学概论[M].北京：石油工业出版社，2004.
[30] 俞鸿年，卢华复.构造地质学原理[M].修订版.南京：南京大学出版社，1998.
[31] 袁春.应用地球物理方法勘察煤矿地质灾害[J].能源与节能，2011(11)：73-74.
[32] 袁亮，张平松.煤炭精准开采透明地质条件的重构与思考[J].煤炭学报，2020，45(7)：2346-2356.
[33] 曾佐勋，樊光明.构造地质学[M].3 版.武汉：中国地质大学出版社，2008.
[34] 张宁.3S 技术在矿产地质勘查工作中的应用研究[J].中国金属通报，2022(4)：123-125.
[35] 张帅，任怀伟，韩安，等.复杂条件工作面智能化开采关键技术及发展趋势[J].工矿自动化，2022，48(3)：16-25.
[36] 张韬.中国主要聚煤期沉积环境与聚煤规律[M].北京：地质出版社，1995.
[37] 赵亚臣.浅析地球物理方法在勘察煤矿地质灾害中的应用[J].科技创新与应用，2012，2(6)：69.
[38] 朱开成，杜金龙，霍超，等.煤矿环境治理技术新进展及应用[J].中国煤炭地质，2018，30(7)：58-64.